彩图 1　翠菊

彩图 2　一串红

彩图 3　鸡冠花

彩图 4　鸡冠花(凤尾鸡冠花)

彩图 5　金鱼草

彩图 6　金盏菊

彩图 7　百日草

彩图 8　毛地黄

彩图 9　雏菊

彩图 10　万寿菊

彩图 11　麦秆菊

彩图 12　三色堇

彩图 13　紫罗兰

彩图 14　凤仙花

彩图 15　霞草

彩图 16　红叶苋

彩图 17　矮牵牛

彩图 18　美女樱

彩图 19　飞燕草

彩图 20　福禄考

彩图 21　波斯菊

彩图 22　矢车菊

彩图 23　蛇目菊

彩图 24　藿香蓟

彩图 25　花菱草　　　　彩图 26　虞美人　　　　彩图 27　瓜叶菊

彩图 28　报春花　　　　彩图 29　蒲包花　　　　彩图 30　彩叶草

彩图 31　香豌豆　　　　彩图 32　半枝莲　　　　彩图 33　含羞草

彩图 34　桂竹香　　　　彩图 35　勿忘我　　　　彩图 36　醉蝶花

彩图 37 孔雀草

彩图 38 鼠尾草

彩图 39 地肤

彩图 40 千日红

彩图 41 香雪球

彩图 42 羽扇豆

彩图 43 黑心菊

彩图 44 天人菊

彩图 45 勋章菊

彩图 46　二月兰

彩图 47　旱金莲

彩图 48　长春花

彩图 49　钓钟柳

彩图 50　紫茉莉

彩图 51　黄帝菊

彩图 52　火炬花

彩图 53　硫华菊

彩图 54　轮锋菊

彩图 55　毛蕊花

彩图 56　屈曲花

彩图 57　瞿麦

彩图 58　异果菊

彩图 59　向日葵

彩图 60　菊花

彩图 61　菊花(小菊)

彩图 62　芍药

彩图 63　鸢尾

彩图 64　耧斗菜

彩图 65　蜀葵

彩图 66　紫菀

彩图 67　金鸡菊

彩图 68　石竹

彩图 69　石竹(须苞石竹)

彩图 70　白玉簪

彩图 71　萱草(大花)

彩图 72　萱草(金娃娃)

彩图 73　秋葵

彩图 74　桔梗

彩图 75　金光菊

彩图 76　大花君子兰

彩图 77　非洲菊

彩图 78　鹤望兰

彩图 79　花烛

彩图 80　非洲紫罗兰

彩图 81　香石竹

彩图 82　椒草

彩图 83　椒草(西瓜叶椒草)

彩图 84　凤梨科(擎天属)

彩图 85　凤梨科(水塔花属)

彩图 86　凤梨科(莺歌属)

彩图 87　凤梨科(铁兰属)

彩图 88　竹芋科(孔雀竹芋)　　彩图 89　竹芋科(彩云竹芋)　　彩图 90　竹芋科(青苹果竹芋)

彩图 91　竹芋科(天鹅绒竹芋)　　彩图 92　竹芋科(欣喜竹芋)　　彩图 93　天南星科(白鹤芋)

彩图 94　天南星科(春芋)　　彩图 95　天南星科(绿萝)　　彩图 96　天南星科(龟背竹)

彩图 97　风铃草

彩图 98　大滨菊

彩图 99　荷包牡丹

彩图 100　景天三七

彩图 101　垂盆草

彩图 102　八宝景天

彩图 103　落新妇

彩图 104　补血草

彩图 105　紫花地丁

彩图 106　甘菊

彩图 107　蒲公英

彩图 108　假龙头

彩图 109　仙客来

彩图 110　大岩桐

彩图 111　球根秋海棠

彩图 112　马蹄莲

彩图 113　马蹄莲（彩色马蹄莲）

彩图 114　朱顶红

彩图 115　小苍兰

彩图 116　大丽花（大）

彩图 117　大丽花（小）

彩图 118　唐菖蒲

彩图 119　美人蕉

彩图 120　晚香玉

彩图 121　水仙

彩图 122　郁金香

彩图 123　风信子

彩图 124　百合

彩图 125　花毛茛

彩图 126　蜘蛛兰

彩图 127　葱兰

彩图 128　石蒜

彩图 129　铃兰

彩图 130　番红花

彩图 131　贝母（帝王贝母）

彩图 132　雪滴花

彩图 133　大花葱

彩图 134　秋水仙

彩图 135　虎皮花

彩图 136　鸟乳花（虎眼万年青）

彩图 137　网球花

彩图 138　牡丹　　　　　　　彩图 139　玉兰　　　　　　　彩图 140　腊梅

彩图 141　月季　　　　　　　彩图 142　山茶　　　　　　彩图 143　山茶(金花茶)

彩图 144　梅花　　　　　　　彩图 145　紫丁香　　　　　彩图 146　石榴

彩图 147　扶桑　　　　　　彩图 148　八仙花　　　　　　彩图 149　珙桐

彩图 150　紫薇　　　　　　彩图 151　樱花　　　　　　彩图 152　木槿

彩图 153　刺桐　　　　　彩图 154　海州常山　　　　彩图 155　糯米条

彩图 156　广玉兰　　　　　彩图 157　木兰　　　　　　彩图 158　白兰花

彩图 159　海桐

彩图 160　南天竹

彩图 161　玉叶金花

彩图 162　夹竹桃

彩图 163　栀子

彩图 164　桂花

彩图 165　八角金盘

彩图 166　红千层

彩图 167　瑞香

彩图 168　五色梅

彩图 169　观赏竹类(龟甲竹)

彩图 170　碧桃(白花)

彩图 171　碧桃（紫叶桃）

彩图 172　碧桃（菊花桃）

彩图 173　紫叶李

彩图 174　毛樱桃

彩图 175　西府海棠

彩图 176　薜荔

彩图 177　三叶木通

彩图 178　紫藤

彩图 179　扶芳藤

彩图 180　南蛇藤

彩图 181　山葡萄

彩图 182　爬山虎

彩图 183　五叶爬山虎

彩图 184　猕猴桃

彩图 185　常春藤

彩图 186　络石

彩图 187　炮仗花

彩图 188　美国凌霄

彩图 189　凌霄花

彩图 190　金银花

彩图 191　茑萝

彩图 192　扁豆

彩图 193　牵牛花

彩图 194　铁线莲

彩图 195　栝楼

彩图 196　小葫芦

彩图 197　木香

彩图 198　叶子花

彩图 199　雷公藤

彩图 200　大血藤

彩图 201　鹰爪枫

彩图 202　珊瑚藤

彩图 203　飘香藤

彩图 204　金琥

彩图 205　仙人球(绯牡丹)

彩图 206　仙人球(巨鹫玉)

彩图 207　仙人掌

彩图 208　令箭荷花

彩图 209　山影拳　　　　　彩图 210　蟹爪兰　　　　　彩图 211　仙人指

彩图 212　昙花　　　　　　彩图 213　芦荟　　　　　　彩图 214　点纹十二卷

彩图 215　长寿花　　　　　彩图 216　虎刺梅　　　　　彩图 217　虎尾兰（金边）

彩图 218　生石花

彩图 219　青锁龙

彩图 220　燕子掌

彩图 221　香蒲

彩图 222　眼子菜

彩图 223　伞草

彩图 224　紫梗芋

彩图 225　鸭舌草

彩图 226　黄花鸢尾

彩图 227　芦苇

彩图 228　雨久花

彩图 229　荷花 156

彩图 230　睡莲

彩图 231　卡特兰

彩图 232　兰属(春兰)

彩图 233　兰属(墨兰)

彩图 234　兰属(大花蕙兰)

彩图 235　石斛兰

彩图 236　文心兰属

彩图 237　蝴蝶兰

彩图 238　万代兰

彩图 239　兜兰

彩图 240　铁线蕨　　　　　　彩图 241　肾蕨　　　　　　彩图 242　桫椤

彩图 243　波斯顿蕨　　　　　彩图 244　凤尾蕨类　　　　　彩图 245　鹿角蕨

彩图 246　巢蕨　　　　　　　　　　　彩图 247　翠云草

观光农业系列教材——

观赏园艺植物识别

主　编　刘克锋　石爱平

副主编　刘永光

参编者　王顺利　陈洪伟

　　　　张海玲　王红利

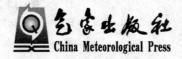

气象出版社
China Meteorological Press

内 容 简 介

本书共介绍观赏园艺植物 300 余种,涵盖草本花卉、木本花卉和观赏蔬菜、果树,具体包括一二年生花卉、宿根花卉、球根花卉、木本花卉、藤本植物、多浆植物、水生植物、兰科植物、蕨类植物、观赏蔬菜、观赏果树、观赏草等。每一部分除北方常见植物外,南方一些常见植物以及市场上新商品也被收录,尽量满足读者对知识的获取。书中对每种花卉都进行了详尽阐述,包括中文名、学名、别名、科属、产地和分布、形态特征、园林观赏用途等知识,并配真实彩图,帮助读者尽快识别、记忆植物。此外,本书还对花卉的分类、花卉的生长发育与环境条件的关系,花卉栽培设施及花卉的繁殖等基础知识进行了介绍。本书内容深入浅出,图文并茂,可作为园林、园艺工作者、科研人员、大专院校教师的参考书、教材,也可作为大中专院校学生及观赏园艺植物爱好者植物识别的参考书。

图书在版编目(CIP)数据

观赏园艺植物识别/刘克锋,石爱平主编. —北京:气象出版社,2010.12
(观光农业系列教材)
ISBN 978-7-5029-5081-1

Ⅰ.①观… Ⅱ.①刘… ②石… Ⅲ.①观赏园艺-高等
学校:技术学校-教材 Ⅳ.①S68

中国版本图书馆 CIP 数据核字(2010)第 216125 号

出版发行:气象出版社			
地　　址:北京市海淀区中关村南大街 46 号		邮政编码:100081	
总 编 室:010-68407112		发 行 部:010-68409198	
网　　址:http://www.cmp.cma.gov.cn		E-mail: qxcbs@cma.gov.cn	
责任编辑:方益民		终　　审:周诗健	
封面设计:博雅思企划		责任技编:吴庭芳	
责任校对:赵　瑷			
印　　刷:北京京科印刷有限公司			
开　　本:750 mm×960 mm　1/16		印　　张:12.75	
字　　数:247 千字		彩　　插:12	
版　　次:2010 年 12 月第 1 版		印　　次:2010 年 12 月第 1 次印刷	
印　　数:1—4000		定　　价:42.00 元	

出版说明

  观光农业是新型农业产业,它以农事活动为基础,农业和农村为载体,是农业与旅游业相结合的一种新型的交叉产业。利用农业自然生态环境、农耕文化、田园景观、农业设施、农业生产、农业经营、农家生活等农业资源,为日益繁忙的都市人群闲暇之余提供多样化的休闲娱乐和服务,是实现城乡一体化,农业经济繁荣的一条重要途径。

  农村拥有美丽的自然景观、农业种养殖产业资源及本地化农耕文化民俗,农民拥有土地、庭院、植物、动物等资源。繁忙的都市人群随着经济的发展、生活水平的提高,有强烈的回归自然的需求,他们要到农村去观赏、品尝、购买、习作、娱乐、疗养、度假、学习,而低产出的农村有大批剩余劳动力和丰富的农业资源,观光农业有机地将农业与旅游业、生产和消费流通、市民和农民联系在一起。总而言之是经济的整体发展和繁荣催生了新兴产业,观光农业因此应运而生。

  《观光农业系列教材》经过专家组近一年的酝酿、筹谋和紧张的编著修改,终于和大家见面了。本系列教材既具有专业性又具有普及性,既有强烈的实用性,又有新兴专业的理论性。对于一个新兴的产业、专业,它既可以作为实践性、专业性教材及参考书,也可以作为普及农业知识的科普丛书。它包括了《观光农业景观规划设计》《果蔬无公害生产》《观光农业导游基础》《观赏动物养殖》《观赏植物保护学》《植物生物学基础》《观光农业商品与营销》《花卉识别》《观赏树木栽培养护技术》《民俗概论》等十多部教材,涵盖了农业种植、养殖、管理、旅游规划及管理、农村文化风俗等诸多方面的内容,它既是新兴专业的一次创作,也是新产业的一次归纳总结,更是推动城乡一体化的一个教育工程,同时也是适合培养一批新的观光农业工作者或管理者的成套专业教材。

  带着诸多的问题和期望,《观光农业系列教材》展现给大家,无论该书的深度和广度都会显示作者探索中的不安的情感。与此同时,作者在面对新兴产业专业知识尚存在着不足和局限性。在国内出版观光农业的系列教材尚属首次,无论是从专业的系统性还是从知识的传递性都会存在很多不足,加之各地农业状况、风土人情各异及作者专业知识的局限性,肯定不能完全满足广大读者的需求,期望学者、专家、教师、学生、农业工作者、旅游工作者、农民、城市居民和一切期待了解观光农业、关心农村发展的人给予谅解,我们会在大家的关爱下完善此套教材。

丛书编委会再次感谢编著者,感谢你们的辛勤工作,你们是新兴产业的总结、归纳和指导者,你们也是一个新的专业领域丛书的首创者,你们辛苦了。

由于编著者和组织者的水平有限,多有不足,望得到广大师生和读者的谅解。

本套丛书在出版过程中得到了气象出版社方益民同志的大力支持,在此表示感谢。

《观光农业系列教材》编委会

2009 年 4 月 26 日

《观光农业系列教材》编委会

主　任：刘克锋

副主任：王先杰　张子安　段福生　范小强

秘　书：刘永光

编　委：马　亮　张喜春　王先杰　史亚军　陈学珍

　　　　周先林　张养忠　赵　波　张中文　范小强

　　　　李　刚　刘建斌　石爱平　刘永光　李月华

　　　　柳振亮　魏艳敏　王进忠　郝玉兰　于涌鲲

　　　　陈之欢　丁　宁　贾光宏　侯芳梅　王顺利

　　　　陈洪伟　傅业全

目　　录

第一章　花卉分类、花卉生长发育
与环境条件的关系

第一节　花卉分类

花卉的种类繁多,为了便于研究和利用,人们提出了多种分类方法,有的依照自然科属,有的依据其性状习性、观赏器官、经济用途、栽培方式、自然分布等进行划分。

一、依据生物学特性和生长习性分类

此种分类法是以花卉植物的性状为分类依据,不受地区和自然环境条件的限制,应用较为广泛。

1.草本花卉

在自然条件下能正常生长开花结实的花卉常称为露地草花,而那些原产于热带、亚热带或在南方露地生长的草花,在北方需在温室内栽培才能正常生长开花结实的花卉常称为温室花草。草本花卉是指花卉基部为革质茎,枝柔软。按其生长发育周期,又可分为一、二年生和多年生草花。

(1)一、二年生草花

①一年生草花。指一年内完成生长周期,即春季播种,夏、秋季开花,花后结籽,一般秋后种子成熟、冬季枯死的草本植物。如鸡冠花、凤仙花、百日草、半支莲等。有些二年生或多年生南方花卉,由于在北方不耐寒常作为一年生草花栽培。

②二年生草花。指二年内完成生长周期,即秋季播种,次春开花,夏秋季结实,然后枯死的草木植物。如蒲包花、金盏菊、三色堇、石竹、雏菊等。这些草本植物有些生

长周期不满两年,但要跨年度生长,如瓜叶菊。有些为多年生草花但作二年生栽培,如金鱼草。严格地讲,多年生草花作二年生栽培,仍应当归为多年生草花。

(2)多年生草花 指个体寿命超过两年,能多次开花结实。常依据地下部分的形态变化分为宿根草花和球根草花。

①宿根草花。地下茎或根系发达,形态正常,寒冷地区冬季地上部枯死,根系在土壤中宿存,第二年春季又从根部重新萌发出新的茎叶,生长开花反复多年,如菊花、芍药、荷兰菊、玉簪、蜀葵、耧斗菜等。

②球根草花。地下茎或根发生变态呈球状或块状。入冬地上部分枯死,而地下的茎根仍保持生命力,可以秋季挖出贮藏,第二年栽植,连年发芽、展叶、开花。按形态特征又分为球茎类、鳞茎类、块根类、块茎类、根茎类。球茎类其地下茎呈球形或扁球形,外皮革质,内实心坚硬,如仙客来、小苍兰、唐菖蒲。鳞茎类地下茎呈鳞片状,纸质外皮或无外皮,常见的有水仙、郁金香、百合、朱顶红等。块根类是由主根膨大呈块状,外被革皮,如大丽花、毛茛等。块茎类是地下茎呈不规则的块状或条状,如马蹄莲、晚香玉等。根茎类是地下茎肥大呈根状,上有明显的节,有横生分枝,如美人蕉、鸢尾、荷花等。

2. 木本花卉

木本花卉茎部为木质,枝、茎坚硬。按其树干高低和树冠大小等,又可为乔木、灌木及藤本花卉。一般以灌木为主,如月季、牡丹、杜鹃、扶桑、一品红等。乔木花卉植株高大,主干明显,如玉兰、桃花、樱花等。藤本花卉茎秆细长,常向上攀缘生长,如金银花、凌霄、紫藤等。

3. 多浆(肉质)类植物

多浆植物自成一类,科属较多。植株茎叶肥厚,肉质状,茎叶常退化为针刺或羽毛状,多形奇特。常见的有仙人掌科的昙花、蟹爪兰、令箭荷花等,凤梨科的小雀舌兰等。

4. 水生类花卉

水生类花卉大多属多年生,终年生长于水中或沼泽地。常见的有荷花、睡莲、萍蓬、水葱、菖蒲等。

二、依据观赏器官分类

1. 观花类

以观赏花色、花形为主。由于开花时节不同,还可分为春季开花型,如迎春、樱花、芍药、牡丹、梅花、春鹃等;夏季开花型,如茉莉、扶桑、栀子、夏鹃、荷花、木槿等;秋季开花型,如扶桑、木芙蓉、菊花、桂花等;冬季开花型,如腊梅、茶花、一品红、水仙等。还有许多花可在几个季节开,如月季、扶桑。也有一些花通过人工日照、低温处理可以在其他季节开花,如三角梅、郁金香、百合等。

2.观果类

以观赏果实形状、颜色为主。如佛手、金橘、代代、石榴、火棘等。

3.观叶类

以观赏叶色、叶形为主。如龟背竹、花叶芋、文竹、肾蕨、万年青、朱蕉、马拉巴栗、变叶木等。

4.观茎类

以观赏茎枝形状为主。如佛肚竹、光棍树、山影拳、虎刺梅等。

5.观芽类

以观芽为主。如银柳芽等。

三、依据经济用途分类

1.观赏用型

可分为花坛花卉、盆栽花卉、切花花卉、庭园花卉等。

2.香料用型

花卉在香料工业中占有重要地位。如栀子花、茉莉花等。

3.熏茶用型

如茉莉花、白兰花、代代花等。

4.医药用型

以花器、花茎、花叶、花根用药,种类很多。如金银花、菊花等。

5.食用型

如百合、黄花菜、菊花脑等。

四、依据自然分布分类

1.热带花卉

2.温带花卉

3. 寒带花卉

4. 高山花卉

5. 水生花卉

6. 岩生花卉

7. 沙漠花卉

五、依据花卉原产地分类

1. 中国气候型，又称大陆东岸气候型

此气候特点是冬寒夏热，年温差较大，夏季多雨。如百合、山茶、杜鹃等。

2. 欧洲气候型，又称大陆西岸气候型

特点是冬季气候温暖，夏季温度不高，四季有雨。如三色堇、雏菊、矢车菊等。

3. 地中海气候型

以地中海沿岸气候为代表，冬季最低温度6～7℃，夏季温度20～25℃。夏季气候干燥，秋春降雨。多年生花卉常成球根型态。如唐菖蒲、风信子、郁金香、鸢尾、水仙等。

4. 墨西哥气候型，又称热带高原气候型

周年温度为14～17℃，温差小，降雨因地而别，或雨量充沛或集中夏季。此类型花耐寒差、喜夏季冷凉。如大丽花、晚香玉、万寿菊、云南山茶等。

5. 热带气候型

周年高温，温差小，雨量大，分为雨季和旱季。亚洲、非洲、大洋洲热带著名花卉有鸡冠花、变叶木等；中美洲、南美洲热带的著名花卉有紫茉莉、竹芋、美人蕉等。

6. 沙漠气候型

周年降雨量很少，气候干旱，多为不毛之地，只有多浆类植物分布。如芦荟、仙人掌、霸王鞭等。

7. 寒带气候型

冬季长而寒冷，夏季短而凉爽，夏季风大，植株矮小。如细叶合、龙胆、雪莲、点地梅等。

第二节　花卉生长发育与环境条件的关系

植物的生长表现为体积的加大,而发育则表现为有顺序的质变过程。多数种类的花卉都经历了种子休眠、营养生长和生殖生长三个阶段。当然,无性繁殖的花卉种类不经过种子、种子休眠和萌发阶段,但是生长都是有一定的规律性的,表现为生命周期变化及周年变化。不同的花卉种类因原产地的生态环境的差异,产生了诸多生态类型,造成了不同品种的花卉周期及周年变化不同,及各自对环境有不同的要求。要想切实掌握好花卉栽培技术,就要在了解各类花卉的生态类型、习性的基础上,学会调节环境温度、水分、光照、营养及空气条件,使其按照花卉需要协调。环境条件存在着相互联系、相互制约的关系。只有学会了综合考虑各环境条件对不同花卉的影响,才能真正使花卉繁殖成活,健壮生长,开花繁茂。学好花卉栽培的目的也就在于此。

一、温度

花卉对温度的要求是根据其原产地特点而形成的。热带地区的花卉全年最低气温在10℃以上,所以热带植物的生长最低温度一般在18℃以上。10～12℃就达到临界温度,14～16℃时就基本停止生长,有些植物在10℃以上受害就是这个原因。温室内的花卉,10℃以下6℃以上温度在几小时之内损害不致死亡。亚热带花卉冬季可以维持在2～3℃,但不能一概而论。

温度是花卉生长发育的重要条件,各类花卉都有自己的最适温度及可生存的温度范围。如果超过最高温度或最低温度界限,花卉生长就会受损以至死亡。同一种花卉在它们的不同生长发育阶段,对温度要求也不一样,冬季有耐寒力的问题,夏季有耐热力的问题。

1. 花卉的耐寒性

因原产地的不同,花卉耐寒能力相差很大,这就决定了各类花卉的越冬方式。大体可分为三类。

(1)耐寒花卉　此类包括多年生落叶木本花卉、针叶观赏树木和一部分落叶宿根及球根类草花。它们原产于温带和亚寒带,有些可耐－20℃左右低温。在华北和东北地区可露地安全越冬。如山丹、萱草、蜀葵、玉簪、玫瑰、木槿、迎春、丁香、紫藤、榆叶梅、贴梗海棠等。

(2)半耐寒花卉　此类包括一部分落叶木本花卉、部分二年生草花和一些多年生宿根草花。它们原产于温带或暖温带,一般可耐－5℃左右低温,在长江流域可露地安全越冬,而在华北、西北和东北地区,有的需埋土包草防寒越冬,很多移入0℃以上的冷室越冬,根系在冻土中不会受冻,木本花卉常需风障保护,宿根草本花卉地上部分枯死。二年生草花大多数有一定的耐寒性,因冬季多不落叶要进入冷床或低温温室越冬。如芍药、菊花、三色堇、金鱼草、福禄考、石竹、翠菊、郁金香、月季、梅花、石榴、玉兰、夹竹桃、棕榈、雪松等。

(3)不耐寒花卉　此类包括一部分草本球根和宿根花卉,原产于热带和亚热带地区。性喜高温,在华南和西南南部可露地越冬,其他地区均需入温室越冬,有温室花卉之称。如叶子花、一品红、文竹、鹤望兰、万年青、马蹄莲、龟背竹、棕竹、变叶木、扶桑、山茶、橡皮树及仙人掌等多肉类植物等。

因各类花卉原产地不同,要求最高、最低、最适温度也不一样,所以常设高、中、低温室进行越冬养护。像小苍兰类、瓜叶菊、报春类等为半耐寒花卉,夜间最低温度为3～5℃,生长期间为5～8℃,可在低温温室栽培,春季植于露地。这些花卉冬季温度过高生长受到影响。而像仙客来、天竺葵、香石竹等夜间温度在8～10℃,生长期为8～15℃,在中温温室越冬,华南地区可露地越冬。一些原产热带的花卉像变叶木等,生长期间要求温度在15℃以上,一些种类室温低于5～10℃就会死亡,要在高温温室越冬,但广东、云南等地可露地栽培。

2. 花卉的耐热力

耐热力是指植物所能忍耐的最高温度。花卉的耐寒力与耐热力是相关的,一般耐寒力强的花卉耐热力较差,耐寒力差的花卉耐热力较强。但不能一概而论。耐热力强的花卉为水生花卉及一年生草花和仙人掌类植物;其次是扶桑、紫薇、夹竹桃、橡皮树、苏铁等。而牡丹、芍药、菊花、石榴、大丽花等耐热力较差。耐热力最差的是仙客来、马蹄莲、朱顶红、龟背竹等,其盛夏须置阴凉处,通风降温。原产于热带雨林、高山的花卉,因其当地夏季雨量多,湿度大,光照弱,最高温度低于其他地区,如北京、南京等地(夏季最高温度40℃左右),在这些地区栽培要采取降温的办法来越夏,否则会夏休眠或死亡。

3. 温度与花卉生长发育的关系

花卉植物在不同的发育阶段对温度有不同的要求。一般植物在播种和扦插时要求较高的温度。苗期要求温度较低,而营养生长期则要求较高温度,到开花结实阶段大多数花卉植物不需要温度很高,有利于生殖生长。温度还影响着花卉的花芽分化。一、二年生草花的个体发育必须通过一定的春化阶段,才能完成它们的花芽分化。其中秋播二年生草花的春化阶段要求在较低的温度下,一般是0～20℃的低温,大多数是要求经过1～5℃的低温,才能通过春化阶段,否则不能进行花芽分化,进而不能正常开花。郁金香需要花芽分化的低温为2～9℃,风信子为9～13℃,水仙为5～9℃;它们需低温时间为6～13周。

许多花木如杜鹃、山茶、桃、紫藤等都在6—8月高温条件下（25℃以上）进行花芽分化，入秋后植物体进入休眠，经一定低温条件，打破休眠而开花。

二、光照

阳光是植物赖以生存、制造养分的能源。没有阳光，就没有花卉植物的光合作用，花卉的生长发育是不可能正常进行的。大多数花卉植物需在阳光充足的条件下才花繁叶茂。

1. 光照对花卉生长发育的影响

因花卉的原产地不同，不同种类的花卉对光照强度要求不同。如热带和亚热带的花卉，由于当地多阴雨、多云雾，空气透明度低，形成的花卉适宜较弱的光照条件，当引种到北方，大多数不适宜夏季的强光环境，需要采取遮阴措施。来源于不同海拔高度和不同光照条件下的众多种类的花卉，对光照强度的要求有很大差别。在花卉栽培中常根据花卉对光照强度的不同要求将其分为：强阴性花卉、阴性花卉、中性花卉、阳性花卉四类。

（1）强阴性花卉　原产于热带雨林，山坡阴地，忌阳光直射，一般要求荫蔽度为80%，强光下生长停止，严重则死亡。强荫蔽条件下生长特别好。如蕨类植物、豆科、天南星科花卉等。

（2）阴性花卉　原生活在丛林疏荫地带的花卉，一般要求荫蔽度为50%。这类花卉在夏季大多数处于半休眠状态，不能忍受强烈的直射光线。如山茶、杜鹃、君子兰、文竹、万年青、棕竹、蒲葵、竹芋类等。许多观叶植物属于强阴性及阴性花卉。

（3）中性花卉　多产于热带、亚热带地区的花卉，喜阳光充足，但微阴下生长良好。在北方夏季强烈的日照下，适当遮阴较好。如萱草、耧斗菜、桔梗、茉莉、扶桑等。

（4）阳性花卉　原产于热带及温带平原上，高原、高山阳面坡地。需充足的阳光，不耐蔽荫。如多数露地生一二年花卉及宿根花卉、仙人掌科、景天科等多浆植物，多数水生花卉属阳性花卉。这类花卉如果在阳光不足或蔽荫环境下生长，造成长节细枝、叶黄花小现象，易引起病虫危害。

许多花卉随季节变化而有所不同，不同花卉在不同发育阶段对光的要求也不一样，巧妙地利用光照条件，可以使花卉生长健壮、花色艳丽清新。

2. 光照对花卉花芽分化的影响

光照是促进花芽形成的重要外因，光照充分，花芽就多，夏季多晴天，花卉充分受光，第二年花芽就多。一部分植物的开花与日照的长短有关系，其花芽分化有一个临界日照时数。按照花卉对光照时间长短的要求常把花卉分为三大类。

（1）短日照花卉　每天日照时间必须在少于12小时的条件下（即临界日照时数

短于 12 小时)才能形成花芽的花卉,称短日照花卉。如菊花、一品红是典型的短日照花卉,只有到秋季光照减少到 10～11 小时以后才开始进行花芽分化。如要使其提前开花,通常采用遮光的方法来缩短光照时间,可促其按人们的需要时间来开花。

(2)长日照花卉　每天日照时间需要在 12 小时以上的条件下(即临界日照时数长于 12 小时)才能形成花芽的花卉,称长日照花卉。在春夏季开花的花卉多属长日照花卉,如唐菖蒲、鸢尾、翠菊等。这类花卉日照越长发育越快,长势越好。有时在冬季(短日照条件时)为促其开花,还要用电灯补充光照时间,达到可四季开花的目的。

(3)中日照花卉　多数植物对光照时间长短没有明显反应,只要温度条件适宜,可四季开花。如马蹄莲、月季、扶桑、百日草、矮牵牛等。

根据各类花卉正常生长发育所需光照长短的特性,可以利用补充光照和暗室缩短光照时间的方法,使它们的花芽分化依人们的需要进行。还可以通过人工控制黑白天颠倒的办法,使夜间开花的花卉白天开放,如昙花在白天开放可供人们观赏。

三、空气

空气同样是植物生存所必需的。植物呼吸需要空气,空气可提供制造养分的原料。植物的呼吸全天都在进行,要消耗氧气放出二氧化碳。呼吸作用将光合作用的产物转变为植物生长发育所需要的物质。因此呼吸作用是花卉生命活动的能量来源。一般旱生及阴性花卉的呼吸强度较低,而阳性花卉呼吸强度较高。幼年花卉及处于生殖阶段的花卉呼吸强度高。花卉要保持苗壮生长就要有充足的新鲜空气。露地花卉要保持宽敞通气,温室花卉要注意通风换气。花卉种植密度要合理,要注意对一些过旺花卉疏枝疏叶,保持空气流通。通气不良将引起病虫危害。

花卉根系同样需要较好的通气条件,所以养花要选适宜的土壤,盆花要选好土壤基质,并经常进行松土。空气湿度对植物生长影响很大,许多喜湿植物如兰花、龟背竹等花卉要求相对湿度保持在 80% 以上,中湿植物含笑、茉莉、扶桑等要求空气相对湿度不低于 60%。而仙人掌类耐干旱植物对湿度要求不高,在室内自然湿度即可。

四、水分

花卉的木质部含水量可达 50%,其他部位可达 80%～90%,草花含水量很高,所以花卉的水分调节十分重要。土壤营养是通过水溶解后进入植物体。植物通过蒸腾作用调节植物体温。

花卉对水分的需量与其原产地的生态条件有关系。耐湿花卉需水量较高,多产在热带、热带雨林及湖泊小溪等处,其多数株体含水多、叶大、质柔、光滑。养护中应注意宁肯湿些不要干旱,像龟背竹、海芋、马蹄莲等。水生花卉生长于水中,在浅水中生长的有荷花、睡莲、凤眼莲等,在沼泽或低洼积水地生长的有石菖蒲、水葱等,它们应在水地、水缸或湿地中生长。中生花卉需要在湿润的土壤中生长,一部分一、二年生草花、宿根草花及球根花卉,像君子兰等,大部分是木本花卉,像月季、扶桑、茉莉、石榴、棕榈等,养护中见干见湿,不能浇水过勤。旱生花卉在干旱的条件下也能生长存活,典型的像原产于沙漠地带及半荒漠地带的仙人掌类和多肉质植物及沙拐枣、锦鸡儿等,它们肉质多浆贮水多,蒸腾少,抗干旱。一些半耐旱花卉叶片革质或蜡质或叶片上具大量茸毛,如山茶、杜鹃、橡皮树、天竺葵等,天门冬、文竹、柏、杉科植物也属此类,浇水不宜过勤,干透浇透。

对于同一种类的花卉,在其生长发育的不同阶段对水分需求不同,种子萌发要求土壤湿度大一些,而幼苗阶段,根细茎嫩弱要求水分适当。适当干旱利于花芽分化,防徒长。水分过多易落花,但观果花卉果期要保持土壤湿度。休眠或半休眠状态花卉少浇水。

一般浇水还依据季节、天气状况而定。夏季生长旺盛迅速,浇水量大些。北方立秋后花卉生长渐缓,应控制浇水。入冬休眠的花卉严格控制浇水。高温天气或大风天土壤蒸发快,植株蒸腾量相对大,可多浇水。气温低、阴天可少浇水。

浇花用水以软水为宜,特别是雨水和化雪水较好,因其水中性且含氧量高;其次是河水、池溏水;自来水最好放在池中或缸中贮存 2 天后再用。水温最好与土温相近浇水好。用水量与其生长发育阶段及习性适应。北方地区盆花每日浇水,春季宜在午前,夏季宜在早晨或傍晚,立秋后气温渐低,可早晨错后一些或傍晚提前一些,冬季宜在午后 1—2 时浇水。盆花适时浇水,适期适量喷水也很重要,一是增加空气湿度,二可清洗花卉枝叶。

五、土壤

土壤条件是花卉栽培的重要条件。因为土壤不单是花卉植物的固定基质,还会给花卉植物提供水、肥、气热条件。一般而言,花卉栽培是以具有较好的团粒结构、疏松肥沃、保水保肥、透水通气的土壤为宜。由于各类花卉原产地的土壤条件不同,所以各类花卉对土壤有不同的要求。如原产于我国南方的花卉喜酸性,北方的耐碱性。原产于沙漠地区的仙人掌类及多肉质类植物喜粗沙土,牡丹、芍药喜黏壤土。

对于盆花来说,花卉根系伸展受限,配制好培养土十分关键,现将有关几种盆花用土介绍如下:

1. 河沙

颗粒较粗,干净无杂质,排水通气性良好,营养极少或无。可单独用于仙人掌类及多肉质花卉植物。也作为木本花卉扦插繁殖用的基质。可与其他基质调制盆土,增加其他基质透性。

2.草炭土

质地松软,通气透水,保水保肥,pH 值多为酸性,其中含有胡敏酸,对促进插条产生愈伤组织及发根有促进作用。宜作生长较缓慢的常绿花木扦插基质,可与其他基质配制盆土,增加基质通透保蓄性及养分含量。

3.针叶土

通气透水性能好,有一定的养分,酸性较强,可中和北方碱性菜园土作盆土,增加基质透性及少量养分。

4.腐叶土

由秋季残叶堆腐而成,疏松多孔,富含腐殖质,养分含量高,宜植各种喜酸花卉,常用其与其他基质配制盆土,可增加基质的保蓄性和养分含量。

5.河泥及塘泥

河塘沉积腐烂物,富含有机质,晾晒后过筛与其他基质配合成盆土,养分丰富,可增加基质的养分和黏性。

6.园土

菜园土或肥沃的农田土,具有较好的团粒结构,肥力较高,常与其他基质混合配制盆土,可增加其他基质的营养成分及保蓄性。

7.面沙

质地轻、杂质少、无味道,通透好,pH 值中性及中性以下,常单独作草本花卉扦插繁殖的良好基质。无结构,无肥力。可以与其他基质配制盆土。

8.蛭石

云母族的次生矿物。质地轻,容重低,孔隙度大,有一定的保水性,通透性好,可增加其他基质的通透性。

各种基质的配比因花卉品种而定。细小种子多加些细沙土,大粒种子多加些园土。

六、肥料

土壤中含有各种养分,但大多数土壤不能满足植物生长的需要,植物生长发育过程中不断消耗养分,当土壤不能满足时就要施肥才能维持其正常生长。维持花卉正常生长的营养元素主要有十几种,其中碳可从空气中吸收,氢、氧可以从水中大量获得。土壤中的氮大多不能满足植物需要,需通过施肥加以补充。磷、钾、钙、镁、硫、铁为花卉的大量灰分元素,它们中的大多数也不能满足花卉生长的需要,特别是磷、钾元素与氮共称植物生长三要素,需不断施肥加以补充。此外还有微量元素硼、锰、锌、铜、钼等,许多实验证明,镭、钛、铀等超微量元素也对植物生长发育有促进作用。及时适量地对花卉施肥,对花卉生长发育效果极大。现将几种常见的有机肥料和无机肥料介绍如下:

1. 有机肥料

(1)人粪尿 主要成分是氮,磷和钾少一些。有机质含量较高。一般使用要求腐熟后制粪干用作基肥和追肥。"粪稀"是腐熟的粪液,可稀释后浇花,粪干在地表面施用不卫生,最好埋入土中。人粪尿为碱性肥料,不适合喜酸性条件的花卉施用,长期使用还会增加土壤盐含量。

(2)干鸡粪 主要成分是磷、钾及氮肥,是补充土壤磷的好肥料,适合于观花、观果的花卉。目前市场上的干鸡粪很多,但腐熟的高质量干鸡粪很少。所以干鸡粪除作基肥外,常在大缸中泡熟后浇清水肥,肥效可以快一些。

(3)厩肥 主要成分为氮,磷和钾少一些,肥效低一些,可作基肥及配制盆土用。此肥一定要腐熟。主要厩肥的养分见表1-1。

(4)饼肥 是油料种子榨油后剩余的残渣,含氮较高。因其不腐熟,常作基肥或泡熟作液肥用。主要饼肥的养分见表1-2。

表 1-1 主要厩肥的养分

家畜种类	$N(\%)$	$P_2O_5(\%)$	$K_2O(\%)$
猪	0.40	0.19	0.60
牛	0.34	0.16	0.40
马	0.58	0.28	0.53
羊	0.83	0.23	0.67

表 1-2 主要饼肥的养分

种类	$N(\%)$	$P_2O_5(\%)$	$K_2O(\%)$
大豆饼	7.0	1.32	2.13
棉籽饼	3.14	1.63	0.97
菜籽饼	4.50	2.48	1.40
花生饼	6.32	1.17	1.34

(引自王淑敏,1991,彭冗朋,1980)

(5)麻酱渣　含大量氮和磷,且 pH 值在 6 以下。可作基肥或追肥,使用前充分腐熟。常在缸中泡熟后浇施。

现在市场上化学肥料很多,液体化学肥料也很多,确有一些较好肥料,要按说明书使用。

2. 无机肥料

(1)硫酸铵[$(NH_4)_2SO_4$],含氮量 20%～21%　硫酸铵为铵态氮肥料。易溶于水,肥效快。为生理酸性肥料。可作基肥、追肥施用,湿润地区及多雨季节多作追肥。常与有机肥配合使用。

(2)氯化铵[NH_4Cl],含氮量 24%～25%　氯化铵为铵态氮肥料。易溶于水,肥效较快。吸湿性大,易结块。施入土壤后短期内不易发生硝化作用,所以损失率比硫酸铵低。不宜作种肥,对种子发芽和细菌生长有不利影响。忌氯花卉不要施用此肥料。盐土不要施用此肥料。可作追肥施用。

(3)硝酸铵(NH_4NO_3),含氮量 34%～35%　硝酸铵兼备铵态氮和硝态氮肥。易溶于水,肥效快。吸湿性强,注意密封保存。有助燃性与爆炸性,忌猛烈撞击。常作追肥使用。

(4)碳酸铵($(NH_4)_2CO_3$),含氮量 16.8%～17.5%　碳酸氢铵为铵态氮肥料。易溶于水,肥效快。为碱性肥料,易放出氨气烧苗,常作基肥和追肥。注意深施盖土。

5. 尿素[$CO(NH_2)_2$],含氮量 46%　尿素是一种酰胺态氮有机化合肥料。易溶于水,肥效较铵态氮肥料慢些。对各种植物和土壤都适宜,可作基肥、追肥或种肥。但易随水流失。尿素还常用作根外追肥,喷于叶面,吸收较快。

氮肥施用过量容易引起徒长,所以施氮肥时注意与磷钾肥配合施用。

(6)过磷酸钙[$Ca(H_2PO_4)_2 \cdot H_2O + CaSO_4 \cdot 2H_2O$],含磷($P_2O_5$)量 7%～20%　过磷酸钙常呈酸性,并具吸湿性,易吸湿而降低肥效。属速效磷肥,可作基肥、种肥施用。此磷肥易被固定,所以常条施穴施。

(7)磷酸氢二铵[$(NH_4)_2HPO_4$],含氮量 16%～21%,含磷(P_2O_5)量 20%～21%　磷酸氢二铵是一种磷、氮复合肥料。易吸湿,易溶解,肥效较快。可作基肥、追肥施用。

(8)磷酸二氢钾(KH_2PO_4),含磷(P_2O_5)量 22.8%,含钾(K_2O)量 28.6%　磷酸二氢钾为磷、钾复合肥。吸湿性小,易溶于水,常溶解后浇施花卉。可作根外追肥施用。

(9)硫酸钾(K_2SO_4),含钾(K_2O)量 50%～52%　磷酸钾易溶于水,吸湿性小,为生理酸性肥料。可作基肥、追肥施用。

第二章 花卉栽培设施及花卉繁殖

规范的花木场,常根据自身花卉栽培及繁殖的需要,配置相应的设施条件。像苗床、荫棚、温室、塑料大棚及排灌设备等。花卉的栽培及繁殖常根据其各自生长发育的习性来进行。

第一节 花卉栽培的基本设施

一、场地与苗床

在有条件的情况下,花卉栽培繁殖场地应选择排水灌水条件好、空气流通、阳光充足的地方,北方地区最好在西北两侧有挡风条件的地方,如山丘、树林等。地栽场地地下水位不能太高,要有良好的排水条件,要求是土层深厚,表土中壤或沙壤质地;土壤肥力较高,酸碱度近中性。酸性强的土壤用石灰中和,北方石灰性土壤可通过增施腐熟有机肥的方法进行改良。土壤条件差要逐年改良。盆花场地找地势高的地方,雨季不积水,表层铺盖粗沙、炉渣或铺砖等。

大部分花卉育苗及繁殖在苗床上进行。华南、西南、华东等热带、亚热带地区常设露地苗床,进行一年生草花及木本花卉的分株、扦插、压条、嫁接工作及实生苗育苗等。一般苗床宽1.6 m,不宜太长,埂0.3 m,便于浇水播种、间苗、拔草等。

在华北、西北和东北等地,许多花卉育苗须在保护地中进行,常见的是保护地苗床。如一、二年生草花播种。因播种和扦插的时间不同,各类花卉幼苗所需的温度不同,常设以下几种保护地苗床。

1. 风障

风障是比较简易的保护地类型,我国北方地区多与冷床结合使用。一般保护地苗床北侧都扎以各种高秆植物的茎秆成篱笆形式。风障可同时设几排,距离以不相互挡光为准。风障一般向前南向倾斜与地面成 75°～80°的角,风障挡风密度不够可在风障下部挡以稻草或其他挡风物质。风障要加固结实,以免被风吹倒,风障可提高地温 3～6℃。

2. 冷床

冷床是在地势较高、土质较黏、背风向阳的平坦地段,四周围出北高南低 20～40 cm 的土埂,东西两埂向南逐渐降低,压实拍光。床内下挖 30～40 cm,床内装入配制好的营养土,上面留 20～30 cm 深的空间供幼苗生长,上部用木条、竹条支撑,放塑料薄膜,晚用草帘盖住,通常与风障配合使用。冷床宽 1.5 m 左右。通常在秋季播种二年生草花,早春播种一年生草花,许多常绿木本花卉多在冷床中扦插培养。

3. 温床

温床基本做法同冷床,只是床体加深,下填埋一层酿热物,用酿热物放热而提高床温,所以叫温床。一般酿热物约 50 cm,上覆 20 cm 左右的床土。酿热物一般是下垫碎草,上垫牛马粪,适当加以清水利于发酵。现在还经常使用电热加温,发热在 50～60℃。维持 10～25℃的土温和 5～25℃的气温。常在耐寒力差的一、二年生草花繁殖栽培中使用。

在生产上还常应用小塑料棚,可起到防霜冻的作用,于春节过后培育苗木,其骨架多用竹片、钢筋制成拱形,蒙上塑料膜,周围压严。

二、荫棚

荫棚常用来养护阴性和半阴性花卉及一些中性花卉。一些刚播种出苗和扦插的小苗,刚分株、上盆的花卉夏季置于半阴之地,温度、湿度条件变化平稳,利于缓苗发育。像龟背竹、广东万年青、文竹、一叶兰、八仙花、南天竹、朱蕉、棕竹、蒲葵、君子兰、吊兰、蕨类等常在荫棚下养护。

荫棚设置尽量靠近温室,在地势高燥、排水好、不积雨的地方,利于春季花木从温室中运至荫棚。荫棚下铺一层炉渣或粗沙利于水分下渗。南侧、西侧有树林最好,也可用竹棚等挡光。荫棚多用钢筋混凝土柱,也可用直径约 15 cm 的木柱或钢柱。3 m 高,埋入地下 50 cm 压实,每隔 3 m 一根柱,东西向长,南北向宽,宽 6～7m 为好。立柱顶端引一铁环固定檩条用。横、竖向用大竹竿或杉木棍捆牢,再用竹竿按东西向铺设椽材,每隔 30 cm 一根,捆牢。棚顶上面遮阴材料用竹帘、苇帘等,也可用固定牢固的遮阴网遮阴。

三、温室

温室是花卉栽培中应用最广泛的设施,比其他设施对环境因子的调节和控制能力强。温室种类很多,有多种分类方法。

1.按冬季室内需要分类

(1)高温温室　室温在 15℃以上,高温可达 30℃以上,主要栽培热带植物,也常用于花卉的促成栽培及冬季生产切花或代替繁殖温室使用。

(2)低温温室　室温在 3～8℃,用来保护不耐寒植物越冬,如北京地区用来保护桂花、夹竹桃、杜鹃、柑橘类、棕榈、栀子等越冬或用于耐寒草花栽培。

(3)中温温室　室温在 8～15℃,用以栽培亚热带植物及对温度要求不高的热带花卉。有些花卉工作者把高温温室要求在 18～32℃,中温温室要求在 12～26℃,低温温室要求在 6～14℃。

另设冷室 1～6℃,我们可根据需要控制温度,不必过于拘泥。

2.按花卉的栽培目的分类

(1)观赏温室　按观赏植物对温、湿度的要求,分成不同陈列区。

(2)繁殖温室　专供播种和扦插等繁殖用。

(3)盆花温室　用于冬季生产和养护各类盆花。

(4)切花温室　用于周年生长切花。

(5)促成温室　催花温室,使花卉按人们的要求时间开花。

3.依建筑形式而区分

(1)单层面温室　只有一向南倾的玻璃顶面,北面为墙。

(2)双层面温室　屋顶有两个相等玻璃顶面,房体南北延长。

(3)不等屋面温室　北房、南面层顶宽,北面窄。

(4)连栋式温室　双面温室相互联通,连续搭接,形成室内串通的大型温室。

(5)全天候拱型玻璃温室　镀锌钢骨架,四周及拱顶盖玻璃钢波形瓦,内装采暖及降温设备。

温室的形式很多,主要是根据各生产单位的需要和经济条件而定,在建筑上有许多专门单位负责设计。很多生产单位也常自行设计及建筑各类温室,这方面的资料也较多,在此不多赘述。

第二节　花卉繁殖

繁殖是可以延续后代的一种自然现象。生产者繁殖园林植物可以保留品种,满足扩大生产及经营活动的需要。研究工作者可保留种质资源,进行选种、育种。园林植物种类繁多,来源广泛,所以繁殖方式也较复杂,归纳起来分为有性繁殖、无性繁殖、单性繁殖(孢子繁殖)、组织培养。

一、有性繁殖

花木通过其种子繁衍后代的方法,叫有性繁殖,也称为种子繁殖。即播下种子,获得种子实生苗。优点是可以在较小的面积上,经过较短的时间,获得较多的植株。方法简易,成本低,适合大规模专业生产运输。符合植株自然生长发育规律,根系完整,生长健壮。缺点是从播种到收种子时间长及异花授粉的花卉容易产生变异,不易保持原品种的优良特性。所以有性繁殖要采用科学的方法,通过精心的管理才能得到性状优良、遗传品质好的花卉种子。人们往往通过有性繁殖,杂交培育新品种。

1. 种子的采收与贮藏

要想获得优良的后代,必须选用优良的种子。优良种子应当发育充实,粒大而生活力高,有较高的发芽率和发芽势,种子高纯度无杂种、无杂质、无病菌虫卵,或经处理无病菌虫卵。凡引进花种都要进行种子质量检验及来源鉴定。繁殖良种要从选择良种母株开始。专门用于采种的植株叫采种母株,其基本要求是品种纯正,发育优良,生长健壮,无病虫害。采种母株要及早确定,加强肥水管理,促进壮株,必要时疏花疏果。有些授粉困难的花卉可考虑人工辅助授粉。有些人工授粉后为保持种子纯度还要套袋保护,防治病虫害。

不同花卉品种的种子成熟特征和成熟期不同,一般在种子成熟期采种。不同品种因着生部位不同需要掌握籽粒成熟特征,经常观察成熟情况,及时采收。如鸡冠花、金鱼草种子成熟特征为黑色,一串红、凤仙花等为深褐色。荚果、蒴果所结种子熟后易飞散或自行脱落,须提前采收。有些浆果过了成熟期采摘也可。有些品种如百日红、万寿菊等的种子可等整株种子大部分成熟时连株收割,晾干后采收种子。一般同株上的种子以主杆或主枝上的种子为好。采种一般宜在晴天早晨进行,种子不易开裂且又利于晾晒。要依据不同品种、颜色、株高、花期分别采收,注明并写好采收日期。多数花卉种子不宜在阳光下暴晒,且要常翻动。要及时脱粒、过筛或用簸箕清除果翅、果皮、果梗及其他杂质。

种子要单收、单处理、单独保存贮藏。种子袋内外各放一标签,标明花卉品种、采种地点、采种人、采种时间等。为保持种子发芽势、发芽率及寿命,最好干燥密封,置于干燥、低温(1～5℃条件)通风处,以减少种子生理活动,延长种子寿命和保持较高的生活力。种子贮藏的原则是使种子的新陈代谢处于最微弱的状态,其外界影响因素主要有湿度、温度、空气。所以在不影响种子生命力的条件下,种子含水量低一些,这即是所谓种子贮存的标准含水量。不同的品种,标准含水量不同。一般贮藏种子温度应在15℃以下,适宜温度为0～5℃,空气流通为宜。

2.种子处理与播种

　　一些花卉种子播后萌发困难或发芽不整齐,常采取浸种、剥壳、机械脱壳、化学处理及沙藏等方法促发芽生根。浸种常用于一些硬皮壳发芽慢、不整齐的种子,可在播前一天用冷水或温水(50℃左右)浸种24小时后进行播种,使其迅速发芽。如仙客来种子可用此法。而荷花、美人蕉等,种皮坚硬,不易吸水,难发芽,可采用刻伤种皮的方法处理,如用锉刀磨破部分种皮,尔后用温水浸种,播后很快发芽。芍药、牡丹、鸢尾等花卉种子采后即播困难,可在秋后以湿沙堆藏。

　　层积沙藏的具体做法是:10 cm河沙一层种子,可多层反复,沙土含水量大约15%,温度在0～5℃左右。第二年春季在播前一个月取出,但要注意防老鼠偷吃。播种前要先选好种子,首先看种子年限,超过保存年限的种子不能播种。

表 2-1　常见花卉种子的寿命

花卉名称	保存时间(年)	花卉名称	保存时间(年)	花卉名称	保存时间(年)
仙客来	2～3	雏菊	2～3	石竹	3～5
菊花	3～5	翠菊	2	香石竹	4～5
彩叶草	5	金盏菊	3～4	蒲包花	2～3
蛇目菊	3～4	波斯菊	3～4	矢车菊	2～5
报春花	2～5	瓜叶菊	3～4	千日红	3～5
天人菊	2～3	蜀葵	3～5	大岩桐	3～5
凤仙花	5～8	金鱼草	3～5	麦秆菊	2～3
牵牛花	3	美人蕉	3～4	耧斗菜	2
百合	1～3	长春花	2～3	含羞草	3～4
鸢尾	2	鸡冠花	4～5	勿忘草	2～3
一串红	1～2	大丽花	5	五色梅	1～2
万寿菊	4～5	矮牵牛	3～4	木槿	3～4
美女樱	2～3	半支莲	3～4	飞燕草	3～4
三色堇	2～3	百日草	2～3	虞美人	3～4
毛地黄	2～3	紫罗兰	4	花菱草	3～4
蕨类	3～4	福禄考	1～2	霞草	3～4
金莲花	2	藿香蓟	2～3		

在播种前做发芽试验,用百粒种子浸种后放在几层湿纱布上,保持湿度,在温度20℃条件下观察发芽率。为了防止花卉幼苗染病,常在播种前对种子进行消毒。用1%的福尔马林浸种15分钟,或1%硫酸铜浸种30分钟,也可用福美双、多菌灵拌种,500 g加20 g农药。

花卉的播种时间依不同种类花卉的生物学特性、当地的环境条件及栽培目的而定。适时播种是保证花卉生产质量的重要条件。一般露地一年生草花,多在春季(气温达到15~25℃时)播种。需要提早应用的花苗可于早春2—3月在冷床或小塑料棚中播种。露地二年生花卉耐寒性稍强,生长期间喜凉爽,忌炎热,多赶在夏初前开花,一般在秋季播种,即北方8月中旬至9月上、中旬间露地苗床播种;南方则于9月中、下旬至10月上旬播种。如桃花、梅花、榆叶梅等这些露地木本花卉及松科观赏植物发芽较困难,在10月下旬至4月上旬经自然沙藏一冬,来年可较好地出苗。其他木本花卉也应尽量早些播种。在温室或阴棚播种的热带和亚热带常绿花卉,无论是草本还是木本在高温度中一年四季均可播种,主要依据是用花时间。

露地播种或温室播种常采用的方法有撒播、点播和条播等,直接地播种花卉,要注意翻地施用腐熟的有机肥、灌水、打埂做畦、平地。播种深度以不超过种子直径的2~3倍为宜。大粒种子2~3 cm,中小粒种子1~3 cm,极细小种子使其与土壤紧密结合即可,不再覆土。如仙客来、君子兰等种子较大可用点播法,间距2~5 cm。而凤仙花、麦秆菊、茑萝等小粒种子在苗床内沟播8~10 cm行距。中粒种子常开沟撒播,细小种子在撒播时,注意把地整疏松且平整,可用细沙2~3倍与种子混匀撒播,再用钉耙纵横轻耙一遍,适当镇压。温室直播注意土壤要晾晒消毒。盆播多在温室或阴棚下进行,多用大瓦盆或其他育苗容器,用木箱易发霉染病。盆土多用长时间暴晒过的旧盆土过筛后装盆,一般在瓦盆下铺2~3 cm干净豆石或碎炉渣作排水层,尔后装土。大、中粒种子依据实际情况定密度逐粒按入土中,深度为种子直径的2~3倍,喷壶浇水。细小种子撒播可用细筛筛一薄层土覆盖或不覆盖,浇水是从下往上渗水,即把播种花盆浸入一个水盆中,直到浸水至表土湿润为止取出,上盖一白纸和玻璃置高温温室内见光处,中午可打开玻璃一侧通气,保持出苗前表土不干,苗齐后打开覆盖物,要逐渐增加光照。间苗前盆土发干可再浸水,小苗长出2~3片真叶后即可移植。移植无论是裸根或带土,均应迅速,以防小根萎蔫影响成活,注意遮阴。

二、无性繁殖

无性繁殖是利用植物营养体的再生能力在人工辅助下的增殖方法,也称营养繁殖。花卉常见的无性繁殖方法有分生、扦插、压条、嫁接等,其特点是能保持母本的优良性状,且生长周期短、开花结实早等,缺点是有些花卉长势及生活力不及实生苗。

1. 分生繁殖

分生繁殖是指从母本分离出小植株或同形球根另行栽植成新株的繁殖方法。

（1）分株法　此种方法成苗快，分栽植株几乎当年开花。自母本发生的根蘖、茎蘖、根茎等进行分割栽种。常绿花木没有明显休眠期，但冬季大多停止生长进入半休眠状态，可在春暖之前进行分株，北方多在花木移出温室之前或之后立即分株。落叶花木则在其休眠期进行。北方多在春季土壤化冻、株体未萌芽前进行分株，而南方多在秋季落叶后进行。分株方法是落叶花木在分株前将母株丛从花圃中挖出，多带须根，用刀或斧头将其劈成几丛，每丛2～5个枝芽和较多根系。也可在伤口处涂以草木灰或硫黄粉消毒，阴凉两天后栽植，如鹤望兰、芍药、君子兰等。那些分蘖力很强的花灌木和藤本植物，只需从母株周围挖出分蘖苗另行栽植即可。盆栽花卉的分株常应用在多年生草花，结合春季换盆时进行。将母株从盆内脱出，抖落泥土，理顺根，用刀把蘖苗连同根系一起分出，分割出后立即栽植，浇水整枝在阴棚下养护。多浆植物中的芦荟、景天等在根际处常生吸芽，凤梨的地上茎叶腋间也生吸芽，可自母株分离而另行栽植；落地生根叶子边缘常生出很多带根的无性芽，可摘取进行繁殖。

（2）分球法　此种方法比播种繁殖开花早，方法简便，具有地下茎（美人蕉、鸢尾等）、球茎（唐菖蒲、小苍兰等）、鳞茎（郁金香、百合、水仙等）、块茎（仙客来、马蹄莲）、块根（大丽花等）的花卉自然分离后另行栽植，可长成独立株体。分球时间是春、秋两季在挖球之后，将基部萌出的小球摘下，大小球分别贮藏，栽植深度约是球高的2～3倍。沙质土宜深些，黏质土宜浅些，芽眼向上。根茎类还可按其上面的芽数分割数段栽植。

2. 扦插繁殖

植物营养器官具有再生能力，能发生不定芽或不定根。利用此习性，切取其茎、叶、根的一部分，插入土中、沙中或其他基质中，使之生根发芽，构成新的完整的植株体。此种方法培养植株比播种苗生长快，开花时间早，可在短时间内繁殖大量幼苗，并保持原种的特性，但无主根，寿命短。近年来发展出水插法和气插法，省工省时。

根据插穗材料、扦插条件、扦插时间及扦插目的不同，可分为多种扦插方法。

（1）按插穗材料　分为枝插、叶插、叶芽插、根插。

①枝插。是指用花木枝条作为繁殖材料进行扦插的方法。此法应用较普遍。枝插又分许多种，如用木本植物未完全木质化的绿色嫩枝作为材料，或用草本花卉。仙人掌及多肉质植物在生长旺季进行扦插，称软枝扦插或嫩枝扦插。而用木本植物则用已经充分木质化的老枝作为材料，多在休眠期进行扦插，称硬枝扦插，或称老枝扦插。用较幼嫩还未伸长的芽作为材料进行扦插称芽插。嫩枝扦插一般是剪取当年生发育充实的半木质化枝条6～10 cm，保留2～3个节，上端留2～3片小叶，剪口宜在

节下,扦插深度占总枝长度的三分之一,随剪随插成活率高。插不完时用湿布包好,来日再插。嫩枝水插可把插穗捆成小捆,入水三分之一,每两天换一次水,在阴棚下养护。南方常把插穗插入竹篦子孔洞中,漂浮在池塘水上成活率高。硬枝扦插南方多在秋季,利于提早生根发芽。北方地区宜在春季天气转暖后进行,选用一、二年生充分木质化的枝条,长 15~20 cm,带 3~4 个节,剪去叶片,插入苗床。北方多于深秋剪插条,捆成捆埋在湿沙中,放在低温温室内越冬,第二年春季露地扦插。

②叶插。利用叶脉的伤口部分产生愈伤组织,然后萌发不定根不定芽,进而形成新的植株。凡能进行叶插的花卉植物,大都是有粗壮的叶柄、叶脉或肥厚叶片的多年生草花,如景天科和龙舌兰科的多肉植物及个别常绿花卉。常用的叶插法有如下三种:

1)平置法:又称全叶插。切去叶柄,叶片平铺在干净湿润的沙土地面上,用竹针固定或用小块厚玻璃压在叶片几个部位上,使其全叶脉与沙面贴紧,保持较高的空气湿度,约一个月幼苗从叶脉伤口处萌发出。如秋海棠就是自叶基部或叶脉处发生小芽。

2)直插法:将叶片切成小段,如虎皮兰,每段长 4~6 cm,浅插于素沙土中,经过一段时间后可见从基部萌发须根,进而长出地下茎,根状茎顶芽长出新植株。

3)叶柄插:如大岩桐的叶片带 3 cm 长叶柄插入沙土中,则先在叶柄基部发生小球茎,而后发生根与芽。

③叶芽插。在腋芽成熟饱满而尚未萌动前,将一片叶子连同茎部的表皮一起切下,叶腋有芽,一起再插入基质中,腋芽和叶片留在土面外。当叶柄基部主脉的伤口部分发生新根后,腋芽成长为新的植株。菊花、秋海棠、橡皮树、山茶、八仙花等均可用此法繁殖。为了得到大量花苗,还可利用一些花卉的腋芽再生力强的特性,在春秋花卉整形疏芽时,把多余的芽挖下逐个插入素沙土中,芽尖外露进行大量繁殖。

④根插。有些宿根花卉地下具有粗壮根系,其根部容易发生不定芽而长成植株。如鸢尾、随意草、宿根福禄考、贴梗海棠、紫藤、樱花等均可用此法繁殖,可结合春秋移栽或分株时进行。一般做法是剪根 5~10 cm,粗根斜插入基质,细根平埋约 1 cm土。根插要求浅插即可,所以要常保持表土湿润,需见全光,提高土温。

(2)按扦插季节。分为春插、夏插、秋插和冬插。

①春插。在春季进行的扦插。主要用老枝或休眠枝作材料,适于各种花卉,应用普遍。此插条可用冬季贮存的枝条。

②夏插。于夏季梅雨季节进行的扦插。空气湿润,气温合适,用当年生绿枝或半绿枝扦插。特别适用于要求高温的常绿阔叶树种。

③秋插。在 9—10 月份进行,用充分发育成熟的枝条,生根力强,具有一定的耐腐力,入冬前生长量不大,为第二年生长打基础。多用于多年生草本花卉。

④冬插。于冬季温室内或大棚内进行，北方冬季在大棚中扦插，也有较高的成活率，但生根较慢。

插条在进行扦插时常用吲哚乙酸、吲哚丁酸、萘乙酸等进行处理，其应用浓度、作用时间、搭配方法，常因花卉种类而异，草花常用浓度为 5～10 mg/L 的水溶液；木本花卉适宜的浓度为 20～40 mg/L。一般是浸泡 24 小时后扦插。扦插基质常用日晒消毒或 0.1％高锰酸钾溶液消毒。扦插后盖塑料薄膜保持温、湿度，防日光直晒。注意每天打开塑料薄膜 1～2 次补充氧气，扦穗长出 2～3 cm 即可移植。

目前较先进的方法全光雾插正向着自动化、大型化方向发展。

3.压条繁殖

一些茎节和节间容易发根的木本花卉和一些扦插不容易发根的木本花卉常采用压条的方法进行繁殖。优点是成活率高，成苗快，开花早，不需特殊管理。主要的方法是在母株的枝条上刻伤，尔后埋入土中，促使伤口处发生新根，然后剪离母株另行栽植。北方多在春季进行，利于入冬前长好根系。在中高温温室中冬季也可进行。

压条方法一般分为普通压条法、壅土压条法和高枝压条法。

(1)普通压条法　将母株基部一、二年生枝条下部弯曲并用刀刻伤埋入土中 10～20 cm，枝条上端露出地面。埋入部分用木钩钩住或石块压住。灌木类还可在母株一侧挖一条沟，把近地面的枝条节部多部位刻伤埋入土中，各节部可生根发苗。藤本蔓生的花卉可将枝条波浪状埋入土中，部分露出部分入土。生根发芽后可剪断枝条，生出多个新植株来。普通压条的花卉很多，如连翘、石榴、栀子、腊梅、迎春等。

(2)壅土压条法　有些花木能在根部发生萌蘗，只要在母株基部培土，枝条不需压弯即可使其长出新根，如木兰、牡丹、柳杉、黄刺梅、金银木、海桐、八仙花等均可。为使母株多分枝，可在其休眠期截去主干，待新枝条长至 20 cm 时则在母株基部培以肥土并灌水。时间多在夏初的生长旺季。也可在距地面 20～30 cm 处环割然后壅土，保持土壤湿润，来年逐个剪断与母株的连结，尔后分苗定植。

(3)高枝压条法　有些花木较高大、枝条不易弯曲且发根困难，可采用此法。像白玉兰、广玉兰、米兰、含笑、变叶木、叶子花、山茶、金橘、杜鹃等。在生长旺季，用二年生发育完好的枝条，适当部位环状剥皮或用刀切刻，然后用竹筒或塑料袋装上泥炭土、苔藓、培养土等包在剥刻部位，常供水保持湿润，待生根后切离母株，带土去包装植入盆中，放在疏荫下养护。为促进压条生根，经常在枝条被压部位采取刻痕法、去皮法、缢缚法或拧枝法处理，使茎较快生根。刻痕法是在压条的下部纵横切一深缝。去皮法是在压条的下方刻去一块皮，也可环状剥皮。缢缚法是用铅丝紧绕在被压部位，使其成缢痕。拧枝法是把被压部位扭转或弯曲后压在土中。在操作中常在伤口处涂抹一些生长激素促生根。

4.嫁接繁殖

嫁接是将一植物体的枝或芽,移接到另一带根的植物上,使二者接合成一新的个体,并继续生长下去的繁殖方法。被接的枝、芽叫做接穗,承受接穗的植株叫砧木。常在扦插不易成活或生长发育较慢的优良品种上应用。此法成苗快,开花早,保持原品种特色。

第三章　一、二年生花卉

1. 翠菊(彩图 1)

学名:_Callistephus chinensis_

别名:江西腊、蓝菊、五月菊、七月菊。

科属:菊科,翠菊属。

产地和分布:原产于中国,分布于吉林、辽宁、河北、山西、山东、云南和四川。现世界各地均有栽培。

形态特征:翠菊为一年生草本植物。茎直立,多分枝,株高 20~100 cm,叶互生,卵形至椭圆形,具有粗钝锯齿,上部叶无叶柄,叶两面疏生短毛,及全株疏生短毛。头状花序单生于茎顶,花径 3~15 cm,总苞具多层苞片,外层革质、内层膜质,花盘边缘为舌状花,原种舌状花 1~2 轮,栽培品种的舌状花多轮。有很多栽培变种,花色有白、粉、红、紫、黄、蓝等色,深浅不一。瘦果呈楔形,浅褐色,9—10 月成熟,种子寿命 2 年。秋播花期为第二年 5—6 月,春播花期 7—10 月。单株盛花期约 10 天。

翠菊有许多变种品种,依据植株形态分类可分为:直立性、半直立性、分枝性和散枝性等。按植株高度分类可分为:矮型、中型、高型。株高 30 cm 以下为矮型种,30~50 cm 为中型种,50 cm 以上为高型种。按花型分类分为:单瓣型、芍药型、菊花型、放射型、托桂型、鸵羽型等。

园林观赏用途:翠菊品种多,类型丰富,花期长,色鲜艳,是较为普遍栽植的一种一、二年生花卉。矮型品种适合盆栽观赏,不同花色品种配置五颜六色,颇为雅致。也宜用于毛毡花坛边缘。中、高型品种适于各种类型的园林布置;高型可作"背景花卉",也可作为室内花卉,或作切花材料。翠菊花叶均可入药,清热凉血,可治疗感冒、红眼病等症。

2. 一串红（彩图 2）

学名：*Salvia splendens*

别名：爆竹红、墙下红、西洋红，撒尔维亚。

科属：唇形科，鼠尾草属。

产地和分布：原产于南美巴西。现世界各地栽培甚广，我国园林广泛栽培。

形态特征：一串红为多年生草木植物或亚灌木，多作一、二年生栽培。茎四棱形，绿色，生长后期呈紫红色，茎基部多木质化。株高因品种不同有较大区别，多为 30～90 cm。叶对生，卵形。枝端渐尖，叶边缘有锯齿。轮伞状花序具 2～6 花，密集成顶生假总状花序，苞片卵形，深红色、早落；花萼钟状与花冠同色；花冠唇形有长筒伸出萼外；小坚果卵形，上具三棱，黑褐色，千粒重 7.8 g，种子寿命 1～4 年。栽培变种有白、紫、鲜红、粉色及矮生变种。花期一般 7—10 月，果熟期 8—10 月。

园林观赏用途：常用作花坛、带状花坛、花丛的主体材料，也常植于林缘、篱边或作为花群的镶边。盆栽后是配置盆花群的好材料。全株均可入药，有凉血消肿功效。

3. 鸡冠花（彩图 3、彩图 4）

学名：*Celosia cristata* var. *Cristata* Kuntze.

别名：鸡冠头、红鸡冠、鸡公花。

科属：苋科，青葙属。

产地和分布：原产于印度和亚热带地区。现世界各地均有栽培，在我国应用较广。

形态特征：鸡冠花为一年生草本植物，茎直立光滑，上部扁平状，稀分枝，有棱状纵沟。株高 25～90 cm，叶互生有柄，披针形至卵状，变化多样，全缘。顶生扁平穗状花序，肉质，也有呈圆锥状的。花色有紫、橙、红、黄、白等色。种子扁圆形，黑色有光泽，千粒重 0.85 g，种子寿命 4～5 年。花期 8—10 月。

鸡冠花常见栽培种有：普通鸡冠、子母鸡冠、圆绒鸡冠、凤尾鸡冠等，或按高矮可分高鸡冠 80～150 cm、矮鸡冠 15～30 cm。

园林观赏用途：高型鸡冠花适作花境及切花，布置花径或装饰建筑物周围。子母鸡冠及凤尾鸡冠还可作切花或制干花。矮型鸡冠花则适于布置花坛或作观赏盆花。花序和种子是收敛剂，可止血、止泻等。

4. 金鱼草（彩图 5）

学名：*Antirrhinum majus*

别名：龙口花、龙头花、狮子花、洋彩雀。

科属：玄参科，金鱼草属。

产地和分布：原产于南欧地中海沿岸及北非。目前世界上应用较广。

形态特征：金鱼草为多年生草本植物，常作一、二年生栽培。茎直立，基部半木质化，微有绒毛，株高20～120 cm。叶对生，上部叶片互生，叶披针形或长圆披针形，全缘、光滑，顶生总状花序。全长20～25 cm，小花密生，花冠筒状唇形，长3～5 cm。花色以白色为底色，上面是深浅不一的红、紫、黄、白、粉色或具复色。卵形蒴果，上端开口，千粒重0.12 g，种子寿命3～4年。花期5—7月，果熟期7—8月。

金鱼草栽培品种多达数百种，按照植株高矮可分为：高型，株高90～120 cm，花期长且晚；中型，株高45～60 cm，花期中等；矮型，株高15～25 cm，花期最早。依花型分金鱼型和钟型。高型种可作切花。

园林观赏用途：金鱼草花色繁多美丽鲜艳，高中型可作花丛、花群及切花。中、矮型宜用于各式花坛、观赏盆花等。全株可入药，有凉血和消肿功效。

5. 金盏菊（彩图6）

学名：*Calendula officinalis*

别名：金盏、金盏花、黄金盏、常春花、长生菊。

科属：菊科，金盏菊属。

产地和分布：原产于南欧加那列群岛至伊朗一带的地中海沿岸。现世界各地均有栽培，我国栽培极为普遍。

形态特征：金盏菊为一、二年生草本植物，全株具细毛，丛株高40～60 cm。叶互生，长圆至长圆状倒卵形，叶缘疏生不明显的小锯齿，叶基部将茎抱住。头状花序单生枝顶，花梗粗壮，花序直径约4～10 cm。舌状花金黄色，总苞1～2轮，苞片线状披针形。瘦果外形多变，千粒重10.6 g，种子寿命3～4年。花期4—9月。花有黄色、橙黄色，有单瓣及重瓣等品种。

园林观赏用途：金盏菊栽培容易，生长迅速，色彩夺目，花期较长，庭院多作花坛、花径栽植，或作盆花、切花。入冬时将一部分盆株养在低温温室内，可冬季开花。全草可入药，祛热止咳。

6. 百日草（彩图7）

学名：*Zinnia elegans*

别名：百日菊、步步高、火球花、五色梅、对叶菊。

科属：菊科，百日草属。

产地和分布：原产于南美墨西哥高原。目前世界各地均有分布。

形态特征：百日草为一年生草本植物，茎直立粗壮，上被短毛，表面粗糙，株高40～120 cm。叶对生无柄，叶基部抱茎，叶形为卵圆形至长椭圆形，叶全缘，上被短钢毛。头状花序单生枝端，梗甚长。花径4～10 cm，大型花径可达12～15 cm。舌状花多轮花瓣呈倒卵形，有白、绿、黄、粉、红、橙等色，管状花集中在花盘中央黄橙色，边缘分裂。瘦果广卵形至瓶形,筒状花结出瘦果椭圆形、扁小。种子千粒重 5.9 g,花期 6—9 月,果熟期 8—10 月。寿命 3 年。

百日草品种类型很多,一般分为:大花高茎类型,株高 90～120 cm,分枝少;中花中茎类型,株高 50～60 cm,分枝较多;小花丛生类型,株高仅 40 cm,分枝多。按花型常分为大花重瓣型、纽扣型、鸵羽型、大丽花型、斑纹型、低矮型。

园林观赏用途:高型种可用于切花,因花期长,可按高矮分别用于花坛、花境、花带。也常用于盆栽。叶片花序可以入药,有消炎和祛湿热的作用。

7. 毛地黄(彩图 8)

学名:_Digitalis purpurea_

别名:自由钟、洋地黄。

科属:玄参科,毛地黄属。

产地和分布:原产于欧洲西部。现我国各地也有栽培。

形态特征:毛地黄为二年生或多年生草本植物。茎直立,少分枝,全株被灰白色短柔毛和腺毛。株高 60～120 cm。叶片卵圆形或卵状披针形,叶粗糙、皱缩、叶基生呈莲座状,叶缘有圆锯齿,叶柄具狭翅,叶形由下至上渐小。顶生总状花序,长 50～80 cm,花冠钟状,长约 7.5 cm,花冠蜡紫红色,内面有浅白斑点。蒴果卵形,种子极小。花期 6—8 月,果熟期 8—10 月。同属植物约 25 种。人工栽培品种有白、粉和深红色等,一般分为白花自由钟、大花自由钟、重瓣自由钟。

园林观赏用途:毛地黄适于盆栽,若在温室中促成栽培,可在早春开花。因其高大、花序花形优美,可在花境、花坛、岩石园中应用,作自然式花卉布置。毛地黄为重要药材。

8. 雏菊(彩图 9)

学名:_Bellis perennis_

别名:春菊、延命菊、马兰头花。

科属:菊科,雏菊属。

产地和分布:原产于西欧。现我国各地广泛栽植。

形态特征:雏菊属多年生草本植物,常作一、二年生草花栽培。株丛矮小,全株有毛,高 7～15 cm。叶从基部丛生而出,长匙形或倒卵形,基部渐狭窄,先端钝,微有锯齿。花莛自叶丛中抽出,可抽出十几枝。头状花序单生,生于花莛顶端。舌状小花多轮紧密排列展平,有白粉、深红、洒金、米红或紫色,管状花黄色,花盘 2.5～4 cm。扁平瘦果,千粒重 0.21 g,种子寿命 2～3 年。花期 4—6 月,果熟期 5—7 月。同属植物约 10 种,如全缘叶雏菊、林地雏菊。

园林观赏用途:雏菊因其植株较矮小,宜栽于花坛、花境的边缘,沿小径栽植,装点岩石园及盆栽观赏。

9. 万寿菊(彩图 10)

学名：*Tagetes erecta*

别名：臭芙蓉、臭菊、千寿菊。

科属：菊科，万寿菊属。

产地和分布：原产于南美墨西哥等地。现世界各地均有栽培。

形态特征：万寿菊为一年生草本植物，茎光滑粗壮、多分枝，绿色或有棕褐色晕。株高 60～100 cm。叶对生，羽状全裂，裂片披针有锯齿，齿顶有短芒。头状花序顶生，花茎 5～6 cm，某些杂交一代品种花径可达 15 cm，总苞钟状；舌状花瓣上有爪，边缘呈波浪状，花色有淡黄、柠檬黄、金黄、橙红色，花型有蜂窝型、散展型、卷钩型。黑色瘦果，千粒重 3 g，种子寿命 4 年。花期 7～9 月，果熟期 8～9 月。

同属常见栽培的还有：孔雀草、细叶万寿菊、香叶万寿菊。

矮生种株高仅 30 cm，高生种可达 90～100 cm，中生种 60～70 cm。

园林观赏用途：万寿菊是北方花坛的主要花种之一。常见在庭院中作花坛、花径布置。也可作盆栽观赏和切花，高型种还可作带状栽植。花、叶可入药，有清热化痰、补血通经的功效。

10. 麦秆菊(彩图 11)

学名：*Helichrysum bracteatum*

别名：蜡菊、贝细工。

科属：菊科，腊菊属。

产地和分布：原产于澳大利亚。现在东南亚和欧美栽培较广，我国也有栽培，新疆有野生。

形态特征：麦秆菊为一年生草本植物。茎直立，多分枝，株高 50～100 cm，全株具微毛。叶互生，长椭圆状披针形，全缘、短叶柄。头状花序生于主枝或侧枝的顶端，花冠直径 3～6 cm，总苞苞片多层，呈覆瓦状，外层椭圆形呈膜质，干燥具光泽，形似花瓣，有白、粉、橙、红、黄等色，管状花位于花盘中心，黄色。晴天花开放，雨天及夜间关闭。瘦果小棒状，或直或弯，上具四棱，千粒重 0.85 g，种子寿命 2～3 年。花期 7—9 月，果熟期 9—10 月。

栽培品种有"帝王贝细工"，分高型、中型、矮型品种。有大花型、小花型之分。同属植物 500 余种。

园林观赏用途：麦秆菊可布置花坛，或在林缘自然丛植，亦可作干花材料，色彩干后不褪色。

11. 三色堇(彩图 12)

学名:*Viola tricolor*

别名:蝴蝶花、蝴蝶梅、鬼脸花、猫儿脸。

科属:堇菜科,堇菜属。

产地和分布:原产于南欧。现我国各地有栽培,北方栽培极普遍。

形态特征:三色堇为多年生草本植物,常作一、二年生栽培。全株光滑,茎长而多分枝,常倾卧地面,株高 15～25 cm。叶互生,基部叶有长柄,近心形。茎生叶阔披针形,叶缘疏生锯齿,托叶宿存,基部有羽状深裂。花梗细长,自叶腋抽生而出,单花生于花梗顶端,常下垂生长,花瓣 5 片,上片尖端短钝,下花瓣上有腺形附属体并向后伸展,状似蝴蝶,花径 4～10 cm,花色有紫、蓝、黄、白、古铜等色。蒴果椭圆形,呈三瓣裂,种子倒卵形,千粒重 1.16 g,种子寿命 2 年。花期 4—6 月,果熟期 5—7 月(北京)。

同属植物约 500 种,供观赏栽培的有:丛生三色堇、香堇、角堇等。

园林观赏用途:三色堇株丛矮,紧密整齐,开花早,花期长,常用于春季花坛,花坛镶边,组织图案,长梗品种可作切花。全株可作止咳剂而入药。

12. 紫罗兰(彩图 13)

学名:*Matthiola incana*

别名:草紫罗兰、草桂花、四桃克、春桃、香对瓜。

科属:十字花科,紫罗兰属。

产地和分布:原产于欧洲地中海沿岸,在欧美各国较流行,我国南方栽培较广。

形态特征:紫罗兰为多年生草本植物,常作一、二年生栽培。茎直立,上具分枝,枝被短柔毛,茎基部稍木质化,株高 20～60 cm。叶互生,长圆形至倒披针形,全缘、灰绿色,叶片丛状生长。顶生总状花序,具芳香,花瓣和萼片各 4 枚,有紫、红、白及复色。角果长圆柱形,种子具白色膜质翅,千粒重 1.7 g,种子寿命 4 年。花期 4—5 月,果熟期 6 月。

紫罗兰品种及变种很多,按株高可分为高、中、低三类,按花型可分为单瓣和重瓣类型,按花期可分为春、秋、冬紫罗兰。其同属植物 50 余种。

紫罗兰的角果不易开裂,可在全部成熟后将整个花枝剪下来放入萝筐内脱粒。

园林观赏用途:紫罗兰花朵丰盛,色艳香浓,花期长,是春季花坛的主要花卉,可作花境、花带及盆栽和切花。

13. 凤仙花(彩图 14)

学名:*Impatiens balsamina*

别名:指甲草、小桃红、金凤花、急性子、透骨草。

科属:凤仙花科,凤仙花属。

产地和分布:原产于中国南方、印度和马来西亚。现各地园林及庭院栽培较广。

形态特征:凤仙花为一年生草本植物。茎肥厚多汁、表面光滑,节部膨大多分枝,茎的颜色与花色相近,呈青绿、红褐或深褐色几种,株高 20～150 cm。单叶互生,呈披针形,叶柄两侧有腺,叶缘有小锯齿。花大、单朵或数朵簇生于上部叶腋,或呈总状花序状。花瓣 5 枚左右对称。花色有白、水红、粉、玫瑰红、大红、洋红、紫、雪青等。有些带有复色的斑点和条纹。花型有单瓣、复瓣、重瓣、蔷薇型及茶花型等。株型有的分枝向上直伸,有的开展或向侧下方呈拱形生长。蒴果纺锤形被白色绒毛。种子球形褐色,千粒重 9.7 g,种子寿命 5～6 年。花期 6—8 月,果熟期 7—9 月。

凤仙花园艺品种极多。按株形可分为直立型、开展型、拱曲型、龙爪型。按花型可分为单瓣型、玫瑰型、山茶型、顶花型。按株高可分为高、中、矮三型。高达 1.5 m 的品种,冠幅可达 1 m。在凤仙花属 500 种中,我国有 150 种,资源极丰富。

园林观赏用途:凤仙花为我国民间栽培已久的草花之一,依品种不同可供花坛、花境、花篱栽植。茎、叶、花均可入药,种子在中药中叫急性子,可活血、消积。

14.霞草(彩图 15)

学名:_Gypsophila elegans_

别名:满天星、丝石竹、缕丝花。

科属:石竹科,丝石竹属。

产地和分布:原产于高加索至西伯利亚。现世界各国均有栽培。

形态特征:霞草为一、二年生草本植物。全株茎枝较细、光滑稍被白粉,呈灰绿色,叉状分枝展开,株高 30～50 cm。单叶对生,披针形。聚伞花序顶生,稀疏而扩展,花朵繁茂,在数百朵以上分布均匀犹如繁星,花径 5 mm,萼浅钟形。变种有大花类型、矮生类型、重瓣类型。分白色条和红色条,蒴果,花期 4—6 月。同属植物 125 种,有抱茎丝石竹、香丝石竹。

园林观赏用途:因霞草花丛蓬松,繁花点点,适宜与石竹类、金鱼草、飞燕草等间作。常用作切花配花,也常栽入花坛、花境。

15.五色苋

学名:_Alternanthera bettzichiana_

别名:模样苋、红绿草。

科属:苋科,虾钳菜属。

产地和分布:原产于南美巴西。现热带、亚热带地区均有分布,我国东北种植尤盛。

形态特征:五色苋为多年生草本植物,多作一年生栽培。茎直立或斜出,分枝较多,株高 15～40 cm,叶对生,椭圆形,绿色。头状花序腋生,花小白色,花被 5 片,无花瓣,胞果。

常见栽培种有:可爱虾钳菜,又叫小叶红,植株矮小,叶披针形至椭圆形,叶绿色,具红或橙色斑。锦莠苋,茎直立,高约 40 cm,叶小、卵状披针,绿色,秋季变为黄色或红色。

园林观赏用途:五色苋类植株矮小,分枝力强,耐修剪。叶色鲜艳,适用于毛毡花坛,成浮雕式或立体图样。剪枝可作花篮配叶。

16. 红叶苋(彩图 16)

学名:_Iresine herbstii_
别名:血苋。
科属:苋科,红叶苋属。
产地和分布:原产于南美洲,尖叶红叶苋原产于厄爪多尔。现我国有广泛栽培。
形态特征:红叶苋为多年生草本植物,茎直立,少分枝,株高 100～180 cm,茎、叶带紫色。叶对生,广卵形或圆形,全缘,端钝或凹入,叶绿色或紫红色,叶脉带黄色、红色及青铜色,侧脉弧状弯曲。伞层花序,花小、淡褐色。园艺变种有:黄斑红叶苋、尖叶红叶苋。

园林观赏用途:红色苋叶色浓艳,常与五色苋类配合,供毛毡花坛布置,也可盆栽观叶。

17. 矮牵牛(彩图 17)

学名:_Petunia hybrida_
别名:番薯花、碧冬茄、灵芝牡丹、杂种撞羽朝颜。
科属:茄科,矮牵牛属。
产地和分布:原产于南美洲,由野生种杂交而成。现世界各地均有栽培。
形态特征:矮牵牛为多年生草本植物,通常作一、二年生草花栽培。茎稍直立或匍匐,全身被短毛,株高 20～60 cm。上部叶对生,中下部叶互生,叶卵形,全缘,近无柄。花单生叶腋或枝端,花冠漏斗形,直径 5～12 cm,尖端有波状浅裂。花色丰富,花形多变。颜色有白粉、红、紫、斑纹等。有单瓣、重瓣、瓣缘皱褶等花形。蒴果卵形,先端尖,成熟后呈两瓣裂。种子细小黑褐色,千粒重 0.10 g,寿命 3～5 年。

园艺栽培变种主要分四类:多花类、大花类、矮丛类、垂枝类。同属约 25 种,见于栽培的有撞羽矮牵牛(花紫堇色)和腋花矮牵牛(花纯白色)。

园林观赏用途:矮牵牛花色丰富,花期长,适应性强,适于花坛及自然式布置。大花和重瓣品种常供盆栽。也可用作切花。在温室栽培可四季开花。种子可入药,能够杀虫和泻气。

18. 美女樱(彩图 18)

学名: *Verbena hybrida*

别名: 美人樱、草五色梅、铺地锦、四季绣球。

科属: 马鞭草科,马鞭草属。

产地和分布: 原产于巴西、秘鲁、乌拉圭等地。现我国园林也有栽培。

形态特征: 美女樱为多年生草本植物,常作一年生栽培。茎四棱形,丛生而铺覆地面,全株具灰色柔毛,长 30~40 cm。叶对生有短柄,长圆形或披针状三角形,缘具缺刻状粗齿,叶基部常有裂刻,穗状花序顶生,多数小花密集排列呈伞房状。花冠筒状,花有白、粉、红、紫、蓝等不同颜色。蒴果,种子寿命 2 年。花期 6—9 月不断开花。

同属常见栽培种有: 加拿大美女樱、红叶美女樱、细叶美女樱。

园林观赏用途: 美女樱株丛矮密,花繁色艳,花期长,可用作花坛、花境材料。也可作盆花或大面积栽植于园林隙地、树坛中。全草可入药,具清热凉血的功效。

19. 飞燕草(彩图 19)

学名: *Delphinium grandiflorum*

别名: 千鸟草、翠雀、萝小花。

科属: 毛茛科,飞燕草属。

产地和分布: 原产于欧洲南部。现我国各省均有栽培。

形态特征: 飞燕草为一、二年生草本植物。茎直立,上部疏生分枝,株高 30~120 cm。茎叶疏被柔毛。叶片呈掌状深裂至全裂,裂片线形。基部叶片有长柄,上部叶片无柄。顶生总状花序或穗状花序。花茎约 2.5 cm,萼片 5,呈花瓣状,下面的一片伸长呈狭椭圆形。花瓣 2 枚合生,与萼片同色,花色有蓝、紫、红、粉白等,骨突果上被绒毛,种子中型,千粒重 1.88~2.16 g,寿命 1 年。花期 5—6 月。

飞燕草有矮生种、高茎重瓣种、低茎重瓣种。本属现有许多杂交选育的品种,如:美丽飞燕草、高飞燕草及大花飞燕草、裸茎翠雀等。

园林观赏用途: 飞燕草植株挺拔,叶纤细清秀,花穗长,色彩鲜艳,开花早,为花境及切花的好材料。根、茎可入药,能治风湿骨疼。

20. 福禄考(彩图 20)

学名: *Phlox drummondii*

别名: 小洋花、洋海花、草夹竹桃、桔梗石竹。

科属: 花葱科,福禄考属。

产地和分布: 原产于美国加利福尼亚州。现世界各地栽培较广。

形态特征: 福禄考属一年生草本植物。茎直立多分枝,呈丛状生长,株高 15~60 cm。叶阔卵形、长圆形至披针形,被绒毛,基部叶对生,茎叶互生。顶生聚伞花序,花具较细的花筒,花冠长 5 cm,花径为 2.5 cm,裂片广卵形,原种为红色,尚有白、蓝、紫、粉、斑纹及复色。种子倒卵形,千粒重 1.55 g,寿命 1 年。花期因不同品种而异,5—6 月或 7—8 月。

福禄考有高型和矮型,根据花瓣型分为圆瓣种、星瓣种、须瓣种、放射种。

园林观赏用途:福禄考植株矮小,花色丰富,着花密,花期长,管理可粗放一些,是基础花坛的主要材料。适合盆栽、摆设盆花群。高型品种可作切花。

21. 波斯菊(彩图 21)

学名:_Cosmos bipinnatus_

别名:大波斯菊、秋英、秋樱、帚梅。

科属:菊科,秋英属。

产地和分布:原产于墨西哥及南美其他一些地区。现我国已引入栽培。

形态特征:波斯菊为一年生草本植物,细茎直立,分枝较多,光滑茎或具微毛。单叶对生,长约 10 cm,二回羽状全裂,裂片狭线形,全缘无齿。头状花序着生在细长的花梗上,顶生或腋生,花茎 5~8 cm。总苞片 2 层,内层边缘膜质。舌状花 1 轮,花瓣尖端呈齿状,花瓣 8 枚,有白、粉、深红色。筒状花占据花盘中央部分均为黄色。瘦果有喙,千粒重 6 g,种子寿命 3~4 年。花期夏、秋季。

园艺变种有白花波斯菊、大花波斯菊、紫红花波斯菊。园艺品种分早花型和晚花型两大系统,还有单、重瓣之分。

园林观赏用途:波斯菊植株较高而纤细,多用作花境背影材料。常植于篱边、宅边、崖坡、树坛。适用于花丛、花群。大量用于切花,花可入药,清热解毒。

22. 矢车菊(彩图 22)

学名:_Centaurea cyanus_

别名:蓝芙蓉、翠兰、芙蓉菊、荔枝菊。

科属:菊科,矢车菊属。

产地和分布:原产于欧洲东南部。现我国园林中普遍栽培。

形态特征:矢车菊为一年生草本植物。茎直立细长多分枝。全株多绵毛,株高 30~90 cm。叶互生,基生叶较大,具深齿或羽裂,裂片线形。茎生叶披针状至线形,全缘。头状花序顶生于细长总梗上,舌状花 3~5 轮,花瓣卷呈狭漏斗状,有蓝、紫红、粉红、白等色。园艺品种分矮型品种,株高 20~30 cm,花径小,高型种株高 60~90 cm。

同属植物约 500 种,常见栽培的有:香矢车菊、美洲矢车菊、山矢车菊等。

园林观赏用途:矢车菊是花坛、花境的材料,高型品种适于作切花。或作盆花观赏。

23. 蛇目菊(彩图 23)

学名:<i>Coreopsis tinctoria</i>

别名:小波斯菊、金钱菊、孔雀菊。

科属:菊科,金鸡菊属。

产地和分布:原产于美国中西部地区。现我国部分地区广为栽培。

形态特征:蛇目菊为一、二年生草本植物,茎光滑,上部多分枝,株高 60~80 cm。叶对生,基部生叶 2~3 回羽状深裂,裂片呈披针形,上部叶片无叶柄而有翅,基部叶片有长柄。头状花序着生在纤细的枝条顶部,有总梗,常数个花序组成聚伞花丛,花序直径 2~4 cm。舌状花单轮,花瓣 6~8 枚,黄色,基部或中下部红褐色,管状花紫褐色。总苞片 2 层,内层长于外层。瘦果纺锤形,千粒重 0.25 g,种子寿命 3~4 年。花期 6—8 月。同属作一年生栽培的有金鸡菊。

园林观赏用途:高秆蛇目菊可栽入园林隙地,作地被植物任其自播繁衍。适作切花。入药有清热解毒的功效。

24. 藿香蓟(彩图 24)

学名:<i>Ageratum conyzoides</i>

别名:胜红蓟、蓝翠球。

科属:菊科,藿香蓟属。

产地和分布:原产于美洲热带。

形态特征:藿香蓟为多年生草本植物,常作一、二年生栽培。株高 40~60 cm,基部多分枝,丛生状,全株有毛。叶对生,卵形至圆形,头状花序顶生,多数簇生呈伞房花序状。花径 0.6~1.0 cm,总苞线形 2~3 列,花有白、粉、蓝或紫红色等。小花筒状,无舌状花。

同属约有 30 种,常见种有:心叶藿香蓟,原产于秘鲁、墨西哥。

园林观赏用途:藿香蓟花朵繁多,色彩淡雅,株丛覆盖效果好,可作为毛毡花坛、花丛花坛、花境等镶边材料,或用于岩石园点缀及盆栽。

25. 花菱草(彩图 25)

学名:<i>Eschscholtzia californica</i>

别名:金英花、人参花。

科属:罂粟科,花菱草属。

产地和分布:原产于美国加利福尼亚州。现我国也有栽培。

形态特征:花菱草为多年生草本植物,常作一、二年生栽培。株形铺散或直立,多汁,株高 30~60 cm,全株被白粉,呈灰绿色。叶基生为主,茎上叶互生,多回 3 出羽状深裂,状似柏叶,裂片线形至长圆形。单花顶生具长梗,花瓣 4 枚,外缘波皱,黄至橙黄色。花茎 5～7 cm。萼片 2 枚成盔状,随花瓣展开或脱落。花期春季到夏初,花色有乳白、淡黄、橙、桂红、猩红、玫红、青铜、浅粉、紫褐等色。花朵晴天开放,阴天或傍晚闭合。蒴果细长,种子椭圆状球形,千粒重 1.5 g,寿命 2 年。有半重瓣和重瓣品种。

园林观赏用途:花菱草茎叶嫩绿带灰色,花色鲜艳夺目,是良好的花带、花径和盆栽材料。也可用于草坪丛植。

26. 虞美人(彩图 26)

学名:*Papaver rhoeas*

别名:丽春花、小种罂粟花、宽牡丹。

科属:罂粟科,罂粟属。

产地和分布:原产于欧亚大陆暖温带地区,北美也有分布。现世界各地均作精细草花栽培,我国南北各地均有栽培。

形态特征:虞美人为一、二年生草本植物。茎直立细长,分枝纤细。全株有毛,有乳汁。株高 30～90 cm。叶互生,不整齐羽状深裂,叶缘有粗锯齿,叶多生于分枝茎部。花蕾单生于花梗的顶端,未开花时弯曲下垂,开后花梗直立,花朵向上,质薄,花瓣 4 枚,成圆盘形花冠,花径 5～8 cm。花色自白、粉红色至大红及紫色,有时具斑纹,每朵花开 1～2 天,全株花可持续 20～30 天,花期春夏之间。蒴果圆球形,成熟时孔裂,种子细小褐色,千粒重 0.33 g,寿命 3～5 年。同属植物 100 种,中国约有 6～7 种,常见栽培的有:孔雀罂粟、观赏罂粟。因各花色的植株相互杂交而出现许多复色和间色品种;因雄蕊变态而出现了一些复瓣和重瓣品种。

园林观赏用途:虞美人花色艳丽,姿态轻盈动人,是春季装饰公园、绿地、庭院的理想材料。可在花坛、花带中采用或成片种植。全株可入药。

27. 瓜叶菊(彩图 27)

学名:*Senecio cruentus*

别名:千日莲、生荷留兰。

科属:菊科,千里光属。

产地和分布:原产于西班牙加那利群岛。现世界各地广泛栽培。

形态特征:瓜叶菊为多年生草本植物,因老株在我国大部地区不能安全越夏,常作一、二年生草花栽培。株高 20～40 cm,茎直立粗壮,叶大而肥,形如瓜叶,全株有毛。头状花序多数簇生在总花序梗的顶部,组成伞房形花序状;头状花序周围是舌状花,中央为筒状花。花色极为丰富,有白、粉、玫瑰红、紫、蓝、雪青及各种复色,色彩鲜艳,五彩缤纷。瘦果纺锤形,粒小细微。瓜叶菊变异较大,园艺品种众多,主要分以下几种:大花型,(cv. Grandiflora)头状花大,径 4～10 cm;小花型(cv. Polyantha),头状花序小,径 2 cm,株高 60 cm 以上。重瓣型(cv. plenissima),头状花序舌状花量大。多花型(cv. Multifora),着花极多,1 株可达 400~500 朵。花小型。

园林观赏用途:瓜叶菊色多彩艳丽,花期长,且开花时正是我国北方隆冬时节和初春花较少的时期,为元旦、春节、"五一"节的主要观赏花卉,既可摆放在公共场所布置花坛造景,为人们提供欢乐气氛,也可摆放于室内案头、窗台等作特写欣赏。

28. 报春花(彩图 28)

学名:_Primula malacoides_

别名:小樱草、七重樱。

科属:报春花科,报春花属。

产地和分布:原产于中国西南部,云南省是世界报春花属植物的分布中心。同属植物 500 多种,主要分布在北温带,少数产于南半球,绝大多数种类分布于较高纬度低海拔或低纬度高海拔地区。

形态特征:报春花为多年生低矮宿根草本植物,多作温室一、二年生栽培。株高30~40 cm,叶卵圆形,基部心脏形,边缘有锯齿,叶具长柄,叶背及花萼上有白粉。花梗细长,高出叶面伞形花序多轮重生,3~10 轮。花冠小,直径 1.5 cm,萼呈阔钟状,花色白、粉红、淡紫及至深红色,花有香气,种子细小。报春花属约 500 种,有很多为优美艳丽的花卉,常见有以下几种,四季报春(_P. obconica_),叶缘浅波状齿,萼筒倒圆锥状,花漏斗状,径 2.5 cm,叶片含樱草碱;藏报春(_P. sinensis_),叶有浅裂,具缺刻状锯齿,萼茎部膨大,上部稍紧缩,花呈高脚碟状,径 3 cm;多花报春(_P. polyantha_),叶倒卵圆形,叶柄有窄翼,伞房花序多数丛生;樱草(_P. sieboldii_),叶缘为不整齐的圆缺刻和锯齿,伞房花序上着花 6~15 朵,花冠粉红色,高脚碟状,裂片倒心形。除原种外,报春花属杂交栽培品种很多,主要体现在植株大型、小型、大花、小花、多花、单瓣、重瓣、花型、花色、花期的变化上。

园林观赏用途:报春花株型小巧玲珑,品种多,形态各异,花色艳丽,且花期长,为冬季早春的小型室内盆栽花卉,多置于室内的餐桌、案几上陈设、点缀。也可切取花枝作小花束,或瓶插水养。

29. 蒲包花(彩图 29)

学名:_Calceolaria herbeohybrida_

别名:荷包花。

科属:玄参科,蒲包花属。

产地和分布:原产于南美洲热带。现世界各地广泛栽培。

形态特征:蒲包花为多年生草本植物,在园林上多作一年生栽培花卉。株高多30 cm,全株茎、枝、叶上有细小绒毛,叶片卵形对生。花形别致,花冠二唇状,上唇瓣直立较小,下唇瓣膨大似蒲包状,中间形成空室,柱头着生在两个囊状物之间。花色变化丰富,单色品种有黄、白、红等深浅不同的花色,复色则在各底色上着生橙、粉、褐、红等斑点。蒴果,种子细小多粒。本种经培育多分为三种类型:大花系蒲包花的花径 3~4 cm,花色丰富,多为有色斑的复色花;多花矮蒲包花的花径 2~3 cm,植株低矮,耐寒;另有多花矮性大花蒲包花,其性状介于前两者之间,为常见品种。除此之外还有很多固定的杂交 F_1 代。

园林观赏用途:蒲包花由于花型奇特,色泽鲜艳,花期长,观赏价值很高,能补充冬春季节观赏花卉的不足,可作室内装饰点缀,也可用于节日花坛摆设。

30. 彩叶草(彩图 30)

学名:_Coleus blumei_

别名:老来少、五色草、锦紫苏。

科属:唇形科,鞘蕊花属。

产地和分布:原产于印度尼西亚爪哇岛。现世界各地广泛栽培。

形态特征:彩叶草为多年生草本植物,老株可长成亚灌木状,但株形难看,观赏价值低,故多作一、二年生栽培。株高 50~80 cm,栽培苗多控制在 30 cm 以下。全株有毛,茎为四棱,基部木质化,单叶对生,卵圆形,先端长渐尖,缘具钝齿牙,叶可长 15 cm,叶面绿色,有淡黄、桃红、朱红、紫等色彩鲜艳的斑纹。顶生总状花序,花小,浅蓝色或浅紫色。小坚果平滑有光泽。彩叶草变种、品种极多,如五色彩叶草(var. verse-haffeltii),叶片有淡黄、桃红、朱红、暗红等色斑纹,长势强健;黄绿叶型彩叶草(Chartreuse Type),叶小黄绿色,矮性分枝多;皱边型(Fringed Type),叶缘裂而波皱;大叶型(Large-Leaved Type),具大型卵圆形叶,植株高大,分枝少,叶面凹凸不平。

各种叶型中还有不少品种,并且仍在不断地培育新品种,使彩叶草在花卉装饰中占有重要地位。

园林观赏用途:彩叶草色彩鲜艳,品种甚多,繁殖容易,为应用较广的观叶花卉。除可作小型观叶花卉陈设外,还可配置图案花坛;也可作为花篮、花束的配叶使用。

31. 香豌豆(彩图 31)

学名:_Lathyrus odoratus_

别名:花豌豆、麝香豌豆。

科属:豆科,香豌豆属。

产地和分布:原产于地中海的西西里及南欧,该属 130 种分布于北温带、非洲热带及南美高山区。

形态特征:香豌豆为一、二年生蔓性攀缘草木植物,全株被白色毛,茎棱状有翼,羽状复叶,仅茎部两片小叶,先端小叶变态形成卷须,花具总梗,长 20 cm,腋生,着花

1～4朵,花大蝶形,旗瓣色深艳丽,有紫、红、蓝、粉、白等色,并具斑点、斑纹,具芳香。花萼呈钟状,荚果长圆形,内5～6粒种子,种子球形、褐色。香豌豆属约130种,世界各地广泛栽种,如矮性变种(var. nanel-lus),茎直立,矮生,植株茂密,适盆栽。根据花型可分出平瓣、卷瓣、皱瓣、重瓣四种,根据花期开放可分成夏花、冬花、春花三类,并随着育种工作的进展,栽培品种不断增加。

园林观赏用途:香豌豆花型独特,枝条细长柔软,既可作冬春切花材料制作花篮、花圈,也可盆栽供室内陈设欣赏,春夏还可移植到户外任其攀缘作垂直绿化材料,或为地被植物。

32.半枝莲(彩图 32)

学名:*Portulaca grandiflora*

别名:大花马齿苋、松叶牡丹、龙须牡丹、死不了、太阳花。

科属:马齿苋科,马齿苋属。

产地和分布:原产于南美巴西等地。现我国各地均有栽培。

形态特征:半枝莲为一年生肉质草本。株高15～20 cm。茎匍匐或稍立,节上有束生长毛,叶肉质圆棍状,互生或散生,长1～3 cm,花单生或簇生于枝顶,单瓣或重瓣,花色丰富鲜艳,有白、黄、红、粉、复色等。花期6月下旬至8月。

园林观赏用途:半枝莲株矮叶茂,花色丰富,并且能自播繁衍,是毛毡花坛、花丛边缘、花镜边缘的良好镶边材料。也可种植于斜坡地或石砾地,用于边坡绿化,家庭可以作盆花或窗台栽植。因半枝莲是异花授粉植物,因此播种繁殖不能保持花色的纯一,因此在应用于花坛单色色块布置时,需要提前育苗,待到初花时分花色进行扦插育苗。目前半枝莲也可通过组织培养的方式实现大规模繁殖。

33.含羞草(彩图 33)

学名:*Mimosa pudica*

别名:害羞草、知羞草。

科属:豆科,含羞草属。

产地和分布:原产于美洲热带。现各热带地区广有栽培。在我国,山坡丛林、路旁、湿地均有栽培,主要分布于华东、华南、西南。

形态特征:多年生草本植物,常作一年生栽培。茎蔓生,株高30～60 cm。2回羽状复叶,小叶多枚,矩圆形,触之即闭合下垂。头状花序粉紫色,生于叶腋。花期7—8月,荚果扁长,边缘有刺毛。

园林观赏用途:含羞草枝叶纤细秀丽,叶片一触即合,给人清秀文雅的感觉。通常盆栽于窗台或几案上。地栽可以散植于庭院墙角。

34. 桂竹香(彩图 34)

学名：*Cheiranthus cheiri*

别名：黄紫罗兰、香紫罗兰、华尔花。

科属：十字花科,桂竹香属。

产地和分布：原产于南欧。现世界各地均有栽培。

形态特征：桂竹香为多年生草本植物,常作二年生栽培。茎直立而多分枝,基部半木质化。株高 35~60 cm。叶互生,披针形,全缘。总状花序顶生,花大,花色橙黄至黄褐色,或两色复合,花瓣 4 枚,具长爪,香气浓郁,也有重瓣品种。花期 4—6 月。果实为长角果。

园林观赏用途：桂竹香花期早,花色鲜艳,具有芳香气味,适宜春季庭院中栽植,也是花坛、花境的良好材料。其花序长,观赏期长,也适宜作切花。

35. 勿忘我(彩图 35)

学名：*Myosotis sylvatica*

别名：牛舌草、勿忘草。

科属：紫草科,勿忘草属。

产地和分布：原产于欧亚大陆。现世界各地广见栽培。

形态特征：勿忘我为一、二年生草本植物。株高 30~60 cm,茎在基部有分枝。单叶互生,叶片长椭圆形至倒披针形,下部叶有叶柄,而茎生叶无叶柄。总状花序顶生,长 10~20 cm,花萼小,5 裂,花冠高脚碟状,裂片 5 瓣,蓝色、粉色或白色,喉部有黄色。花期 4—5 月。近缘种有:沼泽勿忘草(*M. scorpioides*),多年生草本,植株匍匐状。花色丰富,有白色、红色等。耐湿,花期长;矮生勿忘草(*M. scorpioides* var. sempegflorent),株高约 15 cm,花期长,耐湿。

园林观赏用途：勿忘我是珍贵的野生花卉资源,植株秀丽小巧,株型优美,花色淡雅,是良好的室内盆栽植物。也常于春季或初夏布置花坛、花境等,与球根花卉配植在一起,优美淡雅。花枝可以做成花束或用于插花。

36. 醉蝶花(彩图 36)

学名：*Cleome spinosa*

别名：凤蝶草、紫龙须、西洋白花菜、蜘蛛花。

科属：白花菜科,白花菜属。

产地和分布：原产于热带西印度群岛。现我国南方各地多有栽培。

形态特征：醉蝶花为一年生草本植物。株高 60~100 cm,全株被黏质腺毛,枝叶具异味。掌状复叶互生,小叶 5~7 枚,长椭圆状披针形,有叶柄,两枚托叶演变成钩刺。顶生总状花序,花由底部向上层层开放,小花具长梗,花多数,花瓣 4 枚,淡紫色,具长爪,雄蕊6枚,雄蕊长,伸出花外,约为花瓣的2倍,蓝紫色;雌蕊更长。花期6—9月。蒴果细圆柱形,种子浅褐色,多数。

园林观赏用途:醉蝶花株态轻盈飘逸,花序丰茂,色彩红白交映,尤其是具长爪的花瓣与长长的雄蕊一起,形似蜘蛛,又似龙须,似彩蝶飞舞,十分美观。醉蝶花花期较长,适宜布置庭院、花坛、花境或在路边、林缘成片栽植等,也可以盆栽或作为切花瓶插欣赏。醉蝶花不仅观赏价值高,而且是极好的蜜源植物,可以提取优质精油。醉蝶花对二氧化硫、氯气的抗性都很强,为非常优良的抗污染花卉。

37. 孔雀草(彩图37)

学名: *Tagetes patula*

别名: 臭菊、小万寿菊、杨梅菊、红黄草。

科属: 菊科,万寿菊属。

产地和分布: 原产于北美。现世界各地广泛栽培。

形态特征: 孔雀草株高20~50 cm,茎略带紫色。叶羽状全裂,对生或互生,裂片线状披针形,有臭味。头状花序顶生,单瓣或重瓣,花径约4cm,舌状花色有红褐色、黄褐色、淡黄色、杂紫红色斑点等。花形与万寿菊十分相似,但花朵较小而着花繁密。花期6—9月。

园林观赏用途:孔雀草具有良好的观赏价值,叶羽状分裂,纤细可爱,株型丰满,花朵繁茂,花色丰富,为夏季少花季节增添亮丽的景色。由于孔雀草不择土壤,栽培管理简便,适应性强,目前逐渐成为花坛、庭院的主体花卉,也是盆栽和切花的良好材料。

38. 鼠尾草(彩图38)

学名: *Salvia officinalis*

别名: 药用鼠尾草。

科属: 唇形科,鼠尾草属。

产地和分布: 原产于欧洲南部,地中海沿岸。

形态特征: 鼠尾草为多年生草本植物。北方多作一年生栽培。茎木质化程度高,四棱形,株型直立,高约为50 cm。叶片灰绿色,广椭圆形,具有短柔毛;叶脉明显,叶面网状凹凸明显,香味浓郁。总状花序,花蓝色或蓝紫色。花期夏季。鼠尾草属其他种也常统称为鼠尾草。

鼠尾草属植物株型多样,有高株、中高株、矮株等类型。此外有些品种的叶片具有极高的观赏价值,如紫叶鼠尾草(Purpurascens),叶片紫色的品种;三色鼠尾草(Tricolor),为斑叶品种,即绿色叶片上有白色及黄色斑纹等。

园林观赏用途:鼠尾草属植物很多,花色十分丰富,有红、黄、紫、蓝、粉、白、橙或复色等,由于花瓣谢后花萼宿存,因此观赏期长。鼠尾草不仅观赏价值高而且适应性强,花开在少花的夏季,因此是良好的花坛、庭院绿化材料。矮株品种可以盆栽,而高株品种还可以在花境中作为背景植物。

39.地肤(彩图 39)

学名:_Kochia scoparia_

别名:扫帚苗。

科属:蓼科,地肤属。

产地和分布:原产于欧、亚两洲,我国北方多见野生。现各地园林习见其变种。

形态特征:地肤属于一年生草本植物。茎直立,分枝多,株高通常可达 50～100 cm。全株淡绿色或浅红色,具短柔毛。叶互生,无柄,线形或披针形,长 2～8 cm,宽 3～12 mm,两端渐尖狭细,全缘。花两性或雌性,无柄,1～2 多腋生,组成稀疏的穗状花序,花被 5 裂,下部合生。胞果扁球形,种子横生,扁平,包于花被内。花期 7—9 月。

园林观赏用途:地肤颜色鲜嫩,枝叶繁多,嫩苗可食,种子成熟后,茎可以用作扫帚。在园林中主要欣赏地肤鲜嫩的叶色,是花坛、花境、花丛和花群的好材料。

40.千日红(彩图 40)

学名:_Gomphrena globosa_

别名:百日红、千年红、蜻蜓红。

科属:苋科,千日红属。

产地和分布:原产于印度。现我国各地习见栽培。

形态特征:千日红为一年生草本植物。直立,多分枝,节部膨大。株高 20～70 cm,全株密被白色硬毛。叶纸质对生,椭圆形至倒卵形,叶片顶端钝或近短尖,基部渐狭,叶柄短或上部叶近无柄。头状花序球形,单生成两三个簇生于枝顶,花小而密集。苞片和小苞片紫红色、粉红色或乳白色,为主要的观赏部位;花后膜质苞片宿存且色泽经久不变。栽培中苞片常有变种,白色叫千日白,粉色叫千日粉。还有淡黄、浅红或堇紫色等变种。花期 8—10 月。另外还有矮生品种,株高仅 20 cm。

园林观赏用途:千日红观赏期长,花色丰富,可露地栽植,也可盆栽观赏,是优良的花坛、花境材料。千日红头状花序用淡矾水浸过晒干,可长期保持色泽不变,是良好的干花和切花材料。

41.香雪球(彩图 41)

学名:_Lobularia maritima_

别名:庭荠、小白花。

科属:十字花科,香雪球属。

产地和分布：原产于地中海沿岸。现世界各地习见栽培。

形态特征：香雪球为多年生草本植物，常作一、二年生栽培。植株矮小，株高通常15～25 cm，茎生疏毛，分枝多而匍匐生长。叶互生，披针形或线形，全缘。顶生总状花序，小花密集呈球状，有白色、淡紫色、深紫色、紫红色等，有淡淡的香味。目前也有大花品种和重瓣品种，此外，还有白缘或斑叶的观叶品种。

园林观赏用途：香雪球植株矮小而分枝很多，匍匐满地，开花时，一片银白，并散发阵阵清香，是优良的地被植物。由于香雪球具有一定的耐旱能力，因此也是优良的岩石园植物，还是花坛、花境的镶边植物。也可盆栽或阳台种植观赏。由于香雪球能够超富集重金属镍，因此目前已被开发用于修复和检测金属镍。

42. 羽扇豆（彩图 42）

学名：*Lupinus polyphyllus*

别名：鲁冰花。

科属：豆科，羽扇豆属。

产地和分布：主产于北美洲，地中海沿岸也有分布。

形态特征：羽扇豆是多年生草本植物，常作一、二年生栽培。株高90～120 cm，直立。叶基生成丛，掌状复叶，小叶5～16 枚。具托叶，托叶与叶柄基部合生。顶生总状花序，花序长达 60 cm 以上，花轮生。小花多而密集，呈蝶形，花色有白、橙、黄、红、蓝、紫及双色等。花期 5－6 月。荚果，被绒毛，种子黑色。

园林观赏用途：羽扇豆植株高大，花序丰满而硕大，适宜作为花坛、花境的背景材料或在草坡丛植。也可以盆栽观赏或用作切花。茎叶是良好的饲料。还是良好的蜜源植物。

43. 黑心菊（彩图 43）

学名：*Rudbeckia hybrida*

别名：黑眼菊、金光菊。

科属：菊科，金光菊属。

产地和分布：原产于北美。现世界各地习见栽培。

形态特征：黑心菊为多年生草本植物，常作一、二年生栽培。株高 60～100 cm，直立，全株被毛。基生叶丛生，茎生叶互生，枝叶粗糙，叶匙形至阔披针形，叶缘具粗齿。顶生头状花序，花序的花心为深褐色的筒状花，呈半圆球形，花心隆起，紫褐色，花序周边为金黄色舌状小花，单轮。花期 5—9 月。栽培变种很多，有的边花为栗褐色，或仅边花基部栗褐色，边花为重瓣和半重瓣类型。花序径大至 15 cm 的四倍体，花色除黄色外，有各季红花和双色等。

园林观赏用途：黑心菊花色金黄，花心栗褐色，如同眼睛，观赏价值极高。通常用作庭院栽培,也可作花坛、花境的材料或用于草地边缘。有时用作切花。

44.天人菊(彩图 44)

学名:*Gaillardia pulchella*
别名:六月菊、虎皮菊、忠心菊。
科属:菊科,天人菊属。
产地和分布:原产于北美。现世界各地习见栽培。
形态特征:天人菊为一年生草本植物。株高约 20～50 cm。全株被柔毛,茎直立,多分枝。单叶互生,矩圆形至匙形,全缘或具粗锯齿或基部叶微缺刻,无叶柄,叶基部明显抱茎。头状花序单生枝顶,有长梗,花蕾外具有多层苞片。舌状花先端黄色,基部褐紫色,单轮或多轮,先端有缺刻。花色为黄色或红色,有的黄色但具有红色环等。花期 7—9 月;瘦果银白色,果熟期 8—10 月。栽培变种矢车天人菊,舌状花以至花序盘心的筒状花都发育成漏斗状,有大花及红花变种。

园林观赏用途:天人菊花色金黄,花期长,管理粗放,适用于绿地、边缘或山坡上大面积群植。是布置夏、秋季花坛、花境的良好材料,也可以用作树坛、零星隙地的绿化。还是优良的防风护沙植物材料。亦可用于盆花或切花栽培。

45.勋章菊(彩图 45)

学名:*Gazania rigens*
别名:勋章花。
科属:菊科,勋章菊属。
产地和分布:原产于南非。现世界各地习见栽培。
形态特征:勋章菊为多年生草本植物,作一年生栽培。株高 15～40 cm,叶披针形或线形,深绿色,丛生,长 15 cm,全缘或浅羽裂,叶背通常有白色丝状柔毛。头状花序,舌状花颜色丰富,有白、黄、粉、橙等色,富有光泽,舌状花基部具有环状的黑色或合色的斑纹,犹如勋章。花期 4—6 月。

勋章菊目前有许多变种和品种。变种有:

蔓生勋章菊(*Gazania rigens* var. leucolaena);丛生勋章菊(*Gazania rigens* var. rigens),特点是头状花序大,直径 4～8 cm,舌状花黄色,每舌片基部都有一个黑色眼斑。

主要栽培品种有'小调'、'黎明'、'迷你星'、'天才'、'太阳'、'Fiesta Red'等。

园林观赏用途:勋章菊花色丰富而有光泽,整个花序如勋章,日开夜合,十分美丽,是良好的布置花坛和花境的镶边材料,也是很好的插花材料。

46.二月兰(彩图 46)

学名:*Orychophragmus violaceus*

别名:诸葛菜、菜子花。

科属:十字花科,诸葛菜属。

产地和分布:原产于中国东部,常见于我国东北、华北等地区,分布于辽宁、河北、河南、山东、山西、陕西、甘肃、安徽、江苏、浙江、江西、湖北、四川、上海等省市。

形态特征:二月兰为一二年生草本植物。株高约 20~60 cm。茎直立,全株光滑无毛。叶二型,基部叶羽状分裂,无柄,有叶耳,抱茎;茎生叶倒卵状长圆形,边缘有波状锯齿。总状花序顶生,花朵疏松排列,5~30 朵。花多为蓝紫色至淡紫红色,花瓣内部具有细脉纹,花色随着开花时间逐渐变淡;花瓣 4 枚,长卵形,具长爪,筒状花萼细长,蓝紫色。花期 4—5 月;果实为圆柱形长角果,角果顶端有细长的喙,果实成熟后自然开裂,果期 5—6 月。

园林观赏用途:二月兰种下变异十分丰富:花色从白色、粉色到紫色连续分布,还有花斑、洒金、褪晕等特殊变异类型;花形有卵圆形、椭圆形、狭长形等一系列类型,还有花瓣边缘齿状的变异出现。在叶形上,从全缘到深裂,其变异类型也非常丰富,还发现有叶缘黄斑的植株。二月兰丰富的种下变异均表现出了优良的观赏性状。早春时节开花成片,别有一番野趣,是优良的用于林下或林缘绿化的地被植物。其嫩叶可食,种子是很好的榨油材料。

47.旱金莲(彩图 47)

学名:*Tropaeolum majus*

别名:旱荷、金莲花、旱莲花。

科属:旱金莲科,旱金莲属。

产地和分布:原产于南美洲。现世界各地习见栽培。

形态特征:旱金莲为多年生草本植物,常作一、二年生栽培。茎细长,具有攀缘性。叶互生,近圆形,盾状着生于长柄上。花梗细长,腋生。花萼 5 枚,其中 1 枚延长为距,花瓣 5 枚,花色丰富,常见淡黄、橘红、红棕等色,也有乳白色和深紫色,或花瓣上有网纹及斑点等。花期 7—9 月。

园林观赏用途:旱金莲蔓茎缠绕,叶形如碗莲,橘红、淡黄色的花朵盛开时如彩蝶飞舞,甚为美丽。花开在 7—9 月,花期较长,是夏季园林应用的良好材料。可自然丛植布置花境,或用于灌丛地被、岩石园点缀等。也可家庭盆栽,蔓性品种设支架做成各种造型。

48.长春花(彩图 48)

学名:*Catharanthus roseus*

别名:日日草、山矾花。

科属:夹竹桃科,长春花属。

产地和分布:原产于非洲东部。现我国各地习见栽培。

形态特征:报春花为多年生草本植物,常作一年生栽培。株高 30~60 cm。茎直立,多分枝,茎基部木质化。叶对生,全缘,长椭圆形,基部楔形,叶柄短,叶浓绿色,两面光滑无毛,具有光泽;主脉明显。花单生或数朵腋生,花色有红、紫、白、粉等色、花冠喉部具红黄斑等;花萼线状具毛,花冠筒细长,花冠裂片 5,高脚碟状。蒴突果。花期从春季至深秋。

园林观赏用途:长春花花朵繁茂,花期特长,且病虫害少,适宜布置花坛、花境,也可盆栽观赏。

49.钓钟柳(彩图 49)

学名:*Penstemon campanulatus*

别名:象牙红。

科属:玄参科,钓钟柳属。

产地和分布:原产于南美洲的墨西哥。现世界各地多有栽培。

形态特征:钓钟柳为多年生草本植物,常作一、二年生栽培。株高 10~50 cm,全株被绒毛,茎直立丛生,稍被白粉,分枝多。叶交互对生披针形至卵状披针形。圆锥形总状花序,小花钟状唇形花冠,上唇 2 裂,下唇 3 裂,花朵略下垂,花冠筒长 2.5 cm,内有白色条纹或条斑,花色丰富,有白、紫、淡紫等色。花期 7—10 月。

另有红花钓钟柳,株高较高,茎光滑,稍具白粉,聚伞状圆锥花序,花红色;堇花钓钟柳,花为浅紫色。

园林观赏用途:钓钟柳花色艳丽,花期长,适宜布置花境。也可盆栽观赏,或用作切花。

50.紫茉莉(彩图 50)

学名:*Mirabilis jalapa*

别名:草茉莉、夜饭花。

科属:紫茉莉科,紫茉莉属。

产地和分布:原产于美洲热带。现我国大部分地区习见栽培。

形态特征:草茉莉为多年生草本植物,常作一年生栽培。株高通常 60~110 cm。茎粗壮,多分枝,节部明显膨大。叶对生,三角状卵形,叶柄长。花数朵集生枝端,总苞萼片状,宿存,花萼呈花冠状,漏斗形,边缘有波状 5 浅裂,呈紫红、红、粉、黄、白色或镶嵌复色等,微有香味。花期从夏至初秋,下午开放,至凌晨萎谢。

园林观赏用途:紫茉莉花色丰富,生性强健,适宜自然式丛植或群植,可种于林缘道路或庭院住宅区,尤其是傍晚休息或夜间纳凉娱乐之地。

51.黄帝菊(彩图 51)

学名:*Melampodium lemon*

别名:美兰菊、皇帝菊。

科属:菊科,腊菊属。

产地和分布:原产于中美洲。现世界各地习见栽培。

形态特征:黄帝菊为一、二年生草本植物,株高约 30～50 cm。全株粗糙,多分枝。叶对生,阔披针形或长卵形,先端渐尖,缘有锯齿。头状花序顶生,舌状花黄色,管状花黄褐色。花期从春末至秋季。瘦果,能自播繁衍。

园林观赏用途:黄帝菊分枝茂密,金黄色的小花布满整个植株,明媚可爱。适合布置花坛或用于盆栽观赏。

52.火炬花(彩图 52)

学名:*Kniphofia uvaria*

别名:火把莲。

科属:百合科,火把莲属。

产地和分布:原产于非洲南部。现我国园林中习见栽培。

形态特征:火炬花为多年生草本植物。株高 40～50 cm。根状茎稍肉质。叶从茎基部丛生而出,革质,长剑形,略带白粉。花梗长而粗壮,总状花序长约 30 cm,小花密集而下垂,呈圆筒形,小花花冠呈红、橙至黄色,自下而上逐渐开放,开花时,整个花序和花梗似点燃的火把,甚为壮观。花期 6—7 月。蒴果黄褐色,种子三角形。

同属植物还有短茎火炬花,花蕾为淡粉红色,开花后变为乳白色,是典型的二色花序;多叶火炬花,叶片多而密集,花朵黄色。

园林观赏用途:火炬花花序硕大,开花时犹如燃烧的火把,点缀着翠绿的叶丛,别具风韵。适于布置花坛,成片种植或作背景栽植,广泛栽植于路旁、街心花园。也可作切花或花篮装饰或盆栽。

53.硫华菊(彩图 53)

学名:*Cosmos sulphureus*

别名:硫黄菊、黄波斯菊。

科属:菊科,秋英菊属。

产地和分布:原产于墨西哥。现世界各地习见栽培。

形态特征:硫华菊为一年生草本植物。株高 30～120 cm。多分枝,具纵棱,被柔毛。叶薄纸质,对生,2～3 回羽状深裂,裂片披针形。头状花序单个顶生或腋生;总苞片两层,绿色,内层上部带黄红色、下部黄绿色。边缘舌状花橙黄色或金黄色,中央管状花多数,黄色。瘦果。种子长纺锤形,棕褐色,具长喙,有糙硬毛。花期 7—9 月。

果期 8—10 月。种子能自播繁衍。

园林观赏用途:硫华菊花色艳丽,花朵直径较大,但株形欠整齐,适宜丛植或片植。也可用于花境栽植,或草坪及林缘的自然式配植。植株低矮紧凑,花头较密的矮型种,可用于花坛布置及作切花之用。

54.轮锋菊(彩图 54)

学名:*Scabiosa atropurea*

别名:松虫草、紫盆花。

科属:川续断科,山萝卜属。

产地和分布:原产于南欧地区。现世界各地均有栽培。

形态特征:轮锋菊为一、二年生草本植物。株高 30～60 cm。多分枝,茎被稀疏长白毛。基生叶长圆状匙形,不分裂或琴状分裂,有长柄,边缘具粗齿。茎生叶对生,羽状深裂至全裂,裂片倒披针形,边缘深齿裂。圆头形花序着生茎顶,径约 5 cm,花冠 4～5 裂,花色有黑紫、蓝紫、淡红和白色等,具芳香,花期 5～6 月。蒴果圆形。

园林观赏用途:轮锋菊适宜于布置花坛、花境和镶边使用。

55.毛蕊花(彩图 55)

学名:*Verbascum thapsus*

别名:一柱香、大毛叶、牛耳草、虎尾鞭、霸王鞭。

科属:玄参科,毛蕊花属。

产地和分布:原产于欧洲、亚洲温带。现我国各地均有栽培。

形态特征:毛蕊花为一、二年生草本植物。株高 30～100 cm。茎直立,单生,上部有时有分枝,全株覆黄色短柔毛及星状毛。基生叶倒披针状长圆形,茎生叶渐缩小呈长圆形,基部下延成狭翅。穗状花序顶生,花径 1～2 cm,花为黄色。蒴果卵圆形,种子多数,细小,粗糙。全草含挥发油,芳香植物。

另有紫毛蕊花,为多年生草本,常作一、二年生栽培。花冠紫色或玫瑰红色,花期 5—6 月。

园林观赏用途:毛蕊花花朵密集,花序挺拔,适于丛植或群植,布置花坛、花境、岩石园或林缘草地等。有时也作为盆栽观赏。

56.屈曲花(彩图 56)

学名:*Iberis sempervirens*

别名:珍珠球。

科属:十字花科,屈曲花属。

产地和分布:原产于地中海地区。现世界各地均有栽培。

形态特征:屈曲花为二年生草本植物。茎直立,株高 25～50 cm。叶互生,基部叶披针形,缘有稀锯齿,上部叶线状披针形。总状花序,伞房状;花序形扁。小花为十字型花冠,多花性;花色丰富,有粉、紫堇、白、紫和红色等。花期5—8月。

另有岩生屈曲花,叶厚,深裂;花白色,常带粉红色,具香味。石生屈曲花和常青屈曲花是两种匍地生长的多年生常绿种类。常青屈曲花花白色。

园林观赏用途:屈曲花具有很强的向阳性,因此花茎总是弯曲朝着太阳,颇为有趣。色彩丰富,小花盛开时如伞,具有野趣。可用于庭院或路旁布置,也可布置春季花坛、花境用于镶边材料。

57. 瞿麦(彩图 57)

学名: *Dianthus superbus*

别名:野麦、十样景花、竹节草。

科属:石竹科,石竹属。

产地和分布:原产于欧洲及亚洲。现我国园林中有引种栽培。

形态特征:瞿麦为多年生草本植物,常作一、二年生栽培。株高 60 cm 左右,丛生。茎光滑而有分枝,叶对生,线形或线状披针形,先端渐尖,基部成短鞘状抱茎,全缘。花瓣具长爪,边缘丝状深裂,紫红色或淡红色,有香味。花期 6 月底至 8 月。

园林观赏用途:瞿麦花色淡雅,姿态轻盈,株型矮小,适合作花坛、花境,或用作地被,也可盆栽观赏。

58. 异果菊(彩图 58)

学名: *Dimorphotheca sinuata*

别名:白兰菊、铜钱花、雨菊、绸缎花。

科属:菊科,异果菊属。

产地和分布:原产于南非。现我国园林中习见栽培。

形态特征:异果菊为一年生草本植物。株高 30～40 cm。多分枝,且枝条披散,枝叶有腺毛。叶互生,狭椭圆形、披针形至线形。叶缘有深波状齿,茎上叶小而无柄。头状花序顶生,舌状花有橙黄、粉、黄、白色等,有时基部紫色;盘心管状花黄色。花期4—6月。瘦果具两种不同形态:舌状雌花所结瘦果 3 棱或近圆柱状;盘心两性花所结瘦果心脏形,扁平,有厚翅。

园林观赏用途:异果菊花朵大而色彩艳丽。适宜布置春季花坛、花境或岩石园。也可盆栽观赏,有时用作切花材料。

59. 向日葵(彩图 59)

学名: *Helianthus annuus*

别名:太阳花、转日莲、葵花。

科属:菊科,向日葵属。

产地和分布：原产于北美西南部。现世界各地习见栽培。

形态特征：向日葵为一年生草本植物。株高 1～3 m。茎粗壮而直立,圆柱形稍具棱,被白色粗硬毛,无分枝。叶大型,互生,卵形或卵圆形,先端锐突或渐尖,基部 3 出脉,边缘具粗锯齿,两面粗糙,被粗硬刚毛,叶柄长。头状花序,大型,直径可达10～30 cm,单生于茎顶或枝端,常下倾。总苞多层,叶质,覆瓦状排列,被长硬毛。边缘舌状花黄色不孕,花序中部为棕色或紫色的管状花,结实。花期 6—8 月。瘦果,倒卵形或卵状长圆形,果皮木质化,即"葵花子"。

园林观赏用途：向日葵植株高大,大型花盘金黄色,宜栽植于花境作背景材料或丛植于草地、庭院。矮生种可用于布置花坛,也可盆栽观赏。由于向日葵花梗粗大,吸水良好,也是优秀的切花材料。

60.百里香

学名：*Thymus vulgaris*

别名：银斑百里香。

科属：唇形科,百里香属。

产地和分布：原产于欧洲。现世界各地习见栽培。

形态特征：百里香为多年生草本植物,常作一、二年生栽培。全株具强烈芳香气味。茎匍匐生长,随处生根,多分枝,茎基部木质化,红棕色。叶对生,细小,长椭圆形或卵形,全缘,先端钝头,基部具刚毛,有短柄。花枝直上。花小,紫红、白或粉色,簇生枝顶,花萼绿色,萼筒钟形,先端 5 裂,喉部有毛;花冠唇形,小坚果椭圆形。花期 6—9 月。

园林观赏用途：百里香为植株矮小匍地,花色淡雅繁密,可用于盆栽观赏,或作地被,或布置花坛、花境、岩石园等。由于百里香具有强烈的香味,因此是香花园的优良材料。适合作为食用调料,药用价值高。

第四章　宿根花卉

61. 菊花（彩图 60、彩图 61）

学名：*Chrysanthemum morifolium*

别名：黄花、节花、秋菊、金英、金蕊等。

科属：菊科，菊属。

产地和分布：原产于中国。现世界各地广泛栽培。

形态特征：菊花为多年生宿根草本植物。株高 60～150 cm。茎基部半木质化。单叶互生，卵形至披针形，羽状浅裂至深裂，边缘有粗大锯齿。头状花序单生或数个聚生茎顶。颜色为粉红、白、紫红、黄等多种复合色。

菊花品种繁多，分类方法不同，如：

依自然花期及生态形分类：春菊，花期 4 月下旬至 5 月下旬；夏菊，5 月下旬至 7 月；秋菊，花期 10 月中旬至 11 月下旬；寒菊，花期 12 月上旬至翌年 1 月。

依瓣形、花型分类：平瓣类（宽带型、荷花型、芍药型、平盘型、翻卷型、叠球型）；匙瓣类（匙荷型、雀舌型、蜂窝型、莲座型、卷散型、匙球型）；管瓣类（单管型、翎管型、管盘型、松针型、疏管型、管球型、丝发型、飞舞型、钩环型、璎珞型、贯珠型）；桂瓣类（平桂瓣、匙桂瓣、管桂瓣、全桂瓣型）；畸瓣类（龙爪型、毛刺型、剪绒型）。

依花径大小分类：大菊（>18 cm）；中菊（9～18 cm）；小菊（<9 cm）。

依整枝方式或应用分类：独本菊；立菊；大立菊；悬崖菊；嫁接菊；案头菊；菊艺盆景。

园林观赏用途：菊花的种类繁多，花型花色丰富多彩，选取早花品种及岩菊可布置花坛、花境及岩石园等。切花品种可直接上市销售，用于插花艺术。植入大盆的菊花可造出各种各样的造型来，为节庆租摆服务。

62.芍药(彩图 62)

学名:_Paeonia lactiflora_

别名:白术、没骨花、将离等。

科属:毛茛科,芍药属。

产地和分布:原产于中国。现我国园林应用广泛。

形态特征:芍药为宿根草本植物。高 40～108 cm。具肉质根、茎丛生,2 回 3 出羽状复叶,长 20～24 cm,小叶通常 3 深裂,有椭圆形、扁圆形、倒卵形至披针形。花一至数朵着生于茎上部顶端,有长梗及叶状苞片,苞片 3 出。花紫红、粉红、黄或白色,花径 13～18 cm,单瓣或重瓣。蓇葖果 2～8 枚,每枚 1～5 粒种子,圆粒黑褐色。

芍药品种很多,花色丰富,花形多变,花期错落。分类方法较多。依颜色可分为:

白色系:如'美辉'、'雪原金辉'、'沙百'、'冰青'、'青山卧雪'、'白玉莲'等品种。

黄色系:如'黄金轮'、'金带围'等品种。

粉色系:如'高秆粉'、'西施粉'、'初开藕荷'、'粉凌红花'等品种。

红色系:如'大富贵'、'朱砂判'、'大红袍'、'向阳添艳'等品种。

紫色系:如'紫绣球'、'乌龙探春'、'墨紫楼'等品种。

园林观赏用途:芍药可栽植于花坛、花境、专业花圃,也可盆栽,便于移动和观赏,成片种植可产生很好的群体效果。芍药是很好的切花材料,选含苞待放的花朵,带茎30～40 cm 剪下,将切口处用火炙烤,待切口处略变黄白色为止,除去过多的叶片,插入水中可维持 7 天左右。

63.鸢尾(彩图 63)

学名:_Iris tectorum_

别名:蓝蝴蝶、扁竹叶。

科属:鸢尾科,鸢尾属。

产地和分布:原产于中国和日本。现世界各地广泛栽培。

形态特征:鸢尾为多年生宿根草本植物。高约 20～60 cm,具块状或匍匐状根茎。叶剑形或线形,多基生;革质全缘,叶脉平行,表面光滑。花莛由叶丛中抽出,花被 6 片,分内、外两轮,外轮 3 片大,外弯或下垂,内轮 3 片较小,直立或呈拱形。花有白、黄、蓝、紫等色。花期 4—5 月,果实 6—8 月成熟。

主要品种有:

鸢尾(蓝蝴蝶、扁竹叶)(_Iris tectorum_):株高 30～40 cm,每枝着花 1～2 朵,花蓝紫色,垂瓣倒卵形,具深褐色脉纹,中肋的中下部有一行鸡冠状肉质突起,旗瓣较小,花径约 8 cm。

蝴蝶花(_I. japonica_):花淡紫色,花径 5 cm,垂瓣具波状锯齿缘。中部有橙色斑点及鸡冠状突起,旗瓣稍小,上缘有锯齿。

德国鸢尾(*I. germanica*):花莛长 60～95 cm,具 2～3 分枝,共有花 3～8 朵,花径可达 10～17 cm,有香气,垂瓣倒卵形,中肋处有黄白色须毛及斑纹,旗瓣较垂瓣色浅,拱形直立。可分出杏黄色大花品种、橙红色等多个品种。

银苞鸢尾(*I. pallida*):垂瓣淡红紫色至堇蓝色,有深色脉纹及黄色须毛。旗瓣发达色淡,稍内拱,花具芳香。

黄菖蒲(黄花鸢尾)(*I. sanguinea*):株形高大健壮,叶剑形可长达 60～100 cm。垂瓣上部长椭圆形,基部近等宽,具褐色斑纹或无,旗瓣淡黄色,花径约 8 cm,色调变化较多,有大花型深黄色、白色、斑叶及重瓣品种。

溪荪(赤鸢尾)(*I. sanguinea*):叶长 30～60 cm,叶基红赤色,苞片晕红赤色,花浓紫色。垂瓣中有深褐色条纹,旗瓣色稍浅,爪部黄色具紫斑,长椭圆形。直立,花径 7 cm,生于水旁。

花菖蒲(玉蝉花)(*I. ensata*):花茎稍高出叶片,着花 2 朵,花色丰富,重瓣性强,花径 9～15 cm,垂瓣为广椭圆形,无须毛,旗瓣色稍浅,喜湿润环境。

园林观赏用途:鸢尾类植物耐寒性强,生长健壮,叶丛美观,花大色艳,是极好的观花地被。可用于林缘或疏林下栽植,适应范围相当广泛,无论是庭院、公共绿地、专用绿地都可较大面积栽植,也可栽植成带、成片、成团、成丛。水生鸢尾栽植在湖旁、水边、岩石旁等,更显情趣。

64. 耧斗菜(彩图 64)

学名:*Aquilegia vulgarias*

科属:毛茛科,耧斗菜属。

产地和分布:原产于中国、美国、加拿大及北美。现世界各地习见栽培。

形态特征:耧斗菜为多年生宿根草本植物。叶丛生,2～3 回 3 出复叶。具叶柄,裂片浅而微圆,一茎着生多花,花径约 5 cm。萼片 5 枚,辐射对称,与花瓣同色,花瓣 5 枚,下垂。长距自花萼间伸向后方,与花瓣近等长,稍内曲。雄蕊多数,内轮变为假雄蕊,雌蕊 5 枚,蓇葖果。

主要品种有:

大花变种(var.*olympica*):花大,萼片暗紫至淡紫色,花瓣白色。

白花变种(var.*nivea*):花白色,花径 6 cm。

重瓣变种(var.*flore-pleno*):花重瓣,多种颜色。

斑叶变种(var.*vervaeneana*):叶片有黄斑。

华北耧斗菜(*A. yabeana*):茎生叶有长柄,茎生叶小,花下垂美丽,萼片紫色,与花瓣同色。

杂种耧斗菜(*A. hybrida*)：株高 90 cm,萼片长 8~10 cm,花有各种颜色。

黄花耧斗菜(垂丝耧斗菜)(*A. chrysantha*)：株高 90~120 cm,萼片暗黄色,花瓣深黄色,短于萼片,花径 5~7 cm,距长约 5 cm。

园林观赏用途：耧斗菜叶片优美,花形独特,品种较多,花期长,从春至秋陆续开放。自然界常生于山地草丛间,其自然景观颇美,而园林中也可配置于灌木丛间及林缘。也可作花坛、花境及岩石园的栽植材料,大花及长距品种又可作切花材料。

65. 蜀葵(彩图 65)

学名：*Althaea rosea*

别名：熟季花、端午锦、蜀季花、一丈红。

科属：锦葵科,锦葵属。

产地和分布：原产于中国。现世界各地广泛栽培。

形态特征：蜀葵多年生草本植物。茎直立高达 3m,全株被毛。叶大、互生,叶片粗糙而皱,圆心脏形,5~7 浅裂;托叶 2~3 枚,离生。花大单生叶腋或聚成顶生总状花序,花径 8~12 cm,小苞片 6~9 枚,阔叶披针形,基部联合,附着萼筒外面;萼片 5 枚,卵状披针形,花瓣 5 枚或更多,短圆形或扇形,边缘波状而皱或齿状浅裂;花有红、紫、褐、粉、黄、白等色;单瓣、半重瓣至重瓣;雄蕊多数,花丝联合成筒状并包围花柱;花柱线形,突出于雄蕊之上。花期 6—8 月。

园林观赏用途：蜀葵花色丰富,花大而重瓣性强,园林中常在建筑物前列植或丛植,作花境的背景效果也好。此外,还可用于篱边绿化及盆栽观赏。

66. 紫菀(彩图 66)

学名：*Aster tataricus*

别名：紫苑、小辫儿、夹板菜。

科属：菊科,紫菀属。

产地和分布：原产于中国、日本及西伯利亚。我国长江流域及其以北的广大地区皆可栽种。

形态特征：紫菀为多年生宿根草本植物。高为 30~150 cm。多分枝,叶互生,全缘或有不规则锯齿,头状花序,呈伞房状或圆锥状着生,稀单生,总苞片数列,外列常较短;舌状花多列,雌性,呈蓝红、紫色;管状花两性黄色,间有变紫色或粉红色者。

同属其他种有：

美国紫菀(红花紫菀)(*A. novae-angliae*)：株高 60~150 cm,全株被粗毛,叶全缘,具黏性茸毛。头状花序聚伞状排列,径 4~5 cm,舌状花 40~60 个,深紫色,管状花为黄、红、白或紫色。

荷兰菊(*A. novi-belgii*)：又名纽约紫菀,株高 50~150 cm,叶披针形,无黏性,近全缘。头状花序小,径约 2.5 cm,舌状花 15～25 个,暗紫色或白色。

北美紫菀(*A. ptarmicoides*):株高 30～60 cm,叶质稍硬,具光泽,叶全缘。总苞片长椭圆状披针形,头状花序径 2 cm。舌状花长 0.4～0.9 cm。

园林观赏用途:紫菀类是花境的良好植物材料,如与鸢尾搭配,早春鸢尾开花,紫菀等作绿篱;秋季紫菀开花,鸢尾作绿篱,观赏效果极佳。紫菀也是作切花的良好材料。

67.金鸡菊(彩图 67)

学名:*Coreopsis basalis*

别名:金钱菊、孔雀菊、小波斯菊。

科属:菊科,金鸡菊属。

产地和分布:原产于美国南部。现世界各地习见栽培。

形态特征:金鸡菊为多年生宿根草本植物。叶片多对生,稀互生,全缘、浅裂或切裂。花单生或疏圆锥花序,总苞 2 列,每列 3 枚,基部合生。舌状花 1 列,宽舌状,呈黄、棕或粉色。管状花黄色至褐色。

同属主要种有:

大花金鸡菊(*C. grandiflora*):全株稍被毛,有分枝,基生叶披针形,全缘,上部叶 3～5 深裂。头状花序,径 4.0～6.3 cm,内外列总苞近等长。舌状花 8 枚,黄色长1.0～2.5 cm,端 3 裂,管状花也为黄色。

大金鸡菊(*C. lanceolata*):无毛或疏生长毛,叶多簇生基部或少数对生,茎上叶很少,头状花径约 5～6 cm,外列总苞常较内列短,舌状花 8 枚黄色,端 2～3 裂。管状花黄色。

轮叶金鸡菊(*C. verticillata*):无毛,少分枝,叶轮生无柄掌状 3 深裂,各裂片又细裂,管状花黄色至黄绿色。

园林观赏用途:金鸡菊枝叶密集,尤其是冬季幼叶萌生,鲜绿成片。春夏之间,花大色艳,常开不绝。还能自行繁衍,是极好的疏林地被。可观叶,也可观花。在屋顶绿化中作覆盖材料效果极好,还可作花境材料。

68.石竹(彩图 68、彩图 69)

学名:*Dianthus chinensis*

别名:中国石竹、石柱花。

科属:石竹科,石竹属。

产地和分布:原产于中国,广泛分布于亚洲、欧洲、北非、美洲等。

形态特征:石竹为一、二年生或多年生草本植物。茎硬,节处膨大,叶线形、对生,花大顶生,单朵或数朵至伞房花序。萼管状,5 齿裂。下有苞片二至多枚;花瓣 5 枚,具柄,全缘或齿牙状裂;蒴果圆柱形,顶端 4~5 齿裂。

主要品种有:

香石竹(康乃馨、麝香石竹)(*D. caryophyllus*):常绿亚灌木,株高 30~60 cm,茎叶光滑微具白粉,茎基部常木质化,花色有白、水红、紫、黄及杂色等。具香气,苞片 2~3 层。

石竹(*D. chinensis*):株高 30~50 cm,苞片 4~6,萼筒上有条纹。花瓣 5 枚,白色至粉红色。

须苞石竹(五彩石竹、美国石竹)(*D. barbatus*):株高 60 cm,茎光滑,微有 4 棱,分枝少,叶具平行脉,花小而多。花的苞片尖端须状。

园林观赏用途:石竹类品种繁多,花期长,花色娇艳,芳香宜人,其中香石竹是世界三大切花之一,世界各重要花卉出口国都大量生产香石竹切花。也是布置花坛的理想材料。

69. 玉簪(彩图 70)

学名:*Hosta plantaginea*

别名:玉春棒、白鹤花。

科属:百合科,玉簪属。

产地和分布:原产于中国。现世界各地广泛栽培。

形态特征:玉簪地下茎粗壮,叶簇生,卵状心形,具长柄。翠绿而有光泽,花莛由叶丛中抽出,总状花序,每株花数朵至十数朵,白色或紫色,漏斗形,花被片基部联合成长管,喉部扩大。

主要品种有:

玉簪(玉春棒、白鹤花)(*Hosta plantaginea*):开花时形如头簪,洁白如玉,故有"玉簪"之称。叶丛生,有光泽。花莛高出叶片,为顶生总状花序,花 9~15 朵,长筒状漏斗形、白色。叶丛高 50~60 cm,花莛高达 75 cm。

紫萼(紫玉簪)(*H. ventricosa*):叶柄沟槽较玉簪浅,叶片质薄。总状花序,花 10 朵左右。花比玉簪小,花长 4.5 cm,花淡堇紫色。植株较玉簪矮,为 30~40 cm。

狭叶玉簪(狭叶紫萼、日本玉簪)(*H. lancifolia*):叶披针形至长椭圆形,两端渐狭,花淡紫色。

园林观赏用途:玉簪类花大叶美,且喜阴,园林中可配置于林下作地被用,或栽植在建筑物周围蔽荫处。也可栽植于岩石园中。

70. 萱草(彩图 71、彩图 72)

学名:*Hemerocallis fulva*

别名:中国萱草、黄花菜、忘忧草。

科属：百合科，萱草属。

产地和分布：原产于中国和日本。现世界各地广泛栽培。

形态特征：萱草为多年生宿根草本植物。具粗壮的纺锤形肉质根，叶基生、条形、对排成两列，宽 2～3 cm，长可达 50 cm 以上，花莛细长坚挺，高约 60～80 cm，初夏开花，漏斗形，直径 10 cm 左右，橘红色。

主要品种有：

黄花萱草（金针菜）（*H. flava*）：叶片深绿色带状，长 30～60 cm，宽 0.5～1.5 cm。拱形弯曲。花 6～9 朵，柠檬黄色，浅漏斗形，花莛高约 125 cm，花径约 9 cm。花蕾为著名的"黄花菜"，可供食用。

黄花菜（黄花）（*H. citrina*）：叶较宽，深绿色，长 75 cm，宽 1.5～2.5 cm，花序上着生花多达 30 朵左右，花序下苞片呈狭三角形。分布于我国北方各省。

大花萱草（*H. middendorffii*）：叶长 30～45 cm，花莛着花 2～4 朵，黄色、有芳香，花长 8～10 cm，花梗极短，花朵紧密，具大型三角形苞片。

童氏萱草（*H. thunbergii*）：叶长 74 cm，花莛高 120 cm，顶端分枝着花 12～24 朵，杏黄色，喉部较深，短漏斗形具芳香。

园林观赏用途：萱草类花色鲜艳，栽培容易，且春季萌发早，绿叶成丛极为美观。园林中多丛植或于花境、路旁栽植。萱草类耐半阴，又可作疏林地被植物。

71. 秋葵（彩图 73）

学名：*Abelmoschus esculentus*

别名：羊角豆、毛茄。

科属：锦葵科，秋葵属。

产地和分布：原产于亚洲热带、亚热带。现世界各地习见栽培。

形态特征：秋葵为一、二年生高大草本植物。单叶互生，全缘或掌状裂，花单生叶腋，花萼于开花后脱落，花瓣 5 枚；蒴果长而尖，种子无毛。

主要品种有：

秋葵（*A. esculentus*）：一年生草本植物，粗壮，近光滑，高 0.5～3.0 m。叶大心形，径约 30 cm，3～9 深裂，具粗齿。苞片针状，花黄色，瓣基红色，花径 8 cm。果实成熟时木质，长 10～30 cm。

黄蜀葵（*A. manihot*）：一年生或多年生草本植物。疏生刺毛，高 1～1.25 m。叶大，卵圆形，径 15～30 cm，掌状 5～8 裂，裂片狭，具不规则齿缘，苞片卵圆至狭矩形。花多生于茎的上部，淡黄色至白色，瓣具紫褐斑，花径 10～22 cm。果矩圆形，长 5～8 cm。

园林观赏用途：秋葵类植物高大，在园林中主要用作背景布置。如掩蔽墙面及屏障杂物，也可代替灌木栽植于草坪及角隅等处。

72. 桔梗(彩图 74)

学名:*Platycodon grandiflorum*

别名:僧冠帽、梗草。

科属:桔梗科,桔梗属。

产地和分布:原产于中国、日本、朝鲜。现世界各地广泛栽培。

形态特征:桔梗为宿根草本植物。根肥大多肉,呈圆锥形。茎高 30～100 cm,上部有分枝,枝铺散,有乳汁,叶互生或 3 枚轮生,表面光滑,背面蓝粉色。花单生枝顶或数朵组成总状花序。含苞时,花冠形如僧冠,开放后,花冠径可达 6 cm,花色由蓝紫色至白色,品种多,花期长。

主要品种有:

P. grandiflorum var. duplex:株高 30 cm,茎粗而强健,花呈碗形,花有紫色、白色等色。

P. grandiflorum var. planicorollatum:花冠非碗形。花为白、紫、红紫等色。

P. grandiflorum var. rugosum:全株矮小,仅高 10～15 cm,茎淡绿色。叶小深绿色,叶面皱缩。

园林观赏用途:桔梗花大,花期长,易于栽培,高型品种可用于花境,中矮型品种可栽植于岩石园,矮生品种及播种苗多剪取切花。根为重要的药材,幼苗的茎叶可入菜。

73. 金光菊(彩图 75)

学名:*Rudbeckia laciniata*

别名:黑眼菊。

科属:菊科,金光菊属。

产地和分布:原产于北美。现世界各地习见栽培。

形态特征:金光菊为一年或多年生草本植物。单叶或复叶、互生,茎生叶稀对生。头状花序具柄,着生于茎顶;舌状花黄色,有时基部带褐色,中性不孕;管状花近球形或圆柱形,淡绿、淡黄至黑紫色,两性、结实;瘦果 4 棱形。

本属主要种有:

金光菊(*R. laciniata*):宿根草本植物,高 60～250 cm,有分枝,无毛或稍被短粗毛。叶片较宽,基生叶羽状 5～7 裂,茎生叶 3～5 裂。头状花序一至数个着生于长梗上,总苞片稀疏,叶状,径约 10 cm,舌状花 6～10 朵,倒披针形而下垂,长 2.5～3.8 cm,金黄色,管状花黄绿色,花期 7—9 月。

毛叶金光菊(*R. serotina*):耐寒性宿根草本,高 30～90 cm,下部稍有分枝,全株被粗毛。叶互生,下部叶近匙形,叶柄有翼,上部叶长椭圆形至披针形,全缘,无柄。

头状花序单生于茎顶,径约 8~10 cm,舌状花 14 枚,金黄色,长 2.5~5 cm,茎部色深,管状花从紫黑色变为深褐,花期 7—10 月。

园林观赏用途:金光菊植株高大,花大而美丽,适栽植于花境、花坛或自然式栽植,还可作切花。

74. 大花君子兰(彩图 76)

学名:*Clivia miniata*

别名:剑叶石蒜、君子兰。

科属:石蒜科,君子兰属。

产地和分布:原产于非洲南部。现世界各地均有栽培。

形态特征:大花君子兰为常绿多年生草本植物。须根肉质粗壮,叶基部紧密合抱成假鳞茎状,叶呈 2 列相对迭生,排列整齐,叶片革质全缘呈带状,长 20~80 cm,宽 3~10 cm,具稠密的平行网状脉,叶色浓绿具光泽,花葶自叶腋抽出,粗壮呈半圆形或扁圆形,伞状花序顶生,着花 7~50 多朵,花朵直立着生,花色有黄、橙黄、橙红、鲜红、深红等色。浆果球形,成熟深红色,内有 2~3 粒球形种子。花期 1~5 个月。

大花君子兰的栽培品种很多,差异主要从叶片长、宽、直立程度、光泽、叶脉、叶色、花的大小和色彩等方面区别。另有一种为垂笑君子兰(*C. nobilis*),叶片较大花君子兰窄,花序着花 40~60 朵,花被呈狭漏斗状,开放时下垂。

园林观赏用途:大花君子兰的花、叶、果均有很高的观赏价值,且观赏期长,四季常青,傲寒报春,端庄肃雅,君子风度,是广大群众喜爱的盆花。多用于会场、厅堂和家庭居室中美化装饰,为全国各地普遍栽培欣赏的名贵花卉。

75. 非洲菊(彩图 77)

学名:*Gerbera jamesonii*

别名:扶郎花、太阳花。

科属:菊科,大丁草属。

产地和分布:原产于南非。现世界各地广泛栽培。

形态特征:非洲菊为多年生宿根草本植物。全株具细毛,株高可达 0.6 m。叶基生,斜向生长,具长柄,叶缘呈羽状浅裂,具疏锯齿,全叶长 20 cm 左右,叶背具长毛。头状花序单生于花序总梗顶端,花序梗长,多高出叶丛一倍以上,头状花序的舌状花大,呈倒披针形或带状,多为两轮,也有多轮重瓣品种。筒状花较小,尖端二歧分叉,花色同舌状花,头状花序径可达 8~10 cm;花色有白、黄、橙、红、粉等不同颜色,四季均可开花,以 5—6 月和 9—10 月为盛花期。非洲菊发现于南非,后经英、法、日等国家园艺家通过杂交育种获得很多优良栽培品种。

园林观赏用途:非洲菊花朵清秀挺拔,花色艳丽,姣美高雅,花期长,管理得当四季见花,具有很强的装饰性,为理想的切花花卉。也宜盆栽和地养,华南地区作宿根花卉应用,庭院丛植、布置花境均有较好效果。盆花装饰厅堂、案几、窗台,为极佳的室内观赏花卉。

76. 鹤望兰(彩图 78)

学名:*Strelitzia reginae*
别名:极乐鸟花。
科属:芭蕉科,鹤望兰属。
产地和分布:原产于南非。现我国各地园林中多有栽培。
形态特征:鹤望兰为多年生常绿草本植物。无明显茎,株高 1 m 左右。地下具有粗壮肉质根,单叶叠迭对生,两侧排列,叶片椭圆形,先端钝,长 20～40 cm,叶片侧脉平行,叶缘全缘,叶柄长为叶片的 2～3 倍。花自植株中央的叶腋抽生,多高出叶丛,花形奇特,佛焰苞状,总苞长 15 cm,花 6～8 朵顺序开放,外花被 3 片橙黄色,内花被 3 片蓝色,色彩鲜艳,好似仙鹤引颈遥望。秋冬开花,每支花可开 50～60 天之久。

园林观赏用途:鹤望兰为大型盆栽花卉,花型奇特,色泽艳丽,单花开放时间长,观赏价值高。既为珍贵的切花,也适宜盆花置于厅堂、门侧、室内作装饰,在华南地区还可用于庭院造景和花坛。

77. 花烛(彩图 79)

学名:*Anthurium andraeanum*
别名:安祖花、火鹤花、烛台花。
科属:天南星科,花烛属。
产地和分布:原产于中、南美洲热带地区。现世界各地广泛栽培。
形态特征:花烛为多年生常绿宿根花卉。茎较短,株高 30～50 cm。叶片革质,卵椭圆形至长圆披针形,全缘,柄短。佛焰苞宽卵圆状,长约 10 cm,深红色,似蜡质,有光泽。花色有粉红、白、黄、绿及白底红斑、红底白斑等色。肉穗花序扭曲。同属植物约 200 多种,有观赏价值的约 20 种,且有大量的杂交种。

主要品种有:

大叶花烛:植株较花烛长且挺直,株高 40～50 cm,叶卵心形至箭形,佛焰苞平出,卵心形,长可达 13 cm,肉穗花序圆柱状直立。该种多用于切花,其栽培品种因花大小、花色、肉穗花序的形态与颜色划分。

如鲜红花色的有:

光荣(Gloria)、亚历克西亚(Alexia),其中肉穗花序先端绿色的有莫里西亚(Mauricia)。白色花的有玛格丽莎(Margaretha),肉穗肉红色。绯红色的有罗泽达

(Rosetta),花序先端为绿色,莉迪亚(Lydia),花序则为肉红色。水晶花烛(*A. crystallinum*),株高达 50～60 cm,叶片呈心形或宽卵,叶脉银白色,佛焰苞绿色。肉穗花序细长黄绿色。以盆栽观叶为主。长叶花烛(*A. warocgueanum*),茎绿色,叶长椭圆形,长达 1 m,宽 25 cm,色深绿,有天鹅绒状光泽,叶脉白色突出,佛焰苞带绿色,以观叶为主。

园林观赏用途:花烛及其同属的花卉是目前国内外新兴的切花和盆花,每朵花的花期可达一个月,全年均可开花。由于花烛的花苞艳丽,植株美观,观赏期长,市场需求量增大。盆花多在室内的茶几、案头作装饰花卉。

78. 非洲紫罗兰(彩图 80)

学名:*Saintpaulia ionantha*
别名:非洲紫苣苔、非洲堇。
科属:苣苔科,非洲紫罗兰属。
产地和分布:原产于非洲东部热带的坦桑尼亚。现世界各地广泛栽培。
形态特征:非洲紫罗兰为多年生常绿宿根草本植物。全身肉质状并密布白色绒毛,叶片基部轮生平铺生长,叶片卵圆形,先端稍尖。花梗自叶腋间抽出,高出叶丛多倍,总状花序,花被 5 片,径约 3.5 cm;原色为蓝紫色,现栽培品种多,花色丰富,常分为白、粉、红、蓝、紫等颜色;花径有大有小,花瓣有单瓣、重瓣,并有花期、叶形、叶色不同的品种。花期多为夏季。

园林观赏用途:非洲紫罗兰花期长,花色艳丽多彩,花、叶均可作为观赏,为室内小型观赏花卉。可在厅内组成小型观赏花坛,也可用于室内窗台、案几处作为陈设点缀材料。是各国应用普遍的盆花。

79. 香石竹(彩图 81)

学名:*Dianthus caryophyllus*
别名:康乃馨、麝香石竹。
科属:石竹科,石竹属。
产地和分布:原产于欧洲南部地中海沿岸。现世界各地习见栽培。
形态特征:香石竹为常绿亚灌木,幼时呈草本状,常作多年生栽培。株高 30～50 cm,茎基部常木质化,茎叶光滑具白粉,茎节间膨大,单叶对生,线状披针叶,基部抱茎,无叶柄,明显叶脉 3 条。花常单生,或 2～5 朵簇生,苞片 2～3 层紧包萼筒,萼筒端部 5 裂;花瓣多数,有单瓣也有重瓣,呈广卵形,先端多呈波浪状;花色极丰富,有白、黄、红、紫及复色等,具微香。果为蒴果,种子褐色。自然花期 5—7 月,温室栽培可全年开花。

品种极多,常见的有:

　　花坛香石竹(Border Carnation)：耐寒，在南方露地栽植可越冬，多用于花坛、盆花。

　　四季型香石竹(Perpetual Carnation)：常说的香石竹，花梗多分枝，陆续开花。花大、色多、芳香，主用于切花。

　　小花型香石竹(Sprays Carnation)：小花，温室栽培，多用于桌饰。

　　园林观赏用途：香石竹品种繁多，花色艳丽，具芳香、花期长，为世界三大切花花卉之一。一些品种可作为庭院种植或花坛布置，冬季也可作为室内小型观赏盆花，置于室内窗台、案几装饰。

80.椒草属(彩图82、彩图83)

学名：*Peperomia*

别名：豆瓣绿。

科属：胡椒科，椒草属。

产地和分布：主要分布于南美和亚洲热带地区。

形态特征：一至多年生肉质草本植物。茎直立或匍匐状。单叶、互生、对生或轮生。穗状花序顶生或与叶对生，稀生叶腋；花极小，白色、两性，生于花序轴凹陷处。

　　本属有近1000种，有近百种用于观赏栽培，并有大量园艺品种。目前引入我国栽培的主要有：

　　圆叶椒草(*P. obtusifolia*)：多年生直立草本植物，茎肉质，多分枝，株高约30cm。叶互生，倒卵状圆形，叶缘具紫红色晕。花序生枝顶。

　　花叶椒草(*P. obtusifolia* cv. *variegata*)：为圆叶椒草的园艺品种。形态相似，但叶片中央为绿色，边缘为淡黄色。

　　西瓜皮椒草(*P. argyreia*)：多年生草本植物，茎短，叶呈丛生状，具长柄，叶片卵圆形，叶基盾形，叶脉放射状，叶表面具绿白相间的斑纹，状如西瓜皮的纹。花序腋生。

　　皱叶椒草(*P. caperata*)：多年生草本植物。茎短，叶丛生状，叶具长柄，叶片卵圆形，叶表浓绿色，背面灰绿色，叶面呈泡状皱缩，花序腋生。

　　斑叶垂盆椒草(*P. scandens* cv. 'Variegata')：多年生草本植物，茎柔弱匍匐状，叶互生，叶片卵圆形，中央绿色，叶缘有白色斑纹，花序与叶对生。

　　园林观赏用途：椒草属植物的叶形、叶色具有很高的观赏性，且耐阴性好，为室内布置装饰的优良观叶植物，多于厅房中的书桌、案几和窗前摆投。

81.凤梨科(彩图84～87)

学名：*Bromeliaceae*

产地和分布：凤梨科是南美植物区系的特有科，全科约有46属，近2 000种，原产于美洲热带地区。

　　形态特征：附生或陆生草本植物。茎短。叶狭长，基生，叶基常呈鞘状，莲座式排列成筒状。花两性，为顶生的穗状、头状或圆锥花序，花常被鲜艳的苞片包住。雄蕊6枚，子房下位或半下位。

　　凤梨科植物奇特的形态与美艳的花姿，受到各地人民的喜爱，有不少种类被引作观赏栽培，是花叶并茂的观赏植物。近年我国也引进了不少种类，主要有：

　　艳凤梨（*Ananas comosus* cv. 'Variegata'）：菠萝属。又称金边凤梨，是菠萝的一个园艺品种，作观赏栽培。地生草本植物，叶片条形，长约 50 cm，宽 3～5 cm，质坚硬，叶片两侧有黄色纵向条纹，边缘有锯齿。头状花序，具长柄。

　　红凤梨（*A. bractestus*）：地生草本植物，株型较大。叶片铜绿色，花序上苞片及果实淡红色。

　　斑叶红凤梨（*A. brateatus* cv. 'Striatus'）：地生草本植物，为红凤梨的栽培品种。叶片质硬而挺，中央铜绿色，两侧黄色，全叶呈暗染红色。花序及果实鲜红色。

　　姬凤梨（*Cryptanthus aculis*）：姬凤梨属。地生草本植物，株型短小，高 10～15 cm。叶片 10 片左右，聚生成莲座状，叶条状披针形，边缘波浪状，有锯齿，叶绿色，背面有白色磷片。花数朵聚生，白色。

　　三色姬凤梨（*C. bromelioides* var. *tricolor*）：地生草本植物，叶条状披针形，长约 15 cm，宽约 3 cm，叶片呈染红色，中央及边缘铜绿色，中脉两侧有淡黄色条斑。

　　二色姬凤梨（*C. bivittatus*）：地生草本植物，株高不过 15 cm。叶呈莲座状，平展，有叶 30～50 片，叶片呈染红色，中央及边缘铜绿色，中脉两侧有淡黄色条斑。

　　虎纹姬凤梨（*C. zonatus*）：地生草本植物，叶阔披针形，宽达 5 cm，长 12～15 cm，叶面有暗绿色和淡黄色相间横纹，呈虎皮斑纹状。

　　光萼荷（*Aechmea chantinii*）：光萼荷属。又称斑马凤梨。附生草本植物，叶基闭全成筒状，叶带状，长约 40 cm，宽 5～8 cm，叶缘有刺状齿，叶灰绿色，具纵向淡白色条纹。密集的穗状花序，总苞橙红色，苞片黄色。

　　美叶光萼荷（*A. fasciata*）：又称粉菠萝，或蜻蜓凤梨。附生草本植物，叶鞘闭合成筒状，叶片 15～30 片，宽带状，长约 45 cm，宽 8～10 cm，叶灰绿色，有虎斑状银白色纹，边缘有黑色刺状齿，叶两面披白粉。花密集成头装花序，花序柄长，苞片披针状，边有细齿，粉红色。花紫蓝色，甚是优美。

　　水塔花（*Billbergia pyramidalis*）：水塔花属。附生草本植物，叶基部闭合成筒状，叶条状，长 30～40 cm，宽 4～5 cm，叶面绿色有光泽，叶缘具细齿。穗状花序，伸出叶筒上，苞片红色披白粉，花鲜红色。

　　红杯凤梨（*Guzmania lingulata*）：果子曼属。附生草本植物。叶莲座状，10～20片，叶茎相互合成筒状，叶片长 30～40 cm，宽 3～4 cm，绿色，有光泽，上部叶片基部开花时呈染红色。头状花序,伸出叶丛,苞片鲜红色,平展呈星形,花淡黄色。

小红星(*G. lingulata* var. *magnifica*):又称火轮凤梨。附生草本植物,株高约 20 cm。叶条状,长约 20 cm,宽约 2 cm,绿色有光泽。头状花序花梗短,仅仅伸出叶丛,苞片红色,花白色。

红星凤梨(*G. lingulata* cv. 'Mior'):又称橘红星凤梨。附生草本植物,叶条形,长 30~40 cm,宽 3~4 cm。头状花序伸出叶丛外,苞片橘红色,花淡黄色。

丹尼斯擎天(*G. lingulata* cv. 'Dennis'):株型与上近似。头状花序具长梗,达 45~50 cm。总苞鲜红色,花黄色。

彩叶凤梨(*Neoregelia carolinae*):彩叶凤梨属。陆生草本植物,叶 20~30 片,叶基抱合成筒状,可盛水,叶面绿色有光泽,叶片中央有带状或线状纵向的淡黄色条纹,叶片在开花前转为红色。花序球形,藏于叶筒中,花紫色。

金边五彩凤梨(*N. carolinae* cv. 'FLandria'):为彩叶凤梨的园艺变种。区别在于叶边有淡黄色镶边。

紫花凤梨(*Tillandsia cyanea*):铁兰属。又称铁兰、球拍凤梨。小型附生草本植物,叶片多数,莲座状丛生,松展。叶窄长,宽 1.0~1.5 cm,厚而坚硬,叶缘具细锯齿。穗状花序,上部扁平呈球拍状,苞片绯红色,花紫色。

虎纹红剑(*Vriesea splendens*):丽穗凤梨属。附生草本植物,叶约 20 片,叶基抱合成筒状,叶长 30~40 cm,宽 5~6 cm,叶片有灰绿色和古铜色相间的横纹,呈虎斑状。穗状花序具长柄,苞片 2 列相互叠生成扁平剑状,苞片鲜红色,花黄色,管状。

彩苞凤梨(*V.* ×'Poelmannii'):又称火剑、多头红剑。杂交种。附生草本植物,叶约 30 片,基部抱合成筒状;叶条形,宽 3~4 cm,长 20~25 cm,叶片绿色有光泽。复穗状花序(有分枝),苞片 2 列,叠生成扁圆形,苞片鲜红色,小花黄色,相当美丽。

莺哥凤梨(*V. carinata*):附生草本植物,叶型与上相近,叶片略短小。复穗状花序,分枝扁平,苞片下部红色,先端黄色。

园林观赏用途:凤梨科中的花卉整个植株形态独特,叶形叶色多种多样,极具观赏价值,花形奇异,花色艳丽,深受人们喜爱,为花叶并茂的观赏植物,是人们探亲访友馈赠的高档盆花。可置于厅房、书房和居室内装饰案几、桌面及窗前。

82. 竹芋科(彩图 88~92)

学名:*Marantaceae*

产地和分布:有 30 属 400 多种,分布各大洲热带地区,南美是分布中心。有不少种类作观赏。

形态特征:竹芋多年生草本植物,常有地下茎。叶片大,2 列,羽状平行脉。叶柄长,顶端膨大增厚成叶枕,基部呈鞘状。花两性,左右对称,排成穗状、头状或圆锥花序。

目前我国引进栽培的主要品种有:

豹斑竹芋(*Maranta leuconeura*):竹芋属。小型草本植物,株高 20 cm,有地下茎。叶片长 12～15 cm,宽 8～10 cm,椭圆形,叶面灰绿色,侧脉间有铜绿色椭圆形斑块,如豹斑状。

孔雀竹芋(*Calathea makoyana*):草本植物,有地下茎,株高达 30 cm,无直立茎。叶丛生,叶片椭圆形,长 20～30 cm,宽 12 cm。叶面灰白色,侧脉上近中脉处有椭圆形绿色斑块,侧脉先端绿色,状如孔雀尾羽之斑纹,叶背淡红色。

红羽竹芋(*C. ornata*):又称双线竹芋。多年生中型草本植物,株高可达 60 cm。叶片椭圆状广披针形,长约 30 cm,宽 15 cm。叶片浓绿色,沿中脉两侧有呈羽状双线玫瑰红色条纹,斜伸至距叶缘 1 cm 处,叶背紫红色。

环纹竹芋(*C. picturata* cv. 'Vandenleckei'):又称花纹竹芋。多年生草本植物,株高可达 50 cm。叶丛生,椭圆形,两侧不对称,宽 8～18 cm。叶片绿色,靠中脉有白色纵向条纹,距叶边约 1 cm 有白色环绕全叶的斑纹,叶背紫红色。

银影竹芋(*C. picturata* cv. 'Argentea'):又称丽白竹芋。草本植物,有地下茎,高约 80 cm。叶丛生,叶片长椭圆形,基部不对称,叶片中央大片呈乳白色,仅靠叶边约 1 cm 为绿色环边,背面紫红色。

彩虹竹芋(*C. rosea-picta*):又称玫瑰竹芋。草本植物,株高可达 60 cm。叶宽椭圆形,长约 30 cm,宽 20 cm,基部略不对称;叶面翠绿色有光泽,中脉浅黄色,两则间隔有斜向上的浅黄色条斑,近叶缘处有一圈玫瑰红色环形斑纹,极为优美。本种不耐高温,畏寒,怕积水。

天鹅绒竹芋(*C. zebrina*):又称斑马竹芋。草本植物,株高可达 50 cm。叶长 30～40 cm,宽 15～20 cm,叶面具天鹅绒光泽,并有浅绿色和深绿色相间的羽状条斑,叶背紫红色。要求高温,怕积水。

双色竹芋(*Maranta bicolor*):竹芋属。多年生草本植物,无根状茎,株高 25～30 cm。叶基生或茎生,叶矩圆形,长 12～15 cm。叶片中央乳白色,边缘灰绿色,侧脉浅白色。

红纹竹芋(*M. leuconuara* cv. 'Erythrophylla'):草本植物,株高约 25 cm。叶基生或生于枝顶,叶片矩圆形,长约 15 cm,宽约 8 cm。叶面浅绿色,羽状侧脉红色,中脉两侧有灰绿色齿状斑块,侧脉间有深绿色斑块,叶背紫红色。

黄斑竹芋(*Ctenanthe lubbersiana* 'GoldenMosaic'):栉花竹芋属。高大草本植物,株高可达 100 cm,具块状茎。叶基生或聚生枝顶,叶片长矩圆形,长 25～30 cm,宽 8～12 cm,叶翠绿色,有不规则的黄色斑块。

紫背竹芋(*Stromanthesanguinea*):卧花竹芋属。大型草本植物,株高达 1.2 m。

叶从根茎生出,有长柄。叶片披针形,长可达 40 cm,宽 10～15 cm,表面绿色有光泽,背面紫红色。耐高温、耐寒。

园林观赏用途: 竹芋类叶片整洁,古朴潇洒,四季常青,秀丽多姿。不同品种,植株高低大小不等,多为室内盆栽植物。可在客厅、会议室布置装饰,也可小盆于案几、桌面和窗前点缀。

83. 天南星科(彩图 93～96)

学名: *Araceae*

产地和分布: 全科有 115 属,2 000 多种,广布于全球,绝大部分产于热带地区,以热带亚洲与南美尤盛。我国有 200 多种。

形态特征: 草本植物,常有乳汁。具块茎,根状茎,直立,匍匐或附生藤本。叶基生或茎生,羽状平行脉或网状脉。花序为肉穗花序,具佛焰状苞片,花单性或两性,辐射对称。

本科是用于观叶栽培种类最多的一个科,并培育有大量的各类品种,在观叶植物生产中占有极为重要的地位。我国近年也引进大量品种,广泛栽培。目前我国栽培的种类与品种主要有:

广东万年青(*Aglaoenma modestum*):广东万年青属,或亮丝草属。直立草本,多分枝,株高 50～60 cm,茎纤细。叶片卵状披针形,先端尾状尖,叶绿色有光泽。传统种类,极耐阴,可水插。

银皇帝亮丝草(*A. hybrida* cv. 'Silver King'):杂交种。直立草本,多萌株,株高 30～40 cm。叶窄卵状披针形,长 20～30 cm,宽 6～8 cm,叶基卵圆形。叶面有大面积银白色斑块,脉间及叶缘间有浅绿色斑纹。

银皇后亮丝草(*A. hybrida* cv. 'Silver Queen'):与上种近似,叶片较窄,叶基楔形,叶面色斑浅灰色。

斑马万年青(*Dieffenbachia seguine* 'Tropic Snow'):花叶万年青属。直立草本,株高可达 2 m。茎粗壮,有明显的节。叶茎生,叶片卵状椭圆形,长 30～40 cm,宽 15～25 cm,叶面绿色有光泽,侧脉间有乳白色碎斑。佛焰苞花序粗壮,生叶腋。

大王斑马万年青(*D. segyube* cv. 'Exotra'):与上种近似,但叶片上色斑淡黄色,靠中央偏下连成大片斑块。

乳肋万年青(*D. amoena* cv. 'Camilla'):直立草本,株高达 60 cm,茎丛生状。叶卵状椭圆形,先端小,叶片乳白色,仅边缘约 1 cm 绿色。

红宝石(*Philodendron imbe*):喜林芋属,蔓绿绒属。又称红柄喜林芋。根附性藤本植物。新芽红褐色,叶心状披针形,长约 20 cm,宽 10 cm,新叶、叶柄、叶背褐色,老叶表面绿色。桩柱栽培。

绿宝石(*P. erubescens* cv.'Green Emerald'):藤本植物。叶箭头状披针形,长30 cm,基部三角状心形,叶绿色,有光泽。桩柱栽培。

琴叶蔓绿绒(*P. panduraeforme*):藤本植物。叶戟形,长15～20 cm,宽10～12 cm,叶基圆形,叶片绿色,有光泽。较耐寒。

圆叶蔓绿绒(*P. oxycardium*):藤本植物。叶卵圆形,基部心形,先端短尾状尖。

青苹果(*P. eandena*):藤本植物。叶片矩状卵圆形,如对半切开的苹果截面,先端急尖,叶绿色。

红苹果(*P. peppigii* cv.'Red Wine'):藤本植物。叶形与上种近似,叶片红褐色。

大帝王(*P. melinonii*):又称明脉、箭叶蔓绿绒。半直立性。叶呈箭头状披针形,长可达60 cm,宽达30 cm,侧脉明显。

红帝王(*P. hybrida* 'Imperial Red'):直立性草本植物。叶卵状披针形,叶面多少呈波状,叶片、叶柄红褐色。

绿帝王(*P. hybrida* 'Imperial Green'):直立草本植物。叶宽卵形,先端尖,翠绿色。

绿萝(*Scindapsus aureus*):藤芋属。根附性藤本植物,茎贴物一面长不定根。叶卵形,大小随环境变化大。叶片有不规则黄斑。

白掌(*Spathiphyllum kochii*):白掌属。又称一帆风顺。直立,丛生草本植物,高30～40 cm。叶基生,披针形,长20～25 cm,宽6～8 cm,先端尾状尖。佛焰苞花序具长柄,佛焰苞白色,卵形。极耐阴。

大白掌(*S.* cv.'Viscount'):株高达60 cm。叶片较大,长25～35 cm,叶柄顶端具明显关节,侧脉明显。花序柄长,花序高出叶面之上,总苞白色,卵状,宽达12 cm。

绿巨人(*S.* × cv.'Senstion'):杂交种。直立性,单生。叶基生,叶片大型,长40～50 cm,宽20～30 cm,椭圆形,表面侧脉凹陷,叶柄粗壮,鞘状。

观音莲(*Alocasia amazonica*):海芋属。草本植物,有块状茎。叶基生,叶片盾状着生,箭头形,叶柄细长柔弱,叶面墨绿色,叶脉三叉状,放射形,网脉白色,形成鲜明对比,极为美观。叶背紫黑色。不耐冷,10℃以下枯叶,以块茎越冬。

花烛(*Anthurium andraeanum*):花烛属,见花烛。

园林观赏用途:天南星科植物中有着大量的常绿观赏花卉,以观叶为主,形态大小各异,花形花色多彩多姿,是目前室内观赏花中用得最多的植物。现多用于宾馆、饭店及家庭居室的装饰。

84.风铃草属(彩图97)

学名: *Campanula spp*

别名:钟花、瓦筒花。

科属:桔梗科风铃草属

产地和分布:主产于北温带及地中海沿岸。现世界各地习见栽培。

形态特征:风铃草属植物约 250 种,大多数为多年生草本植物,少数为一、二年生草本植物。茎直立,叶二型,基生叶卵形至倒卵形,叶缘具波状锯齿,粗糙,叶柄有翅;茎生叶较基生叶小而狭,无叶柄。总状花序,或圆锥状聚伞花序,花冠钟状,5 浅裂,基部略膨大,花色有白、蓝、紫、淡红等色。

主要种类及品种:

紫斑风铃草(*C. punctaia*):多年生草本植物,株高 20~50 cm,全株具短柔毛。中部以上有分枝。基生叶卵形,基部心形,叶缘有浅锯齿,叶柄长;茎生叶卵形至披针形,较小。花冠白色,散有紫斑,通常 1~3 朵生于茎顶,下垂。本种园艺品种较多,目前有纯紫色、纯白色的品种以及矮型品种。

美洲风铃草(*C. americana*):多年生草本植物,花序长,花冠浅碟状,花柱长而弯曲。

仙女针(*C. cochleariifolia*):花冠钟状,花管深而下垂,花色从蓝色至白色。随风摇摆,丛生于山地石堆。

意大利风铃草 (*C. isophylla*):多年生草本植物,有一定的蔓生性。花冠紫堇色、蓝色或白色。常盆栽观赏。

桃叶风铃草(*C. persicifolia*):多年生草本植物,株高 30~100 cm,茎直立,少分枝。花冠阔钟形,花大,花径可达 4 cm,淡蓝色。常见于林地和牧场,园艺栽培中适于切花和花坛应用。本种变种较多,花多数较大,有重瓣和半重瓣品种,还有白花镶蓝边品种。

在园艺中观赏栽培的还有匍匐风铃草、牧根草、风铃草、丛生风铃草、乳白花风铃草、阔叶风铃草、聚花风铃草、欧风铃草、圆叶风铃草等。

园林观赏用途:风铃草属植物花型奇特,花冠钟状类似风铃,花色淡雅可爱,花期春末夏初。可用于花坛或庭院布置。高型种可用于花境的背景材料或切花栽培;矮型种用于盆栽或布置岩石园。

85. 大滨菊(彩图 98)

学名:*Chrysanthemum maximum*

别名:西洋滨菊。

科属:菊科,菊属。

产地和分布:原产于欧洲。现世界各地园林中习见栽培。

形态特征:大滨菊为多年生草本植物。茎直立,少分枝,株高 40~110 cm,全株光滑无毛。叶互生,基生叶披针形,具长柄;茎生叶线形,稍短于基生叶,无叶柄。头状花序单生茎顶,舌状花白色,多二轮,具香气;管状花黄色。花期5—7月。

大滨菊观赏品种较多,有重瓣和半重瓣等,舌状花类型也较多,有平瓣、裂瓣、管瓣等。

园林观赏用途:大滨菊花色淡雅,花梗长而粗壮,花开在春末夏初。是优良的布置庭院和花坛、花境的植物材料。也可用作切花。

86. 荷包牡丹(彩图 99)

学名:_Dicentra spectabilis_

别名:兔儿牡丹、铃儿草、鱼儿牡丹。

科属:罂粟科,荷包牡丹属。

产地和分布:原产于中国北部,日本、俄罗斯西伯利亚也有分布。

形态特征:荷包牡丹为多年生草本植物。株高 30～60 cm。根状茎肉质。叶对生,2 回 3 出羽状复叶,小叶倒卵状,常具白粉,有长柄。总状花序顶生或与叶对生,呈拱形下垂状。花下垂至一侧,粉红色或白色;外侧两枚花瓣基部呈囊状,状似荷包;内部两枚花瓣长而突出,近白色。花期 4—6 月。蒴果细而长。种子细小有冠毛。

园林观赏用途:荷包牡丹花序下垂,花色绚丽,花型状似荷包,玲珑可爱。适宜布置花境、花坛或盆栽欣赏。也可丛植于树丛、草地边缘湿润处,或林下大面积种植。也可用作切花材料。

87. 东方罂粟

学名:_Papaver orientale_

别名:近东罂粟。

科属:罂粟科,罂粟属。

产地和分布:原产于地中海沿岸至伊朗。现世界各地园林中习见栽培。

形态特征:东方罂粟为多年生草本植物。株高 0.8～1.2 m。叶基生,羽状全裂,裂片长圆状披针形,密被白色柔毛。花单生,直径 12～18 cm,花色鲜艳,有白、红、粉、橙、紫等色,花瓣基部有黑斑;花瓣常单瓣,偶有重瓣品种。花期 5—6 月。

园林观赏用途:东方罂粟叶丛秀丽,花朵鲜艳,适宜布置花境、花丛。也可家庭盆栽观赏。

88. 景天三七(彩图 100)

学名:_Sedum aizoon_

别名:土三七、旱三七、费菜。

科属:景天科,景天属。

产地和分布:原产于亚洲东部。现分布于我国多个省区以及前苏联(西伯利亚、远东地区)、蒙古、朝鲜、日本等。

形态特征:景天三七为多年生肉质草本植物。茎直立,株高 20～80 cm。叶互生,椭圆状披针形,先端渐尖,基部楔形,边缘有粗而不整齐的锯齿,几无柄。聚伞花序顶生,花密生;花萼 5 枚,披针形,不等长;花瓣 5 枚,金黄色。蓇葖果排成五角星状。花期 6—8 月。

园林观赏用途:景天三七植株矮小,花朵繁密,开花时金黄一片,可用于家庭盆栽或布置园路边缘,或岩石园绿化等。

89.垂盆草(彩图 101)

学名:*Sedum sarmentosum*

别名:石指甲、狗牙半枝、半枝莲。

科属:景天科,景天属。

产地和分布:原产于我国东北及华北地区。我国园林习见栽培。

形态特征:垂盆草为多年生草本植物。茎纤细,匍匐生长。三叶轮生,倒披针形或圆形,先端尖,基部渐狭,全缘。聚伞花序,花疏松着生于花序轴上。花萼 5 枚,阔披针形至长圆形,花瓣 5 枚,金黄色。花期 5—6 月。

园林观赏用途:垂盆草植株矮小,匍匐生长,开花金黄色,是优良的地被植物,可用于岩石园布置。也可盆栽观赏。

90.八宝景天(彩图 102)

学名:*Sedum spectabile*

别名:蝎子草、华丽景天、长药景天、大叶景天、景天。

科属:景天科,景天属。

产地和分布:原产于中国东北地区以及河北、河南、安徽、山东等。日本也有分布。

形态特征:八宝景天为多年生肉质草本植物。株高 30～50 cm。茎肉质而粗壮,直立,全株略被白粉,呈灰绿色。叶肉质,对生,偶有轮生,倒卵形,具波状齿。伞房花序密集成平头状,淡粉红色、白色、紫红色或玫红色。

园林观赏用途:八宝景天花色丰富,花开时,整个植株被花朵覆盖,十分美丽,成片种植时,花开一片,如烟似雾,景观效果十分优美。适宜布置花坛、花境、花径、岩石园以及荒坡绿化等,也可家庭盆栽。

91.小丛红景天

学名:*Rhodiola dumulosa*

别名:雾灵景天、凤尾三七。

科属:景天科,红景天属。

　　产地和分布：原产于中国，分布于东北、华北、内蒙古、西北、西南、华中等地。北京见于门头沟区百花山。

　　形态特征：小丛红景天为多年生草本植物。主干木质，常成亚灌木状，株高15～25 cm。枝簇生。叶互生，密集生长；线形，全缘，先端尖或稍钝，花序聚伞状，顶生于枝顶，花淡红色或白色。花期6—8月。蓇葖果，种子长圆形，具狭翅。

　　园林观赏用途：小丛红景天适宜布置岩石园或用于边坡绿化。

92. 落新妇（彩图103）

　　学名：*Astilbe chinensis*

　　别名：红升麻、虎麻、金毛三七。

　　科属：虎耳草科，落新妇属。

　　产地和分布：原产于中国，广布长江中下游地区。朝鲜、前苏联也有分布。

　　形态特征：落新妇为多年生草本植物。株高80 cm左右。地下根状茎粗壮，须根多数。茎与叶片疏生褐色长毛，基生叶为2～3回复叶，小叶卵形、长卵形或菱状卵形，长2～8 cm，宽1～5 cm，侧生小叶较顶生小叶大，边缘重锯齿，两面沿叶脉疏生短刚毛；圆锥花序顶生或与基叶对生，长15～25 cm，小花密集；花萼片5裂，花瓣狭长，花色有粉红色和红白色等。花期7—8月。

　　园林观赏用途：落新妇适宜种植在疏林林下或溪边、湖畔等半阴而湿润的地方，也可种植于林缘路旁，与其他植物材料配植形成花境，或用作盆栽、切花等。矮生品种可用作花坛或岩石园的装饰材料。

93. 补血草（彩图104）

　　学名：*Limonium* spp.

　　别名：干枝梅。

　　科属：蓝雪科，补血草属。

　　产地和分布：原产于地中海沿岸。在我国东北、华北和东南沿海的盐碱沙荒地中有野生。现世界各地广泛栽培。

　　形态特征：补血草为多年生草本植物。茎少分枝，株高60～100 cm。叶基生，多数，呈莲座状，浅绿色或灰绿色，广椭圆形至倒卵形，长15～30 cm，先端钝或稍尖，基部渐狭成宽叶柄，茎生叶退化为鳞片状，棕褐色，边缘呈白色膜制。花序自茎部分枝，伞房状聚伞圆锥花序，每小穗通常有2～3花；花萼管状，干膜质，有紫、粉、蓝、黄、白等各种颜色。

　　园林观赏用途：补血草属中近20种植物可供观赏。应用广泛的有深波叶补血草、宽叶补血草、佩雷济补血草、杂种补血草、二色补血草等。目前市场上主要的栽培品种有'蓝珍珠'、'蓝丝绒'、'海蓝'、'雪顶'、'亮粉'、'口红'等。补血草花朵细小，干膜质,花色淡雅,观赏期长,是重要的配花花材,也可制成干花欣赏。

94.紫花地丁(彩图 105)

学名:_Viola philippica Car._

别名:光瓣堇菜。

科属:堇菜科,堇菜属。

产地和分布:原产于中国。我国东北、华北等地有野生分布。现园林中应用较多。

形态特征:紫花地丁为多年生草本植物。无地上茎,低矮,株高仅 7～14 cm。叶基生,狭披针形或卵状披针形,边缘具齿,叶柄具狭翅,托叶钻状三角形,有睫毛。萼片卵状披针形,花瓣紫堇色,具细管状,直或稍上弯。花期 4—5 月。

园林观赏用途:紫花地丁早春开紫色小花,秋后茎叶仍青绿如初,花旁伴有针状小果,直至冬初地上部分才枯萎,因此是极好的地被植物。可于林缘或向阳的草地上单种片植,或与其他草本植物,如野牛草、蒲公英等混种,形成美丽的缀花草坪。也可栽于庭园,装饰花境或镶嵌草坪。

95. 甘菊(彩图 106)

学名:_Chrysanthemum lavandulifolium_

别名:野菊花。

科属:菊科,菊属。

产地和分布:原产于中国,分布于甘肃、新疆及西藏等地。

形态特征:甘菊为多年生草本植物。株高 30～150 cm。地下茎匍匐生长,地上茎多分枝。茎枝有稀疏的柔毛。叶宽卵形至椭圆状卵形,2 回羽状分裂,全缘或具有缺刻状锯齿。头状花序成复伞房状排在茎顶,舌状小花黄色,舌片椭圆形,顶端全缘或具 2～3 个不明显的齿裂。瘦果倒卵形,无冠毛。花期 9—10 月。

园林观赏用途:甘菊花色金黄,鲜艳,花期较长,是优良的观花型地被植物材料,还可用于边坡绿化。

96.蒲公英(彩图 107)

学名:_Taraxacum mongolicum_

别名:蒲公草。

科属:菊科,蒲公英属。

产地和分布:原产于欧亚大陆。广布于北半球温带和亚寒带地区,少数分布于南美洲。现各地习见野生生长。

形态特征:蒲公英为多年生草本植物。株高 10～25 cm。全株含白色乳汁。根深长,叶基生,排成莲座状,狭倒披针形,羽裂,裂片三角形,全缘或有数齿,先端稍钝或尖,基部渐狭成柄,具蛛丝状细软毛。花茎比叶短或等长,结果时伸长,上部密被白色珠丝状毛。头状花序单一,顶生,长约3.5cm;总苞片草质,绿色,部分淡红色或紫红色,先端有或无小角,有白色珠丝状毛;舌状花鲜黄色,先端平截,5齿裂,两性。瘦果倒披针形,土黄色或黄棕色,有纵棱及横瘤。花期早春及晚秋。生于路旁、田野、山坡。

园林观赏用途:蒲公英的叶子像一嘴尖牙,花开呈明媚的黄色,早春花开季节别有一番野趣。适于路旁、田野和山坡绿化,种子能够自播繁衍,是良好的高速路旁绿化美化的材料。蒲公英还是优良的野菜,具有很高的食用和药用价值。

97.假龙头(彩图108)

学名:_Physostegia virginiana Benth_

别名:随意草、芝麻花。

科属:唇形科,假龙头属。

产地和分布:原产于北美。现世界各地习见栽培。

形态特征:假龙头为多年生草本植物。株高60～120 cm。茎直立丛生,但少分枝;稍四棱。叶对生,披针形或椭圆形,叶缘有细锯齿。顶生穗状花序,长达20～30 cm,每轮着花2朵,花冠筒长,唇形花冠,花序自下而上逐渐绽开,花色深红、粉红或淡紫色或斑叶变种。花期7—9月。

另有白花假龙头,花为白色;大花随意草,花鲜粉红色;大随意草,株高达2 m以上,大花,暗红色等。

园林观赏用途:假龙头植株高大挺拔,花色艳丽,适宜作花坛、花境的背景,或在庭院、草地边缘丛植,充满野趣。也可大型盆栽或用于切花。

第五章　球根花卉

98. 仙客来（彩图 109）

学名：*Cyclamen persicum*

别名：兔耳朵花、萝卜海棠、萝卜莲。

产地和分布：原产于地中海沿岸东南部。现世界各国多作温室栽培，是非常著名的温室花卉。

科属：报春花科，仙客来属。

形态特征：仙客来为多年生草本球根类植物。扁圆形肉质球茎，叶丛生于球茎顶部，叶片近心形，表面深绿色，白色斑纹，背面多紫红色，叶柄长且肉质。花梗自叶腋处抽生，花大型，单生而下垂，花瓣 5 枚，开花时花瓣向上反卷而扭曲，形如兔耳；花色有白、粉、绯红、紫红、大红、雪青等单色及复色。除个别品种外，一般无香味。果实为球状蒴果，种子褐色。仙客来栽培品种较多，主要体现在花大小、花色、花瓣数、有无香味，叶片色泽变化等方面。

园林观赏用途：仙客来花形别致，株态翩翩，色彩娇艳夺目，烂漫多姿，花期可长达 5 个月，开花正逢我国元旦、春节等传统节日，生产价值很高，是我国冬春季节优美的名贵盆花。用于室内装饰，摆放花架、案头，点缀会议室、餐厅均宜。

99. 大岩桐（彩图 110）

学名：*Sinningia speciosa*

别名：落雪泥。

科属：苦苣苔科，苦苣苔属。

产地和分布：原产于巴西。因其较高的观赏价值现世界各国广泛栽培。

形态特征：大岩桐为球根花卉。地下扁球形块茎，株高 12～25 cm，茎极短，全株密被绒毛。叶对生,叶片肥大,长椭圆形,边缘有钝锯齿。花梗自茎中央或叶腋间抽生而出,每梗一花,花朵大,花冠呈钟状,花色有白、粉、红、紫、青等单色及复色。果为蒴果,种子极细小呈褐色。

园林观赏用途:大岩桐花大而美丽,花色丰富多彩,花期又长,是深受人们喜爱的温室盆花。在北京、南京为夏季室内装饰的重要盆栽花卉,宜布置于窗台、几案及花架处。

100.球根秋海棠(彩图111)

学名:_Begonia tuberhybrida_

别名:茶花海棠、球根海棠。

科属:秋海棠科,秋海棠属。

产地和分布:本种为种间杂交种,是以原产于秘鲁和玻利维亚的一些秋海棠经过100多年的杂交育种而成。现世界各地广泛栽培。该种花卉在美国、日本等发达国家形成完整的产业链。朝鲜的金日成花、金正日花都属于球根秋海棠类。近年来,在我国该花的应用也日益广泛。

形态特征:球根秋海棠为多年生块茎花卉,地下部块茎为不规则的扁球形。株高30 cm左右,茎直立或铺散,有分枝,肉质,有毛。叶互生,叶片呈不规则的心形,先端锐尖。聚伞形花序着生叶腋,花单性同株,雄花大而美丽,直径5～10 cm,雌花小型;花色有白、淡红、红、紫红、橙、黄及复色等。花瓣有单瓣、重瓣、皱边、条纹或鸡冠状。蒴果有翅,种子呈褐色粉面状、极细小。

球根秋海棠杂交栽培品种很多,园艺上可分为三大类:

大花类:花径达10～20 cm,有重瓣品种,茎粗、直立,分枝少,腋生花梗顶端着生雄花,侧生雌花。

多花类:茎多分枝,腋生花梗着花多。

垂枝类:枝条细长下垂,花梗也下垂,宜吊盆观赏。

园林观赏用途:球根秋海棠花朵娇嫩艳丽,花形姿态优美别致,是秋海棠类花卉的佼佼者,为世界著名的夏秋盆栽花卉。用于装饰厅房、餐桌、案头皆可,也可作为露天花坛或冬季室内花坛的布置材料。

101.马蹄莲(彩图112、彩图113)

学名:_Zantedeschia aethiopica_

别名:水芋、观音莲、慈姑花。

科属:天南星科,马蹄莲属。

产地和分布:原产于非洲南部的河流旁或沼泽地中。现为世界著名的温室观赏花卉,在各国栽培。

形态特征:马蹄莲为多年生球根花卉,肥大肉质地下茎,地上部高 50～100 cm。叶基生,叶柄长且粗壮,叶片箭形,先端渐尖,全缘。花梗粗壮且长,常高出叶面,顶端着生一黄色肉穗花序。佛焰苞大型,呈斜漏斗状,乳白色,雄花着生于花序上部,雌花着生于下部。果实为浆果,子房三室,每室含种子 4 粒。

马蹄莲的园艺品种很多,如小马蹄莲(*var. minor*),比原种低矮,多花性,四季开花,耐寒性强;花叶马蹄莲(*Z. albo-maculata*),叶上有彩色斑点;红花马蹄莲(*Z. rehmannii*),佛焰苞橙红色,较小;黄花马蹄莲(*Z. elliottiana*),佛焰苞黄色,较小。

园林观赏用途:马蹄莲叶片翠绿,形状奇特,花期长,为 12 月至翌年 4 月。花朵苞片洁白硕大,宛如马蹄。大花品种是国内外重要切花花卉,常用于插花、花束等;矮小品种用于盆栽观赏。

102. 朱顶红(彩图 114)

学名:*Hippeastrum rutilum*

别名:百枝莲、华胄兰、柱顶红。

科属:石蒜科,孤挺花属。

产地和分布:本属植物主要原产于美洲热带和亚热带。现世界各国广泛栽培。

形态特征:朱顶红为多年生球状鳞茎花卉。鳞茎近球形,叶两列对生,呈宽带状,先端钝尖、较厚。花梗从鳞茎尖抽出,高与叶长相近,直立粗壮但中空。伞状花序着生顶部,多着花 2～6 朵,两两对生;花大型,呈喇叭状,花被 6 片,花色有白、粉、红、橙、紫红及多带状复色等。蒴果松软,内含褐色扁平的种子。

朱顶红同属有 70 多种,现栽培的有孤挺花(*A. belladonna*),花序着花 6～12 朵,花淡红色有深红色斑纹,有香味;网纹百枝莲(*A. reticulata*),花红色,具深色方格网纹;杂种百枝莲(*A. hybridum*),园艺杂交种,为园艺品种总称,根据花的大小、形态、花期等方面区分。

园林观赏用途:朱顶红栽培品种多,花大色艳,叶片鲜绿洁净,宜于盆栽,花期长达 5 个月,为著名的观花盆花。可在居室、厅房、案几摆放,在南方也可配置于庭院中。

103. 小苍兰(彩图 115)

学名:*Freesia refracta*

别名:香雪兰、小葛兰、洋晚香玉。

科属:鸢尾科,小苍兰属。

产地和分布:原产于非洲南部好望角一带。在满足温室栽培条件下,世界各国多有栽培,但产量不大。

形态特征:小苍兰是多年生球状茎草本花卉。地下为圆锥形小球茎,地上茎较细弱,高约 30～40 cm。叶 2 列状互生,狭剑形或线状披针形,基生叶和茎近等长,茎生叶较短小。顶生总状花序,下具一膜质苞片,花偏生一侧,疏散直立,狭漏斗形,有白、黄、紫、红等色,芳香。蒴果,内含多数种子。

小苍兰一属两种,并育成园艺杂交品种。如红花香雪兰(*F. armstrongii*),叶长40～60 cm,茎长 50 cm 左右,花筒部白色,喉部橘红色,花被边缘粉紫色;白花小苍兰(var. *alba*),叶较宽,花大,白色,筒内部为黄色;鹅黄小苍兰(var. *leichtinii*),叶阔披针形,长 15 cm,宽 1.5 cm,花冠短而宽,呈钟状,鲜黄色,花被边缘及喉部带橙红色。

园林观赏用途:小苍兰其株态清秀,花色丰富浓艳,芳香馥郁,花期较长,花期正值缺花季节,在元旦、春节开放,深受人们欢迎。可作盆花点缀厅房、案头,也可作切花瓶插或做花篮。在温暖地区可栽于庭院中作为地栽观赏花卉,用作花坛或自然片植。

104. 大丽花(彩图 116、彩图 117)

学名:*Dahlia pinnata*

别名:大理花、天竺牡丹、西番莲、地瓜花。

科属:菊科,大丽花属。

产地和分布:原产于墨西哥海拔 1 500 m 的高原上。因其绚丽多姿,为著名的观赏花卉,它的足迹已遍布到世界各国,成为庭园中的常客。

形态特征:大丽花为多年生草本植物。地下部分具粗大纺缍状肉质块根,株高依品种而异,约为 40～150 cm。茎中空,直立或横卧,叶对生,1～2 回羽状分裂,裂片卵形或椭圆形,边缘具粗钝锯齿,总柄微带翅状。头状花序具总长梗、顶生,其大小、色彩及形状因品种不同而富于变化,外周为舌状花,一般中性或雌性,中央为筒状花,两性。总苞两轮,内轮薄膜质,鳞片状,外轮小,多呈叶状。

主要品种有:

大丽花(*D. pinnata*):株高 1.5～2.0 cm,茎直立多分枝。花径 5.0～7.5 cm,花型由单瓣至重瓣。总苞片 6～7 枚,叶状,花为多种颜色。

红大丽花(*D. coccinea*):株高 1.0～1.2 m,茎被白粉叶 2 回羽裂。总苞 5 枚反卷。花为单瓣型。

卷瓣大丽花(*D. juarezii*):株高约 75 cm。叶 1 回羽状全裂,裂片宽而扁平,舌状花边缘向外反卷呈尖长的细瓣。花为单瓣型。

麦氏大丽花(*D. glabrata*):株高 60～90 cm。茎细而光滑。叶 2 回羽状全裂。花径 2.5～5 cm;舌状花堇色,总苞片线形。

园林观赏用途:大丽花为国内外习见的花卉之一,花色艳丽,花形多变,品种极其丰富,应用范围较广,宜作花坛、花境及庭前栽植。矮生品种最宜盆栽观赏;高型品种宜作切花,是花篮、花圈和花束制作的理想材料。

105.唐菖蒲(彩图 118)

学名:*Gladiolus hybrids*

别名:菖蒲、剑兰、十样锦、扁竹莲。

科属:鸢属科,唐菖蒲属。

产地和分布:原产于地中海沿岸及南非洲。现栽培品种广布世界各地,是世界四大切花之一。

形态特征:唐菖蒲为多年生草本植物。地下部分具球茎,扁球形,外被膜质鳞片。株高 60～150 cm。茎粗壮而直立,无分枝或稀有分枝。叶剑形,嵌迭为 2 列状,抱茎互生。蝎尾状聚伞花序顶生,着花 12～24 朵,通常排成 2 裂,侧向一边,少数为四面着花;每朵花生于草质苞内,无梗;花色丰富多彩。

主要品种有:

忧郁唐菖蒲(圆叶唐菖蒲)(*Gladiolustristis*):球茎球状,中型大小,株高 45 cm 左右。叶稍呈圆筒状。花序较稀疏,着花 3～4 朵,侧向一方开放;花黄白色,带紫色或褐色毛刷状细纹和斑点,花被片反卷,具芳香。花期 7 月。

绯红唐菖蒲(红色唐菖薄)(*G. cardialis*):球茎大型球状,株高 90～120 cm。茎圆柱形,叶 4～6 枚,绿色被白粉。花序长而直立,着花 6～10 朵。小花钟形,绯红色,上方花被裂片长,下方者较短而狭,具大形白色斑点。

鹦鹉唐菖蒲(*G. psittaeinus*):球茎大形,扁球状,带紫色,株高 1 m 左右。叶片 4 枚以上,着花 10～12 朵,侧向一方开放,花大型、黄色,具深紫红色斑点或具紫晕。

多花唐菖蒲(*G. floribundus*):株高 45～60 cm。叶 3～5 枚。着花多达 20 余朵,花大、白色,花期 5 月。

报春花唐菖蒲(黄花唐菖蒲)(*G. primulinus*):球茎大型,植株较矮小,花着生较稀疏,排列成圆锥状,每枝着花 3～5 朵,均侧向一方;花堇紫色,略带红晕;花筒上部屈曲,上方花被裂片卵形或倒卵形,中央一裂片明显向下方屈曲,呈头巾状,覆盖雄蕊和雌蕊,下方裂片很小、弯曲。

柯氏唐菖蒲(*G. Xcolvillei*):株高 60 cm,叶呈线状剑形,灰绿色,叶脉明显。着花 2～4 朵,向一侧开放,黄紫色,瓣端具洋红色条纹和黄色斑点,具芳香。

甘德唐菖蒲(*G. gandavensis*):株高 90～150 cm。花序长,着花多,花红色或红黄色,具各色条纹。是切花的主要品种。

莱氏唐菖蒲(*G. Xlemoinei*):花序较密,花呈钟形,白色或鲜黄色。喉部具美丽的洋红紫色的星状斑点。

齐氏唐菖蒲(*G. Xchieidsii*):花大而美丽。

园林观赏用途:唐菖蒲为世界著名观赏和切花之一,其品种繁多,花色艳丽丰富,花期长,花容极富装饰性,世界各国使用非常广泛。除作切花外,还适于盆栽、布置花坛等。

106.美人蕉(彩图 119)

学名:*Canna indica*

别名:红艳蕉、小花美人蕉、小芭蕉。

科属:美人蕉科,美人蕉属。

产地和分布:原产于中南美洲。现世界各国广泛栽培。

形态特征:美人蕉为多年生草本植物。具粗壮肉质根茎,地上茎直立不分枝,叶宽大互生,叶柄鞘状。单枝聚伞花序排列呈总状或穗状,具宽大的叶状总苞。两性花,萼片 3 枚,呈苞状,花瓣 3 枚呈萼片状,雄蕊 5 枚均瓣化为色彩丰富艳丽的花瓣,成为最具观赏价值的部分。其中 1 枚雄蕊瓣化瓣常向下反卷,称为唇瓣,另 1 枚狭长并在一侧残留一室花药。雌蕊亦瓣化形似扁棒状,柱头其外缘。蒴果球形,种子黑色较大,种皮坚硬。

主要品种有:

美人蕉(*Cannaindica*):株高 1.0～1.3 m,茎叶绿而光滑。叶长 10～30 cm,宽5～15 cm。总状花序,花稀、花小,两朵簇生,瓣化瓣红色,唇瓣橙黄色,上有红色斑点。

蕉藕(食用美人蕉)(*C. edulis*):株高 2～3 m,茎紫色,叶长圆形,长 30～60 cm,宽 18～20 cm,表面绿色,背面及叶缘有紫晕。

黄花美人蕉(柔瓣美人蕉)(*C. flaccida*):株高 1.2～1.5 m,茎绿色,叶长圆状披针形,长 25～60 cm,宽 10～20 cm。花序单生而疏松,着花少,苞片极少,花大而柔软,向下反曲,下部呈筒状,淡黄色,唇瓣圆形。

鸢尾花美人蕉(*C. iridiflora*):株高 2～4 m,叶广椭圆形,表面散生软毛。花大,长约 12 cm,淡红色。

紫叶美人蕉(红叶美人蕉)(*C. warscewiczii*):株高 1.0～1.2 m,茎叶均为紫色并具白粉,瓣化瓣紫红色,唇瓣鲜红色。

意大利美人蕉(兰花美人蕉)(*Corchioides*)株高 1 m 余。叶绿色或青铜色,花径最大达 15 cm。鲜黄至深红色。瓣化瓣 5 枚。

大花美人蕉(*C. generalis*):株高 1.5m,株被白粉,叶大阔椭圆形,长约 40 cm,宽约 20 cm,花序总状,有长梗,花大,径 10 cm。茎部不呈筒状。瓣化瓣直立不反卷。

园林观赏用途:美人蕉茎叶茂盛,花大色艳,花期长,适合大片地自然栽植。也可植于花坛、花境中,矮化品种可盆栽观赏。

107. 晚香玉(彩图 120)

学名:*Polianthes tuberosa*

别名:夜来香、月下香。

科属:石蒜科,晚香玉属。

产地和分布:原产于墨西哥。我国很早就引进栽培,现各地均有栽培。

形态特征:晚香玉为多年生草本植物。地下部分具圆锥状的鳞茎块茎。叶基生为主,呈带状披针形,茎生叶较短,愈向上愈短,并呈苞状。穗状花序顶生,小花成对着生,每穗着花 12~32 朵;花白色,漏斗状,端部 5 裂,筒部细长,具浓香,至夜晚香气更浓。

主要品种有:单瓣品种、矮性品种、重瓣品种、大花品种等。

园林观赏用途:晚香玉为重要的切花材料,花白色浓香至晚愈浓,是夜晚游人纳凉游憩地方极好的布置材料。宜庭园中布置花坛或丛植、散植于石旁、路旁及草坪周围花灌丛中间。

108. 水仙(彩图 121)

学名:*Narcissus tazetta* var. *chinensis*

别名:水仙花、金盏银台、天蒜、雅蒜。

科属:石蒜科,水仙属。

产地和分布:原产于北非、中欧及地中海沿岸。现世界各国广泛栽培。我国是水仙重要的生产地,尤以福建漳州为名。

形态特征:水仙为多年生草本植物。地下部分具肥大的鳞茎,卵形或球形,具长颈,叶基生,带状线形或近圆柱状,多数排成互生 2 列状。花单生或多朵呈伞形花序着生于花葶端部,下具膜质总苞;花葶直立,圆筒状或扁圆筒状,中空,高 20~80 cm,花多为黄色、白色或晕红色;花被片 6 枚,基部联合成不同深浅的筒状,花被中央有杯状或喇叭状的副冠,其形状、长短、大小以及色泽均因种而异,也是分类的依据。

主要品种有:

中国水仙(水仙花、金盏银台、天蒜)(*N. tazetta*):花白色,副冠高脚碟状,具芳香。

喇叭水仙(*N. pseudo-narcissus*):花单生大形,径约 5 cm,黄色或淡黄色,副冠与花被片等长或稍长,钟形至喇叭形,边缘具不规则齿牙和皱折。

明星水仙(橙黄水仙)(*N. incomparabilis*):花葶有棱与叶同高,花冠的喉部略扩展,副冠倒圆锥形,边缘皱折,为花被长的一半。

丁香水仙(长寿花、黄水仙)(*N. jonquilla*):鳞茎较小,外被黑褐色皮膜,花高脚碟状,花被片黄色,副冠杯状,与花被同长同色或稍深呈橙黄色,具浓香。

红口水仙(口红水仙)(*N. poeticus*):花径 5.5~6.0 cm,花被片纯白色,副冠浅杯状,黄色或白色,边缘波皱,带红色。

仙客来水仙(*N. cyclamineus*):球茎 1 cm,叶狭线形,花冠筒极短,花被片自基部极度向后反卷;黄色,副冠与花被片等长,径 1.5 cm,鲜黄色,边缘具不规则的锯齿。

三蕊水仙(西班牙水仙)(*N. triandrus*):株形矮小,花 1～9 朵聚生,白色带淡黄色晕,花被片披针形,向后反卷;副冠杯状,长为花被片的一半,雄蕊 6 枚,3 枚突出于副冠之外,故称三蕊水仙。

园林观赏用途:水仙株丛低矮清秀,花形奇特,花色淡雅、芳香,既适宜室内案头、窗台点缀,又宜园林中布置花坛、花展,也宜疏林下草坪上成丛成片种植。一次种植不必挖起,可多年观赏。水仙也是良好的切花材料。

109.郁金香(彩图 122)

学名:*Tulipa gesneriana*

别名:洋荷花、旱荷花。

科属:百合科,郁金香属。

产地和分布:原产于伊朗和土耳其。现世界各国广泛栽培,是著名的观赏花卉,以切花应用最为广泛。荷兰是世界上郁金香最大的出口国。

形态特征:郁金香为多年生草本植物。鳞茎偏圆锥形,径约 2～3 cm,外被淡黄至棕褐色皮膜,鳞片 2～5 片。茎叶光滑,被白粉。叶 3～5 枚,带状披针形至卵状披针形。花单生茎顶,大形直立杯状,洋红色,鲜黄至紫红色,花被 6 枚离生。

主要品种有:

克氏郁金香(*Tulipa clusiana*):花冠漏斗状,先端尖,有芳香,白色带有柠檬黄色晕,基部紫黑色。

福氏郁金香(*T. fosteriana*):花冠杯状,径 15 cm,星形,花被片长而宽阔,端部圆形略尖,常有黑斑,斑周有黄色边缘,花色鲜绯红色。

郁金香(洋荷花)(*T. gesneriana*):花冠钟形,洋红色以至多种颜色,花被片基部具黄色或暗蓝色的斑点,有时为白色。

香郁金香(*T. suaveolens*):花冠钟状,长 3～7 cm,花被片长椭圆形,鲜红色,边缘黄色,有芳香。

格里郁金香(*T. greigii*):花冠钟状,长 8～10 cm,径 4 cm,洋红色,基部有大形暗色斑点,斑点缘部黄色,花被片倒卵圆形,先端尖锐。

考夫曼郁金香(*T. kaufmanniana*):花冠近钟形,长 6～7 cm,径 7～10 cm,花色深黄色,外侧带红色,基部无斑点。

园林观赏用途:郁金香为重要的春季开花的球状鳞茎花卉,其品种繁多,花期早,花色明快而艳丽,最宜作切花、花境、花坛布置,或在草坪边缘自然丛植,也常与枝叶繁茂的二年生草花配置。中、矮品种可盆栽观赏。

110. 风信子(彩图 123)

学名: *Hyacinthus orientalis*

别名: 洋水仙、五色水仙。

科属: 百合科,风信子属。

产地和分布: 原产于欧洲南部、地中海东部沿岸和小亚细亚。现世界各国多有栽培,而以荷兰栽培最为广泛,和郁金香一样,是荷兰重要的出口产品。

形态特征: 风信子为多年生草本植物。鳞茎球形或扁球形,外被有光泽的皮膜,其色常与花色有关,有紫蓝、粉或白色。叶基生,4~6 枚,带状披针形,端圆钝,质肥厚,有光泽,花莛高 15~45 cm,中空,总状花序密生其上部,着花 6~20 朵。小花具苞斜伸或下垂、钟状,茎部膨大,裂片端部向外反卷,单瓣或重瓣,深浅不一,多数园艺品种有香气。

主要品种有:

荷兰系(*H. orientalis*): 由荷兰改良培养出来的品系。目前很多园艺品种均属本系。其特点是花序长大,花朵亦大。

罗马系(*H. Var. albulus*): 由法国改良而成。鳞茎比荷兰系小,一球能抽生数支花莛。

园林观赏用途: 风信子为重要的球状鳞茎花卉,只是由于气候条件关系,风信子在我国许多地方常退化,植株矮小,花朵变劣,鳞茎萎缩,不易栽好。目前从国外引种的为多,现仅用于公园露地栽植和盆栽观赏。

111. 百合属(彩图 124)

学名: *Lilium*

别名: 番韭、山丹、倒仙。

科属: 百合科,百合属。

产地和分布: 原产于北半球的温带和寒带,热带极少分布。现世界各国广泛分布和栽培,是最重要的切花材料之一。荷兰是世界上最重要的百合种球出口国。

形态特征: 百合为多年生草本植物。地下具鳞茎,阔卵状球形或扁球形,外无皮膜,由多数肥厚肉质的鳞片抱合而成。地上茎直立不分枝或少数上部有分枝,高50~150 cm,叶多互生或轮生,线形、披针形至心形,具平行脉,有的种类的叶腋处易着生球芽。花单生、簇生或成总状花序,花大形,漏斗状、喇叭状或杯状等,下垂、平伸或向上着生;花有白、粉、淡绿、橙、橘红、洋红及紫色,或有赤褐色斑点。

主要品种有:

天香百合(山百合)(*L. auratum*): 鳞茎大型,6~7 cm。叶互生,狭披针形至长卵形。总状花序,着花 4~20 朵,花大型,径 23~30 cm,长 15 cm,白色,具红褐色大斑点,花被中央具辐射状黄色纵条纹,具浓香。

百合(野百合)(*L. brownii*):鳞茎大型,6~9 cm。叶披针形至椭圆状披针形,多着生于茎之中上部,愈向上愈小至呈苞状。花 1~4 朵,平伸,乳白色,背面中肋带褐色纵条纹,花径约 14 cm。极芳香。

条叶百合(*L. calossum*):鳞茎小型 2 cm。叶散生,线形或线状披针形。花 1~4 朵,或更多,花形小,径约 4 cm,花色橘红或橙黄色,基部有不明显斑点,端部有加厚的微凸头,上半部反卷,下部狭管状。

山丹(渥丹)(*L. concolor*):鳞茎小型,2.0~2.5 cm。叶狭披针形,花一至数朵,向上开放呈星形,不反卷,红色,无斑点。

兴安百合(毛百合)(*L. daurieum*):鳞茎小型,径约 3 cm。叶轮生,披针形。花单生或 2~6 朵顶生,直立向上呈杯状,花径 7~12 cm,花被片分离,无筒部,黄赤色,从中央至底部有淡紫色小斑点。

川百合(大卫百合)(*L. davidii*):鳞茎扁卵形,中型,径约 4 cm。叶多而密集线形。着花 2~20 朵,下垂,砖红色至橘红色,带黑点,花被片反卷。

台湾百合(*L. formosanum*):鳞茎近球形,中型大小。叶散生,线状披针形。花狭漏斗形,径 12~13 cm,白色,外晕淡红褐色。

湖北百合(*L. henryl*):鳞茎扁球形,特大形可达 17 cm。叶 2 形,上部叶卵圆形,密生,无柄,下部叶宽披针形,具短柄。花 6~12 朵,花径 6.0~6.5 cm,橙黄色,有黑褐色细点,花被反卷,基部中央为绿色。

卷丹(*L. tigrinum*):鳞茎圆形至扁圆形,大形 5~8 cm。叶狭披针形,腋有黑色珠芽。花梗粗壮花朵下垂,径 12 cm,花被片披针形,开后反卷,呈球状,橘红色,内面散生紫黑色斑点。

麝香百合(铁炮百合、龙牙百合)(*L. longiflorum*):鳞茎球形或扁球形,黄白色。叶多数,散生,狭披针形。花单生或 2~3 朵生于短花梗上,白色,基部带绿晕,筒长 10~15 cm,上部扩张呈喇叭状,径 10~12 cm,具浓香。

王百合(王香百合、峨眉百合)(*L. regale*):鳞茎紫红,大型 5~12 cm。叶密生细软而下垂,披针形浓绿色。花 2~9 朵,横生喇叭状,直径 12~13 cm,长 12~15cm,白色,内侧基部黄色,外具紫色晕,芳香。

鹿子百合(药百合)(*L. speciosum*):鳞茎大型,径 8 cm,高 6~10 cm。叶披针形至长卵形。花 4~10 朵多呈穗状,着花可达 40~50 朵,下垂或斜上放,花白色,带粉红晕,基部有紫红色突起点,具香气。

细叶百合(山丹)(*L. tenuifolium*):鳞茎小型,2~3 cm。叶多且密集于茎的中部,线形。花单生或数朵呈总状,花下垂,径 4~5 cm,橘红色,几乎无斑点,有香气。

青岛百合(*L. tsingtauense*):鳞茎球形。叶轮生椭圆状披针形。花单生或数朵呈总状花序,被片开展面不反卷呈星状,橙红色,具淡紫斑点。

大百合(*L. giganteum*):鳞茎暗绿色大型,高 10～18 cm。叶宽大呈心形,叶柄亦长大。花 20 余朵,花被内侧白色,外带绿晕。

园林观赏用途:百合类品种繁多,花期可控时间长,花大姿丽,有芳香。可作切花,也可种在丛林下,草坪边,亦可作花坛、花境及岩石园材料点缀其中,增加观赏情趣。

112. 花毛茛(彩图 125)

学名:*Ranunculus asiaticus*

别名:芹菜花、波斯毛茛、陆莲花。

科属:毛茛科,毛茛属。

产地和分布:原产于欧洲东南部及亚洲西南部。现世界各国广泛栽培。

形态特征:花毛茛为多年生宿根草本植物。块茎根纺锤形,长 1.5～2.5 cm,粗不及 1 cm,常数个聚生根茎部。地上部分高 20～40 cm,茎单生或稀分枝,具毛,基生叶阔卵形或椭圆形或三出状,缘有齿,具长柄,茎生叶羽状细裂无柄。花单生枝顶或数朵生于长梗上,萼片绿色,较花瓣短且早落,花瓣五至数十枚,花色有黄、红、白、橙、紫以及栗色等。

主要品种有:

土耳其花毛茛(*R. asiaticus africanus*:)叶宽大,边缘缺刻浅;花瓣波状,内曲抱花心呈半球形。

法国花毛茛(*R. asiaticus superbissimus*):植株高,半重瓣。

波斯花毛茛(*R. asiaticus persicus*):花大,色彩丰富。

牡丹花毛茛(*K. asiaticus paeonius*):花单瓣,具芳香。

园林观赏用途:主要用作盆栽观赏和切花栽培,也可植于花坛、林缘草坪里或四周,观赏价值很高。

113. 蜘蛛兰(彩图 126)

学名: *Hymenocallis Americana*

别名:蜘蛛百合、螯蟹花、水鬼蕉、海水仙。

科属:石蒜科,蜘蛛兰属。

产地和分布:原产于中南美洲。现世界各国多有栽培。主要作高档观赏植物进行栽培。在我国南方能够露地越冬,北方需温室栽培。

形态特征:蜘蛛兰为春植球状地下茎花卉,属多年生草本植物。地下茎球形而粗大,外被褐色薄片。叶狭长线形,从出,具短柄,柔软,肉质性,深绿色而有光泽,叶色终年青翠。花白色,略向下翻卷,具芳香味;花冠裂片 6 枚,花冠下方花丝结合成杯状;夏季开花,整朵花形似蜘蛛或鸡爪,故有蜘蛛兰、蜘蛛百合之称。

常见品种有美丽水鬼蕉、蓝花蜘蛛兰、秘鲁蜘蛛兰、美洲蜘蛛兰等。

园林观赏用途:蜘蛛兰适合庭园丛植、缘植及在高楼大厦中庭荫蔽处美化,观叶、赏花均理想。园林中作花径条植、草地丛植,温室盆栽供室内、门厅、道旁、走廊陈设。

114. 葱兰(彩图 127)

学名:*Zephyranthes candida*

别名:葱莲、玉帘、白花菖蒲莲。

科属:石蒜科,玉帘属。

产地和分布:原产于美洲。现我国南方地区广泛作林下植物栽培,长江以北作保护地栽培。

形态特征:葱兰为多年生常绿草本植物。鳞茎圆锥形,直径较小,2.0~2.5 cm。具有明显的长颈,株高 15~20 cm。叶基生,线形稍肉质,暗绿色,叶直立或稍倾斜。花葶较短,高 0.3~0.4 m,中空;花单生,花被 6 片,多为白色,也有红色、黄色品种,花茎从叶丛一侧抽出,花冠直径 4~5 cm。花期 7—9 月。

园林观赏用途:葱兰植株低矮,花朵洁白,叶片鲜亮,花期有多个花茎,开花晶莹洁白、高低错落,别有意境。花期又长,可成片植于林缘或疏林下。我国南方广泛作林下栽培。也可作盆栽栽培,

115. 石蒜(彩图 128)

学名:*Lycoris radiata*(*l'. aher.*)*Herb*

别名:曼珠沙华、彼岸花、蟑螂花、龙爪花、红花石蒜、乌蒜、毒蒜。

科属:石蒜科,石蒜属。

产地和分布:我国为石蒜科石蒜属植物的分布中心,该属植物主要分布于中国和日本。现我国华东、华南及西南地区多有野生。现南方公园绿地中有作观赏栽培。

形态特征:石蒜为多年生草本植物。地下鳞茎肥厚,广椭圆形,外被紫红色薄膜。叶线形,中央具有一条淡绿色的条纹,先花后叶,花后自基部抽生,5~6 片,冬季抽出,夏季枯萎。花 8~9 月抽出,高 30~60 cm,开花 5~7 朵或 4~12 朵,呈伞形花序顶生;花鲜红色或具白色边缘,亦有白花品种。花期 9—10 月。花被筒极短,上部 6 裂,裂片狭披针形,长 4 cm,边缘皱缩,向外反卷。雄蕊 6 枚,子房下位,3 室,花柱细长。

园林观赏用途:石蒜在我国南方广泛用作林下地被植物,花境丛植或山石间自然式栽植,与其他耐阴地被植物搭配为佳。其先花后叶,花朵枯萎后,叶片才长出,花叶一般不会同放,这是该花叫"彼岸花"的来历。其还可以供盆栽、水养、切花等用。石

蒜冬季叶色深绿,覆盖庭院,打破了冬日的枯寂的气氛。夏末秋初花茎破土而出,是布置花境、假山、岩石园和作林下地被的好材料,群植观赏效果极佳。鳞茎有毒,有强烈的催吐作用。

116.铃兰(彩图 129)

学名:*Convallaria majalis*

别名:君影草、草玉玲。

科属:百合科,铃兰属。

产地和分布:原产于北半球温带,即欧洲、亚洲及北美。现我国东北林区、秦岭以及北京附近的山区有野生。

形态特征:铃兰为多年生草本植物。株高 20~30 cm。地下具有横行而分支的根状茎,端部具肥大的芽。叶片 2~3 枚,基生直立,卵圆形或广披针形,具弧状脉,有光泽。花茎高 15~20 cm,从鞘状叶内抽出,与叶近等高,总状花序偏向一侧,着花 6~10 朵,乳白色,径约 8 mm,钟状、下垂、芳香。浆果暗红色,有毒,内有种子 4~6 粒。

园林观赏用途:铃兰植株矮小,花芳香怡人,红果娇艳,较强健,适用于花坛、花境、草坪、坡地、岩石园栽植,是一种优良的盆栽观赏植物。其较耐荫蔽,常用作林下或林缘地被植物。其叶常用作插花材料。铃兰全株还可入药,有强心利尿之效。

117.番红花(彩图 130)

学名:*Crocus sativus*

别名:西红花、藏红花。

科属:鸢尾科,番红花属。

产地和分布:同属有 80 种左右,分布于西经 10°至东经 80°,北纬 80°至 50°的范围内,但大部分野生于巴尔干半岛和土耳其,愈远离这些地区,分布减少愈明显。我国西部新疆地区有分布。但目前世界各地常见栽培的大约 8~10 种。有春花种类和秋花种类之分。

形态特征:番红花为多年生草本植物。鳞茎扁球形,外被褐色膜质鳞叶。叶基生,线性,长 15~35 cm,宽 2~4 mm,边缘反卷,具细毛,每年自鳞茎生出 2~14 株丛。花顶生,花被片 6 枚,淡紫色,花筒细管状;雄蕊 3 枚,花药基部箭形;子房下位,3 室,花柱细长,黄色,柱头 3,膨大呈漏斗状,伸出花被筒外而下垂,深红色。蒴果长圆形,具三钝棱。种子多数,球形。

主要品种有:番黄花、番紫花、高加索番红花等。

园林观赏用途:番红花植株矮小,叶丛纤细,花朵娇柔优雅。早春开花品种开花甚早,为早春的重要花卉,是花坛、花径、花境镶边的重要花卉。也可点缀草坪、岩石园,或盆栽观赏。其花柱入药,名为藏红花,为著名的妇科良药。

118.贝母(彩图 131)

学名:*Fritillariae*

别名:璎珞百合,皇冠贝母。

科属:百合科,贝母属。

产地和分布:同属约 80 种,分布于北半球温带地区。本种原产于喜马拉雅山区至伊朗等地。现世界各国有广泛栽培。我国四川、云南、陕西秦巴山区、甘肃等地有分布。我国兼作药用和观赏栽培。

形态特征:贝母为多年生球根花卉。鲜鳞茎较大,带黄色,具有浓臭味。株高 70 cm 以上,茎直立,带紫斑点。叶卵状披针形至披针形,全缘。伞形花序腋生,数朵集生,花冠钟形,下垂生于叶状苞片群下。花鲜红、橙黄、黄色等,基部常呈深褐色并具有白色大型蜜腺。花期 4—5 月。

常见品种有:川贝母、浙贝母、土贝母、新疆贝母、网纹贝母等。

园林观赏用途:贝母其栽培品种较多,植株高大,花大而艳丽,是花境中优良的花材,多丛植。矮生品种则适合盆栽,观赏性极强。高山品种宜做岩石园。少臭味的品种亦可用作切花。贝母属某些品种(川贝母)为名贵药材,鳞茎和花可入药,对气管病有较好的疗效。

119.雪滴花(彩图 132)

学名:*Galanthus nivalis*

别名:雪铃花、铃兰水仙。

科属:石蒜科,雪滴花属。

产地和分布:原产于欧洲中部及地中海地区。现世界各地均有栽培。在我国主要存在于南方地区,北方相对少见。

形态特征:雪滴花为多年生草本球根花卉。地下具有球形小鳞茎,径 1.8～2.5 cm,具黑色膜质表皮;叶基生,线形至带状,绿色被白粉,长 15～23 cm,宽 1.3 cm;株高 10～30 cm。花葶直立,中空,扁圆形;花单生或数朵成伞形花序,稍高于叶丛,下垂,花梗短,花被片 6 枚,椭圆形,呈钟形,白色,每裂片端具一绿色或红色圆点。

园林观赏用途:雪滴花像扣在空中的小钟,十分可爱,而花被片上的绿色或红色斑点,格外别致,颇具观赏意趣。其株丛低矮,花叶繁茂,适应性较强,栽培管理简便,宜作镶边植物栽培,或在岩石园点缀栽培。还可配植在林下或成片栽植于草坪及花坛、花境中,亦可盆栽、水栽和作切花用。

120.雪钟花

学名:*Galanthus nivalis* L.

别名:雪花莲,铃花水仙。

科属:石蒜科,雪钟花属。

产地和分布:原产于欧洲中部和亚洲。现世界各地多有栽培。在我国较为少见。

形态特征:雪钟花为多年生草本植物。形态似雪滴花,叶基部丛生,但叶丛少,仅2～3枚。花莛实心,花茎约2 cm,高出叶丛,单花顶生,下垂;花色纯白;花被2轮,6片,外轮3片大而分离,内轮3片,联合而直伸,明显短于外轮。

园林观赏用途:该属植物秋季栽植,早春开花,夏季休眠。适于花坛或盆栽。

121.大花葱(彩图133)

学名:*Allium giganteum*

别名:砚葱、高葱。

科属:百合科,葱属。

产地和分布:原产于中亚地区。现世界各地多有栽培,我国南方多有栽培,北方较为少见。

形态特征:大花葱为多年生草本植物。地下部具有鳞茎,鳞茎具白色膜质外皮,灰黄色,径7～8 cm。叶狭线形至中空的圆柱形,宽5 cm。伞形花序径约10～15 cm,花小而多,球形或扁球形,着生花莛顶部;花色多为红色,也有其他颜色;花常可以成长为小珠芽。花期春、夏季。

园林观赏用途:大花葱生长势强健,适应性强,花色艳丽,花形奇特,管理简便,很少有病虫害,为良好的地被花卉。是花径、岩石园或草坪旁装饰和美化的品种。高大种类常作切花材料,低矮种类宜作岩石园布置。

122.秋水仙(彩图134)

学名:*Colchicum autumnale*

别名:草地番红花。

科属:百合科,秋水仙属。

产地和分布:同属约70种,原产于欧洲、亚洲西部和中部。现世界各地广泛种植,为秋水仙素的重要来源植物。

形态特征:秋水仙为多年生草本球状鳞茎花卉。球茎卵形,外皮黑褐色。叶长椭圆形或线形,长约30 cm。先花后叶或花叶同放,花莛自地下叶鞘间抽出,茎极短,大部分埋于地下。每莛开花1～4朵,花蕾纺缍形,开放时漏斗形,筒部细长;花被片6枚,长椭圆形稍尖;花淡粉红色或紫红色,直径约7～8 cm。雄蕊比雌蕊短,花药黄色。蒴果,种子多数,呈不规则的球形,褐色。

园林观赏用途:秋水仙植株矮小,叶丛纤细,花朵娇柔优雅,是花坛、花径、花境镶边的重要花卉。也可点缀草坪、岩石园或盆栽观赏。其鳞茎剧毒,切勿误食。鳞茎可提取秋水仙碱,为重要的药品,对染色体加倍有较好的效果。

123. 虎皮花(彩图 135)

学名: *Tigridia pavonia*

别名: 虎皮百合,一日百合。

科属: 鸢尾科,虎皮花属。

产地和分布: 原产于墨西哥、智利以及秘鲁等地。现我国有少量栽培,不广泛。

形态特征: 虎皮花为多年生草本植物。有地下鳞茎,径约 4 cm 大小,外被皮膜。叶剑形,光滑,具有几条纵列皱褶,淡绿色,基部鞘状。花莛自鳞茎上方抽出,一至多枚,圆柱形,分枝或不分枝,高约 40～60 cm;花正面为三角形,花瓣 6 枚,外轮 3 瓣大,红、黄、橙、粉或白色,内轮 3 瓣较小,并具洋红、紫或赤褐色斑点。单花期 1 天,朝开午后凋谢。

主要变种包括:白虎皮花、黄虎皮花、堇色虎皮花、大虎皮花。

园林观赏用途: 可以用作切花、盆花和花坛材料。在我国推广面积较小,有较大的应用价值。其花三角形,较为奇特。花色较为丰富,在我国南方多应用于布置花坛、花境等处,亦可盆栽观赏。

124. 鸟乳花(彩图 136)

学名: *Ornithogalum umbellatum*

别名: 虎眼万年青、伞形虎眼万年青。

科属: 百合科,花叶万年青属。

产地和分布: 原产于地中海沿岸。现国外园林中广泛应用,我国南方也有应用,但应用范围不大。

形态特征: 鸟乳花为多年生本植物。鳞茎卵圆形,绿色而光滑,有膜质外皮。叶基生,线形,近肉质,表面中肋凹陷并呈白色,顶端内卷成尾状。伞形花序顶生,白色,背面绿色,边开花边延长,长 20～30 cm;有花 50～60 朵;花被长约 1 cm,白色,中间有一条绿色带。蒴果,种子黑色。鸟乳花每生长 1 枚叶片,鳞茎包皮上就会长出几个小子球,形似虎眼,故而得名虎眼万年青。

常见品种有:细叶鸟乳百合、俯垂鸟乳花、阿雷氏鸟乳花等。

园林观赏用途: 虎眼万年青常年嫩绿,质如玛瑙,具透明感,置于室内观赏,清心悦目。它的叶片颇具特色,基部至顶部突细如针,弯曲下垂,披在盆边四周,随风摇曳,独有神韵。虎眼万年青花有白色、橙色和重瓣种,春季星状白花闪烁,幽雅朴素,是布置自然式园林和岩石园的优良材料,也适用于切花和盆栽观赏。

125. 网球花(彩图 137)

学名: *Haemanthus multiflorus*

别名:好望角郁金香、绣球百合、网球石蒜。

科属:石蒜科,网球花属。

产地和分布:原产于非洲热带。现我国云南、江西亦有野生分布。

形态特征:网球花为多年生草本植物。具被膜鳞茎,扁球形,径约 5.0~7.5 cm。抽生叶片 3~6 枚,叶短圆形,基生成簇。花莛直立,先叶抽出,伞形花序密集簇生,顶生,多达 30~100 朵,直径约 15 cm,深红色。浆果球形。

园林观赏用途:网球花花色艳丽,繁花密集,开花时形成绚丽多彩的大花球,有血红、白和鲜红等色,醒目且别致。是良好的室内盆栽观赏花卉。南方室外丛植成片布置,花期景观别具一格。适合盆栽观赏、庭园点缀美化,亦可作切花。

第六章　木本花卉

126. 牡丹（彩图 138）

学名：_Paeonia suffruticosa_

别名：富贵花、洛阳花、花王、木芍药。

科属：毛茛科，芍药属。

产地和分布：原产于我国西部秦岭和大巴山一带山区。我国是世界上牡丹最重要的栽培和观赏地区，尤以洛阳、菏泽牡丹最负盛名。

形态特征：牡丹为落叶灌木，株高达 2m 多。肉质直根系，枝条基部丛生，茎枝粗壮且脆，表皮灰褐色，常开裂脱落。叶呈 2 回 3 出羽状复叶，小叶阔卵状或长卵形等，顶生小叶常先端 3 裂，基部全缘，基部小叶先端常 2 裂；叶面绿色或深绿色，叶背灰绿或有白粉；叶柄长 7～20 cm。花朵着生于当年生春梢顶部，为大型两性花。花径10～30 cm，花萼 5 瓣，原种花瓣多 5～11 枚，离生心皮 5 枚，多为紫红色。现栽培品种花色极为丰富，按花色可分为白、黄、粉、红、紫、墨紫、雪青及绿等花色，有单瓣、半重瓣及重瓣等品种及多种花型。果为蓇葖果，外皮革质，外部密布黄色绒毛，成熟时开裂，种子大，圆形或长圆形，黑色。花期 4—5 月，因品种不同，可分为早、中、晚三种，相差时间 10～15 天。

现我国本属除原种牡丹外，还有很多原种和变种野生牡丹资源：

矮牡丹（var. _spontanea_）：植株矮小，叶背及叶柄生短柔毛，叶宽卵形或近圆形，3裂至中部，裂片再浅裂。花径约 10 cm，花色为白色、淡粉色，半重瓣。

紫斑牡丹（_P. papaveracea_），2～3 回羽状复叶，小叶不分裂，或稀不等 2～4 浅裂，花径 14 cm，花瓣白色，基部黑紫斑，心皮 5～8 枚。抗性强。

四川牡丹（_P. Szechuanica_）：形态似牡丹，但茎皮灰黑，叶为 3～4 回 3 出复叶，小叶裂片小。花瓣 9~12 枚,花淡紫至粉红色,花盘包至心皮一半以上,心皮无毛。花径 8~14 cm。

紫牡丹(*P. delavayi*):叶为 2 回 3 出复叶,羽状分裂,裂片披针形,顶小叶通常 3 裂。花 2~5 朵,生于枝顶或叶腋,花径 6~10 cm,花瓣 9~12 枚,红色至红紫色,基部深,柱头、花丝紫色。杂交种多为深色花。

狭叶牡丹(*P. delavayi* var. *angustiloba*):叶裂片狭窄,为狭线形或狭披针形,花红色至红紫色。

黄牡丹(*P. lutea*):茎圆形,灰色。叶为 2 回 3 出复叶,小叶片又 3~5 裂,小裂片披针形,枝端着花 1~3 朵,枝顶叶腋常有花,极小单花。花径 4~6 cm,花瓣 5~12 枚,黄色,基部深紫红色,心皮 3 枚。

大花黄牡丹(*P. lutea* var. *ludlowil*):株型高大健壮,花大,花瓣 5~8 枚,黄色,花径 10~13 cm,心皮 1~2 枚。

我国牡丹栽培历史久远,园艺杂交种已达 400 种之多,主要从花期(早、中、晚花品种)、花色(八大色系)、花型(3 类 12 型)进行分类。

园林观赏用途:牡丹有"国色天香"之称,雍容华贵、馥郁芳香,自古尊为"花王",称为"富贵花",象征着我国的繁荣昌盛,是我国传统名花之一。多植于公园、庭院、花坛、草地中心及建筑物旁,为专类花园和重点美化用;也可与假山、湖石等配置成景,亦可作盆花室内观赏或切花之用。牡丹的根皮叫"丹皮",可供药用。

127. 玉兰(彩图 139)

学名: Magnolia denudata

别名:应春花、白玉兰、望春花。

科属:木兰科,木兰属。

产地和分布:原产于我国中部各省,现北京及黄河流域以南均有栽培,是重要的早春先花后叶观赏树木。

形态特征:玉兰为落叶乔木,高达 15m。树冠椭圆形,单叶互生,叶大、倒卵形,先端短而突尖,基部广楔形或近圆形,幼时叶背有毛,叶全缘,有柄。单花着生于枝顶,花大,径 12~15 cm,纯白色、芳香,花萼白色、呈瓣状,连花瓣共 9 枚;花期 3—4 月,花于展叶前开放。果实圆筒状,长 8~12 cm,褐色,成熟后露出红色种子。花期 8~10 天,果实 9—10 月成熟。

园林观赏用途:玉兰为著名的早春花木,我国唐代以来就被引入园林栽培。花大、白色微碧,芳香似兰,花先叶开放,形成"木花树"。花后枝叶茂盛,绿树成荫,是游览地区不可缺少的重要花木。适于庭院、工厂、公园孤植、群植、列植,或以松柏为背景丛植于草坪,均可给人以美丽的观赏效果。花可做插瓶观赏。

128.腊梅(彩图 140)

学名:*Chimonanthus praecox*

别名:腊木、黄梅、香梅。

科属:腊梅科,腊梅属。

产地和分布:主要分布于朝鲜、美洲、日本、欧洲以及中国大陆。腊梅是我国特产的传统名贵观赏花木,有着悠久的栽培历史和丰富的腊梅文化。我国是主要的腊梅栽培和观赏国家。

形态特征:腊梅为落叶或半常绿灌木。株高达 3m。树干灰白色,皮孔明显,小枝四棱,单叶对生,叶片卵形或卵状披针形,先端渐尖,基部圆形或楔形,长 7～15 cm,叶全缘,表面粗糙。花两性,单生于一年生枝的叶腋处,花梗极短,不分萼片和花瓣,花被黄色,腊质有光泽形同梅花,有浓香。叶前开花,花期 12 月至翌年 3 月。果为瘦果,种子大粒,栗褐色,有光泽,7—8 月成熟。

主要栽培变种和品种有:磐口腊梅(*Var. grandiflorus*),叶、花较其他品种大,花大瓣圆,其花如磐,花色纯黄,内轮花被有紫红边缘,香气清淡,又称檀香梅。素心腊梅(*Var. conolor*),花大,盛开花瓣外翻,内外花色均为黄色,香味浓,花朵较大,又称荷花梅。狗牙腊梅(*Var. intermedius*),植株较矮,分蘖力强,叶片狭长,花小,花瓣尖长,花心紫色,香味淡、品质差、花期迟。

园林观赏用途:腊梅为我国传统观赏花木,寒冬腊月傲雪怒放,花色明艳,黄亮似腊,幽香远溢,为冬季观花佳品,盆栽植株经艺术加工造型,更是千姿百态,生意盎然。露地腊梅冬季花放之时给寂寥的庭院增添景色。盆栽腊梅是冬季室内名贵的芳香花卉,或置室内、或置案几装饰。

129.月季(彩图 141)

学名:*Rosa chinensis*

别名:月季花、长春花、月月红、四季蔷薇。

科属:蔷薇科,蔷薇属。

产地和分布:原产于北半球,几乎遍及亚、欧两大洲。中国是月季的重要原产地之一。现代月季的血缘关系极为复杂,但基本上都携带中国月季基因。中国原产地的月季是现代月季的主要亲本之一,其中在花色育种和抗病育种方面尤为突出。现广泛分布于世界各地,是四大切花之首。

形态特征:月季为半常绿或落叶灌木。株高 0.3～4m 或更高。皮刺肥大,带钩或无刺。奇数羽状复叶互生,小叶 3～9 枚不等,有卵圆形、椭圆形、倒卵形等;先端锐尖,叶缘具锯齿,叶表绿色或黄绿色,表面有的具腊质,极光亮,托叶与叶柄合生。花单生或数朵聚生于枝顶,有单瓣、重瓣之分,瓣数少则 5 枚,多可达 80 多枚;花色繁多,有红、粉、黄、蓝、紫、白、橙等及复色,微香;片羽状裂,花梗多细长,子房下位。果实球形、壶形,红黄色,顶端开裂,内有多枚种子,栗褐色。

月季变种有:月月红(var. *semperflorens*),茎细长,有刺及近无刺,小叶较薄多带紫晕,花多单生,紫色至深粉红色,花梗细长而常下垂;小月季(var. *minima*),植株矮小,高不过 25 cm,叶小狭长,花小,径为 3 cm,玫瑰红色,单瓣或重瓣。绿月季(var. *viridiflora*),花淡绿色,花瓣呈带锯齿的狭绿叶状。还有很多其他变种及变型。原种及多数变种 18 世纪传入欧洲,经过长期反复杂交育种,已培育出庭园、盆栽及切花品种上万个,近年来我国引进品种很多,主要以切花、庭园丰花、攀缘、地被及微型盆栽品种为主。

园林观赏用途:月季品种繁多,树姿优美,花型花色别具一格,花开四季不断,色彩丰富,芳香宜人,为古今中外众人所喜爱的木本花卉,现已成为绿化、美化、香化环境的最佳植物材料。可作为庭院、公园的花坛、花带、月季花园等景点布置,也可盆栽用于花坛、厅内花群、窗台、案几上的装饰。切花可做花篮、花束和插花。

130. 山茶(彩图 142、彩图 143)

学名: Camellia japonica

别名:耐冬、海石榴、曼陀萝。

科属:山茶科属。

产地和分布:原产于中国,日本、朝鲜半岛也有分布。山茶为我国重庆市和温州市市花。现中国和日本等亚洲国家是山茶重要的栽培和观赏国家。

形态特征:山茶为常绿乔木、小乔木。原产地区可达 10～20m,现栽培高度多在 3 m 以下,树冠呈圆形或卵圆形。叶互生,硬革质,表面光亮,叶形卵圆或椭圆形,长 5～10 cm,宽 2.5～6.0 cm,叶缘有小齿。花单生或对生于叶腋或枝顶,无花梗,花单瓣或重瓣,近圆形;因栽培品种多,花形多样,花色有白、淡红、大红、复色等不同色彩;花期因品种而异,从当年 10 月到翌年 3 月。重瓣花不结果,单瓣花结实,10—11 月成熟,蒴果,内含种子数枚,种子球形深褐色。

山茶花的变种和品种众多,主要从花色,单、重瓣,花瓣的排列,形态及花期的不同加以区分。

园林观赏用途:山茶花为常绿的大型木本花卉,花大艳丽,花型丰富,花期长,树姿优美,是极好的庭院美化和室内装饰材料。江南大部分地区常散植于庭院、花径、林缘或建山茶花观赏园等;盆栽多用于会场、厅堂布置。

131. 梅花(彩图 144)

学名: Prunus mume

别名:春梅、红梅、干枝梅。

科属:蔷薇科,李属。

产地和分布:原产于中国、日本等亚洲国家。现中国和日本是世界上观赏和栽培梅花最为广泛的国家,都具有悠久的历史。

形态特征:梅花为落叶小乔木或灌木。高可达 10 m,树干灰褐色或褐紫色,小枝多绿色。叶椭圆形或卵圆形,先端锐尖,叶缘细锯齿,幼叶正反面均被柔毛,或仅生于叶背脉上。花芽生于叶腋间,1~2 朵,具短梗,花 5 片,花型有单瓣、复瓣或重瓣;花色有红、粉、白、绿等色,先花后叶,花期我国由南向北从 12 月开始到翌年 4 月。果球形、绿色,密被短毛,核面有凹点甚多,5—6 月成熟。

梅花变种、变型、品种甚多,根据北京林业大学陈俊愉教授对梅花的分类系统可归为三系五类:真梅系的直枝梅类、垂枝梅类、龙游梅类;杏梅系的杏梅类;樱李梅系的樱李梅类。

园林观赏用途:梅花作为我国名花,栽培历史达 2500 年以上,由于其古朴的树姿、素雅秀丽的花姿花色、清而不浊的花香,深受广大人民的喜爱,在江南一带广为种植,如形成规模的梅园、梅岭。梅花最宜成片植于草坪、低山丘陵,成为季节性景观,也可孤植和丛植。植于建筑物一角,配置山石,或与松、竹混合栽植成"岁寒三友"。用梅花做盆景,姿态苍劲,暗香浮动,具有极高的观赏价值。可置于厅堂及案几上进行装饰,也可做切花瓶插进行室内装饰。

132. 紫丁香(彩图 145)

学名:_Syringao blata_

别名:丁香。

科属:木犀科,丁香属。

产地和分布:原产于中国东北、华北、西北及华东北部。现我国各地均有栽培。

形态特征:紫丁香为落叶灌木或小乔木。树皮光滑灰色,粗茎有纵裂。冬芽暗褐色,株高 3~5m。单叶对生,广卵形至近肾脏形。一般宽大于长,端钝尖至短锐尖,基部心形,全缘,稀复叶。花紫堇色,花冠筒状,顶部 4 裂、芳香,许多小花密集组成顶生圆锥花序,花序长 6~12 cm;花期 4—5 月,9 月初常再开花。种子长扁圆,长 1.5 cm,呈褐色,9—10 月果实成熟。

常见栽培变种品种有白丁香、紫萼丁香、佛手丁香。欧洲丁香品种也不少,国内外丁香的变种很多,花色紫红色至蓝色或白色。

园林观赏用途:紫丁香枝叶茂密,花序硕大,芳香袭人,是著名的庭园美化树种,园林中普遍应用。可单株栽在居室或办公室窗外,或丛植、片植于路边、草坪、林缘,与其他树种配植效果也较好。矮小的种类适宜盆栽,也可作切花用。花可提取丁香油。一些品种对 SO_2 等有毒气体有较强抗性。适于矿区绿化美化。

133. 石榴（彩图 146）

学名：*Punica granatum*

别名：安石榴、海石榴、若榴、丹若、山力叶。

科属：石榴科，石榴属。

产地和分布：原产于伊朗和地中海沿岸国家。公元前 2 世纪传入我国，以陕西、河南、山东等地栽培最多。

形态特征：石榴是落叶灌木或小乔木。株高 2～5 m，高可达 7 m。树干灰褐色，有片状剥落，嫩枝黄绿光滑，常呈四棱形，枝端多为刺状，无顶芽。单叶对生或簇生，矩圆形或倒卵形，长 2～8 cm 不等，全缘，叶面光滑，短柄，新叶嫩绿或古铜色。花一朵至数朵生于枝顶或叶腋；花萼钟形，肉质，先端 6 裂，表面光滑具腊质，橙红色，宿存；花瓣 5～7 枚，红色或白色，单瓣或重瓣。浆果球形，黄红色；种子多数具肉质外种皮，9—10 月果熟。

石榴栽培种分果石榴和花石榴两大类。果石榴植株高大，着花少；花石榴植株矮小，着花多，一年可多次开花，花期长，果实小。果石榴以食用为主，也可观赏，花单瓣，我国有近 70 个品种；花石榴观花并观果，如红穿心花、白穿心花、月季、打鼓锤、殷红花等。

园林观赏用途：石榴是观花观果的花卉材料，宜在庭院、阶前、墙隅、山坡及草地一隅种植。小型盆栽的花石榴可用来摆设盆花群，大型果石榴置于大木桶内，可作主体陈设。

134. 扶桑（彩图 147）

学名：*Hibiscus rosa-sinensis*

别名：朱槿牡丹、大红花。

科属：锦葵科，木槿属。

产地和分布：原产于中国，栽培历史悠久。现在我国华南地区栽培极为普遍，北方地区多作温室观赏栽培。扶桑也是马来西亚和巴拿马的国花，又是夏威夷的州花。

形态特征：扶桑为常绿灌木。高可达 5 m。茎直立，多分枝，表面粗糙。叶互生，广卵形，先端渐尖，边缘具大小不等的粗锯齿，基部近全缘，因叶似桑而得名；单花着生于叶腋。花梗细长，花萼杯状 5 裂、绿色；花径可达 10 cm，有单瓣、重瓣之分；花色有鲜红、粉红、大红、橙、黄、白等色，花期很长，全年开花不断，单朵仅开 1～2 天。蒴果椭圆形。

扶桑的栽培品种很多，并通过种内、种间杂交，品种达 3 000 多个。

园林观赏用途：扶桑是我国的名花，枝叶扶疏，花朵硕大，花色丰富，艳丽多姿，且花期长。可作为庭园花卉丛植于建筑、林木边缘，也可成片栽植，还可植为花篱，或显出山花烂漫，或造成落英缤纷的景观。北方盆植，既可露天陈设、布置花坛，也可厅室摆放。

135. 八仙花（彩图 148）

学名：*Hydrangea macrophylla*

别名：绣球、阴绣球、斗球、粉团花、紫阳花。

科属：虎耳草科，八仙花属。

产地和分布：原产于中国及日本。现在欧洲荷兰、德国和法国栽培比较普遍。在我国有较为悠久的栽培历史，现已经成为重要的观赏花卉和切花材料。

形态特征：八仙花为常绿或落叶灌木。株高可达 4 m。枝条粗壮，节间明显。叶对生，叶大型，椭圆或倒卵形，先端短而渐尖，长 7～20 cm，叶片肥厚而有光泽，叶脉明显，叶柄短而粗。伞房花序顶生，具总梗，小花密生于多分枝的花序小梗，花萼 4 枚，大且呈现花瓣状；均为不孕花；花初开时绿色，后转变为白色，最后变为蓝色或粉红色，全花序开放后呈球状。

现栽培种有：大八仙花（var. *hortensis*），花型大，萼片卵形；紫茎八仙花（var. *mandshurica*），茎暗紫色，花色较深；齿瓣八仙花（var. *macrosepala*），萼片边缘具有小齿，花色浅；蓝边八仙花（var. *coerulea*），每个花序上具两个花色，心花白色，边花蓝色。6—9 月开花。

园林观赏用途：八仙花花大色美，花期长，为耐阴花卉，是江南著名的观赏植物。种植于建筑物北面、林荫下，或湖畔水边，可植成花篱、花境，或成双植于门口两侧；盆栽可用于布置会场、厅房，或装饰案几和窗台。

136. 珙桐（彩图 149）

学名：*Davidia involucrata*

别名：水梨子、鸽子树、水冬瓜。

科属：珙桐科，珙桐属。

产地和分布：原产于中国川鄂及黔湘交界山区。现我国甘肃、陕西、湖北、湖南、四川、贵州和云南均有分布。

形态特征：珙桐为落叶乔木，是我国特产的珍贵观赏树种。树高 15～30 m。单叶互生，阔卵形，长约 15 cm，先端尖，有锯齿，叶背有丝状短柔毛；树皮深灰褐色，呈不规则薄片脱落。花杂性，头状花序，花序下有 2 白色大苞片，罕为 3 枚，长 7～15 cm，宽 3～5 cm，下垂、乳白色，如白鸽垂翅，在欧美称做中国鸽子树；花期 4—5 月。核果长卵形，紫绿色，种子长卵形；果期 9—10 月。

变种有光叶珙桐，人工栽培 7～10 年开花。

园林观赏用途：珙桐树体大、树形美，在开花季节似万羽白鸽栖于树端，壮观美丽。适宜作行道树、在园林绿地中种植。

137. 紫薇（彩图 150）

学名：*Lagerstroemia indica*

别名：痒痒树、满堂红、百日红。

科属：千屈菜科，紫薇属。

产地和分布：原产于亚洲南部及澳洲北部。在我国广泛栽培。紫薇也是我国山西晋城和山东泰安市市花。

形态特征：紫薇为落叶灌木或小乔木。高可达 7 m。老干树皮淡褐色，薄片状脱落后枝干很光滑，小枝呈四棱形。单叶对生或近对生，椭圆形或倒卵状椭圆形，近无柄。顶生圆锥花序，花大，径 3～4 cm，花鲜淡红色，6—9 月开放。蒴果近球形，6 瓣裂，于 10—11 月成熟。

紫薇的观赏栽培变种有：银薇（var. *alba*），花白色或微带淡堇色，叶色稍浅；翠薇（var. *rubra*），花紫堇色，叶色较深，长势弱。

园林观赏用途：紫薇具有优美的树形，树皮光滑，花朵繁密，花色艳丽，开化期正处于夏秋少花季节，且花期长达数月。适于种植在庭院和建筑物前，也可栽在池畔、路边；还可采用盆栽或作切花观赏。

138. 樱花（彩图 151）

学名：*Prunus serrulata*

别名：山樱花、山樱桃、福岛樱。

科属：蔷薇科，李属。

产地和分布：原产于北半球温带喜马拉雅山地区，包括日本、印度北部，中国长江流域、台湾，朝鲜等地。现世界各地都有栽培，以日本樱花最为著名，为日本国花。

形态特征：樱花为落叶乔木。株高可达 25 m。树皮暗栗褐色，光滑具横纹。叶卵形成卵状椭圆形，长 6～12 cm，先端渐尖呈长尾状，叶缘具重锯齿或单锯齿，齿端有芒刺；两面无毛，叶表浓绿色，叶背苍白色，幼叶淡绿褐色；叶柄长 1.5～3.0 cm，无毛，常有 2～4 腺体。花 3～5 朵组成短伞房总状花序，花白色、红色、少有黄绿色；花径 2.5～4.0 cm，单瓣或重瓣，花瓣倒卵状圆形，顶端内凹，无香味；花萼筒钟状，萼裂片，卵形或披针形，有细锯齿。核果球形，6～8 cm，先红后变成紫褐色。花期 4 月，花叶同放，果熟 7 月。

樱花变种、变型很多，常见的如：山樱花（var. *spontanea*），花单朵小，径 2 cm，白色、粉色，2～3 朵成总状花序，野生；毛樱花（var. *pubescen*），与山樱花近似，但叶两面、叶柄、花梗、萼多少有毛；大山樱（*P. sargentii*），叶缘锯齿粗大呈斜三角形，无芒。叶柄常紫红色，上有两个腺体，花红，花径大，3.0～4.5 cm，新叶、花梗、苞片、芽鳞均有黏性;日本晚樱(var. *lannesiana*),花大艳丽而芳香,常下垂,粉红或近白色,叶缘具重锯齿且齿尖具长芒;垂枝樱花(*f. pendula*),枝开展下垂,花粉红色,瓣数多达50枚以上,花萼有时为10枚;瑰丽樱花(*L.superba*),花甚大,淡红色,重瓣,有长梗。还有很多变种变型及栽培品种,尤其是被日本视为国花,在花型、花色、花期等方面逐渐形成一个观赏体系,成为春季的一个观赏风景线。

园林观赏用途:樱花妩媚多姿,轻盈姣妍,繁花似锦,是春季的重要观赏树木。樱花以群植为佳,在公园和名胜区内进行群植,景色更加迷人;高大品种也可于庭院内、建筑物前孤植;盆栽若精心蟠扎,做桩景造型更能给人以美感。

139.木槿(彩图152)

学名: Hibiscus syriacus

别名:朱槿、朝开暮落花。

科属:锦葵科,木槿属。

产地和分布:原产于亚洲东部。现世界各地作为观赏树木广泛栽培。

形态特征:木槿为落叶灌木或小乔木。高可达3~6 m。小枝灰色,密被柔毛。叶呈卵形或菱状卵形,先端常3裂,叶缘有粗齿或缺刻。单花着生叶腋,单瓣或重瓣,花冠呈钟状,花径6~10 cm,有红、白、紫等多种花色。蒴果卵圆形,种子上有毛,花期5—10月,果9—10月成熟。

园林观赏用途:木槿为北方夏季花期较长的花灌木,植株高大,着花甚多,现多丛植于草坪、林缘,也可修剪成花篱。木槿抗烟尘及有毒气体能力较强,为优良环保树种。

140.刺桐(彩图153)

学名: Erythvina variegata var. orientalis

别名:象牙红。

科属:豆科,刺桐属。

产地和分布:原产于亚洲热带。现我国南方广泛栽培,北方地区不能够露地栽培,相对较为少见。

形态特征:刺桐为高大落叶乔木。高可达20m。树形状似桐但生粗刺。叶为3出羽状复叶,小叶平滑,近菱形,嫩绿。总状花序生于嫩梢头,长可达15 cm,于12月至翌年3月,先叶开放,蝶形花,萼状似佛焰苞,一边开裂,花冠大,旗瓣长5~6 cm,红色,翼瓣、龙骨瓣较短,花色为深红色,花朵数十枚于一枝,逐渐开放,花期可达3个月,为美丽的观花树木。荚果状似念珠,种子暗红色。

同属有30多种,常见的有:龙牙花(*E. corallodendron*),又名小象牙红或珊瑚树,为落叶灌木、小乔木。小叶3枚,菱形或倒卵形,先花长出,总状花序,花状似红象牙,萼似钟状,花瓣一边呈长缺口状,色为鲜红、紫红色,花期5—7月。

园林观赏用途:刺桐的花形奇特,花色艳丽,且开花为露地的少花季节,为南方庭院、街道、公园等处的美丽冬花和行道树。龙牙花株形矮小,点缀花丛、草坪,形成"绿叶红花"景观;或盆栽,置于建筑正门两侧作主体摆设。刺桐和龙牙花无论冬季开花还是夏季开花,都是花朵红润吐艳,笑口常开,有喜迎嘉宾、祝君好运的象征。

141.海州常山(彩图 154)

学名:*Clerodendrum trichotomum*

别名:臭梧桐。

科属:马鞭草科,大青属。

产地和分布:原产于我国华东、华中至东北地区,北京、天津、河北、陕西、华北地区,朝鲜、日本、菲律宾等国家亦有栽培。

形态特征:海州常山为落叶灌木或小乔木。嫩枝棕色短柔毛。单叶对生,叶卵圆形,长5～16 cm,先端渐尖,基部多截形,全缘或有波状齿,两面近无毛;叶柄2～8 cm。伞房状聚伞花序着生顶部或腋间,萼紫红色5裂至基部;花冠细长筒状,顶端5裂,白色或粉红色。核果球状,蓝紫色,整个花序可同时出现红色花萼、白色花冠和蓝紫色果实的丰富色彩。花果期6—11月。

园林观赏用途:海州常山花序大,花果美丽,一株树上花果共存,白、红、蓝色泽亮丽,花果期长,植株繁茂,为良好的观赏花木,丛植、孤植均宜,是布置园林景色的良好材料。

142.糯米条(彩图 155)

学名:*Abelia chinensis*

别名:茶条树。

科属:忍冬科,六道木属。

产地和分布:原产于东亚,少数产于墨西哥。我国有多个品种,大部分分布于中部和西南部,东南部和北部较少见。现我国北方多有栽培,但不广泛。

形态特征:糯米条为落叶灌木。高2 m。枝条展开,幼枝红褐色,有柔毛,小枝皮状似撕裂。叶卵状或椭圆形,长2.0～3.5 cm,先端短渐尖,叶缘浅锯齿,背面叶脉上有柔毛。圆锥状聚伞形花序顶生或着生叶腋,花萼5片呈长圆形,被柔毛,宿存,绿色或粉红色;花冠漏斗状,裂片5枚,半圆形,花白色至粉红色,芳香,花期7—9月,瘦果状核果。

园林观赏用途:糯米条树形丛状,枝条细弱柔软,大团花序生于枝前,小花洁白秀雅,阵阵飘香。该花期正值夏秋少花季节,花期时间长,花香浓郁,可谓不可多得的秋花树木。可群植或列植、修成花篱,也可栽植于池畔、路边、草坪等处加以点缀。

143. 广玉兰（彩图 156）

学名: *Magnolia grandiflora*

别名: 洋玉兰、大花玉兰、荷花玉兰。

科属: 木兰科，木兰属。

产地和分布: 原产于南美洲，分布在北美洲以及中国大部分地区。是我国江苏省常州市、南通市，安徽省合肥市市树。

形态特征: 广玉兰为常绿乔木。高可达 30 m，胸径可达 1 m。树冠圆形或椭圆形。芽和幼枝均生有锈色茸毛。单叶互生，硬革质，长椭圆形或倒卵形，先端钝尖，基部楔形，长 13~27 cm，叶全缘，具微波状；叶面浓绿色，腊质，极光亮，叶背密生锈色茸毛，叶柄短粗。花单生枝顶的叶腋间，直径 20~30 cm，萼片 3 枚呈花瓣状，花瓣常6 枚，少有 9~12 枚，花丝紫色，花大如荷花，且有芳香。聚合蓇葖果圆柱形，种子红色。花期 5—6 月，果熟期 9—10 月。

另有一个变种:狭叶广玉兰（var. *lanceolata*），叶长椭圆披针形，叶背茸毛较少，叶缘无波纹状，耐寒力较强。

园林观赏用途: 广玉兰树姿优美壮观，叶厚有光，花大而香，为南方园林中蔽荫地的优良观赏花木。宜孤植于草坪或丛植成成片花林，或作为行道树列植于道旁。盆栽广玉兰可作为室内大型花木置放，或装饰阴面门庭。由于其抗毒气、烟尘能力强，多用于工矿区绿化。

144. 木兰（彩图 157）

学名: *Magnolia liliflora*

别名: 紫玉兰、辛夷、木笔。

科属: 木兰科，木兰属。

产地和分布: 原产于中国中部。现我国各地广泛分布。

形态特征: 木兰为落叶大灌木。高 3~5 m。老枝灰白色，新枝紫褐色。单叶互生，椭圆形或倒卵形，长 10~18 cm，先端渐尖，基部楔形，表面光滑，叶背脉上有毛。单花顶生或腋生，花大，花瓣 6 枚，外面紫色，内面近白色，萼片 3 枚，披针形，绿色，早落，果柄无毛。花 3—5 月叶前开放，果 9—10 月成熟。

园林观赏用途: 木兰为早春观花花木，栽培历史悠久，花蕾形大如笔头，有"木笔"之称，为庭园珍贵花木之一。可孤植或群植，也可与白玉兰、二乔玉兰配置成玉兰园；或植于建筑物南向，或在草坪边缘丛植。此外，木兰常作为玉兰的嫁接砧木。

145. 白兰花（彩图 158）

学名: *Michelia alba*

别名: 缅桂、白兰、黄葛兰。

科属:木兰科,含笑属。

产地和分布:原产于喜马拉雅地区。现我国北京及黄河流域以南均有栽培。

形态特征:白兰花为常绿阔叶乔木。高可达 12 m。干皮灰色,嫩枝绿色,新枝和芽有浅白色绢毛。单叶互生,长椭圆形或椭圆披针形,两端均渐狭,叶色浅绿色、革质,有光泽;叶柄长 1.5~3.0 cm,托叶痕仅达叶柄中部以下。花单生于叶腋间,长 3~4 cm,花瓣披针形,约为 10 枚以上,短花柄,花具浓香,含苞欲放时香味最浓。果为穗状聚合果,蓇葖革质。花期长,4—9 月开放不绝。

园林观赏用途:白兰花树势高大,枝叶繁茂,花朵洁白,花香浓烈,是著名香花树种。在华南可作为行道树、庭院树,也可作为芳香类花园的良好树种;北方均作为大型盆栽芳香花卉观赏,花朵可作襟花佩戴。

146.海桐(彩图 159)

学名:*Pittosporum tobira*

别名:水香、七里香、山矾。

科属:海桐科,海桐属。

产地和分布:原产于中国南方,朝鲜、日本亦有分布。在我国南方广泛栽培。

形态特征:海桐为常绿灌木。高达 3 m。树冠近球形。单叶互生,有时近轮生状,叶倒卵椭圆形或倒卵形,厚革质,长 5.5~10.0 cm,全缘,叶边常往下翻卷,基部楔形,表面浓绿色而有光泽。顶生伞房花序,小花白色或带绿色,有清香。蒴果成熟 3 裂,露出红色种子。花期 4—5 月,10 月蒴果成熟。

海桐的变种有:银边海桐(*Var. variegatum*),叶边缘有白斑。

园林观赏用途:海桐四季常青,枝条丛生,叶片密布且浓绿光亮,树冠球形,下枝覆地,夏季白花覆面,秋季红色种子点缀,季相多变,是南方露地栽植中重要的绿化观叶树种。或孤植于草坪、花坛之中。或列植成绿篱,或丛植于草坪丛林之间。植于建筑物入口两侧、四周,也可作为海岸防风防潮林和工厂矿区绿化树种。盆栽海桐多作为大型观叶植物,可作为会场主席台上的背景材料,也可在大厅中长期摆放,每月轮换一次。

147.南天竹(彩图 160)

学名:*Nandina domestica*

别名:天竹、天竺、兰天竹、南天。

科属:小檗科,南天竹属。

产地和分布:原产于中国,日本、印度也有分布。在我国南方是应用较为普遍的观赏植物。

形态特征:南天竹为常绿丛生性灌木。株高可达 2 m。枝干丛生直立,分枝少。

叶对生,2～3回复叶,具总叶柄、总叶轴有节;小叶椭圆状披针形,全缘,革质较薄;叶色在直射光下呈红色,蔽荫下呈绿色。直立状圆锥花序生于枝顶,花小,白色,5—7月开花。浆果初期绿色,后期鲜红,果穗下垂,经冬不落。

南天竹1属1种,栽培品种主要有:玉果南天竹(var. *leucocarpa*),果熟白色,又名白南天;五彩南天竹(var. *porphyrocarpa*),果熟后紫色,又名紫果南天竹;锦丝南天竹(var. *capillaris*),小叶呈细丝状,株型矮小。

园林观赏用途:南天竹枝干丛生,直立挺拔,羽状复叶水平伸展,树姿潇洒,四季常青,春花秋实,具有很高的观赏价值,自古被人们列为珍贵观赏花木行列。江南一带露地栽植于庭院房前、假山、草地边缘和园路转角处。盆栽观赏,大、中盆置于厅房、会场的角落陈设,小盆多置于窗前、案几上装饰,可进行树桩盆景造型。还可于冬季配以松枝、腊梅切花布置庭堂。

148.玉叶金花(彩图 161)

学名:*Mussaenda pubescens*

别名:野白纸扇。

科属:茜草科,玉叶金花属。

产地和分布:原产于中国东南及西南部,热带亚洲及非洲也有分布。

形态特征:玉叶金花属多年生常绿藤本或半藤本小灌木。嫩枝被绒毛,嫩绿色。叶对生卵圆形,先端尖,翠绿色。伞形花序,顶生无花柄,黄色;开花时期花序下的顶叶呈白色,圆形,柄长。花期4—10月,最盛期4—5月。果期10月。

同属植物常见栽培的还有:白纸扇(*M. frondesa*),叶大,夏季开顶生聚伞花序橙黄色之花。原产于马来西亚等地。红纸扇(*M. erglhrophy11a*),又名红玉叶金花,灌木,叶纸质,叶脉红色。聚伞花序,花冠黄色。一些花的1枚萼片扩大成叶状,深红色。原产于南非。大叶玉叶金花(*M. macrophylla*),叶椭圆形至卵形,长12～14 cm。原产于中国华南。狭叶玉叶金花(*M. Darviflora*),叶宽3～4 cm。原产于中国台湾。

园林观赏用途:玉叶金花于夏季开花,枝顶花序密集,犹如白色蝴蝶于花丛中飞舞。园林中可孤植、片植或配植,也可供草地丛植或散植,颇具野趣。也可盆栽。

149.夹竹桃(彩图 162)

学名:*Nerium indicum*

别名:柳叶桃、半年红、洋桃。

科属:夹竹桃科,夹竹桃属。

产地和分布:原产于印度、伊朗和阿富汗及尼泊尔。现广植于热带及亚热带地区,我国引种栽培已久,在华北、东北地区温室盆栽。

形态特征:夹竹桃为常绿大灌木或小乔木。株高 3～5 m,具白色浮汁。三叉状分枝,老枝灰褐色,嫩枝绿色,分枝力强。叶披针形,厚革质,具短柄,3～4 叶轮生;叶长 1.5～2.5 cm,宽 1.5～3.0 cm,先端锐尖,基部楔形,中脉明显,全缘;叶柄和花序梗为紫红色。聚伞花序顶生,花冠粉红至红色,花冠漏斗状、5 裂,瓣上有皱,多为重瓣和半重瓣,具有特殊香味;花期 6—10 月。成果柱形,果期 12 月至翌年 1 月。

常见变种有:白花夹竹桃,花白色、单瓣;斑叶夹竹桃,叶面有斑纹、花红色、单瓣;淡黄夹竹桃,花淡黄色、单瓣。

园林观赏用途:夹竹桃花繁叶茂,姿态优美,是园林造景的重要花灌木。适用绿带、绿篱,作树屏、拱道。对有毒气体和粉尘具有很强的抵抗力,工矿区环保绿化也可以利用。茎叶可制杀虫剂,全株有毒,人畜误食可致命。

150. 栀子(彩图 163)

学名:*Gardenia jasminoides*

别名:黄枝、山枝、白蟾花、玉荷花。

科属:茜草科,栀子花属。

产地和分布:原产于中国长江流域。现我国中部和南部各地均有野生分布,越南、日本也有分布。

形态特征:栀子为常绿灌木或小乔木。株高 0.5～3.0 m。枝干丛生,小枝绿色,主干皮灰色,较光滑。单叶对生或 3 叶轮生,通常卵形、长圆形或阔披针形,长 5～14 cm,宽 2～7 cm,革质,叶面光亮,全缘。单花生于枝顶或腋间,花瓣肉质,白色花冠呈高脚碟状、6 裂,径 4～5 cm,花期 6—9 月。果实卵形,具 5～9 纵棱,橙蓝色,11 月果熟。种子扁平状。

变种和品种有:大花栀子、小栀子、卵叶栀子、核桃纹栀子。

园林观赏用途:栀子花四季长青,花香色白,可盆栽观赏,也可作切花用。南方可用在道路两侧,或与紫荆等相间丛植,还可作保护环境的树种。

151. 桂花(彩图 164)

学名:*Osmanthus fragrans*

别名:木犀、岩桂、九里香。

科属:木犀科,木犀属。

产地和分布:原产于中国中部及西南地区,以长江流域等暖温带栽培最盛。印度、尼泊尔、柬埔寨也有分布。日本及欧洲一些国家也有栽培。

形态特征:桂花为常绿灌或小乔木。枝叶丰满,树皮粗糙,幼枝黄绿色光滑。株高可达 15 m。冬芽绿色或暗紫色,多为 2～4 枚叠生在叶腋间,当年枝上单芽多为花芽,叠生芽远轴的一个为叶芽,其余为花芽。单叶对生,有短柄,椭圆形、卵形至披针形,光滑革质,深绿色;新叶常呈暗红色,全缘或上部具小齿。花簇叶腋生,聚伞花序,每序着生小花 5 朵左右;花冠 4 深裂,质地稍厚椭圆形,花萼细小 4 裂;雄蕊 2 枚;花冠白色至黄色,具浓香。花期 9—10 月。小核果椭圆形,种子蓝黑色。果期翌年 4—5 月。

常见栽培变种及品种有:金桂、银桂、丹桂、四季桂。

园林观赏用途:桂花枝叶繁茂,中秋开花并散放芳香,供秋季单株陈设观赏,组盆成花群。南方可成丛成片栽种。

152.八角金盘(彩图 165)

学名:*Fatsia japonica*

别名:八金盘、八手、手树。

科属:五加科,八角金盘属。

产地和分布:原产于日本及中国台湾。现我国南方地区广泛栽培,北方常用作盆栽观赏。

形态特征:八角金盘为常绿灌木。根茎部常有萌枝而呈丛生状。单叶,掌状,5~9 裂,裂片深达中部,边缘具浅齿,叶柄基部肥厚。伞形花序顶生,花白色。

主要栽培品种有:矮生八角金盘(*F. japonica* cv.'*Variegata*'),株型较矮,叶片较大,裂片浅,中央有白色斑块,不耐寒;银边八角金盘(*F. japonica* cv.'*Aureoreticulata*'),叶裂片浅,裂片边缘白色;黄斑八角金盘(*F. japonica* cv.'*Aureovariegata*'),叶面有不规则金黄色斑纹与斑块。

园林观赏用途:八角金盘叶大光亮,叶色多变,为南方地区重要的耐阴植物。在南方,多于庭院、栅栏、湖畔等耐阴处种植。室内栽培因植株叶片过大,多用于厅堂等装饰点缀。

153.胶东卫矛

学名:*Euonymuskiautschovicus*

别名:胶州卫矛、援缘卫矛。

科属:卫矛科,卫矛属。

产地和分布:原产于亚洲俄罗斯、日本、中国等地。现作为绿篱广泛分布在世界各地。

形态特征:胶东卫矛属常绿、半常绿攀缘灌木。树皮灰色,枝灰绿色。单叶对生,宽椭圆形,薄革质,长 5~8 cm,先端急尖,基部窄楔形,边缘有粗钝锯齿。聚伞花序多数,花小,淡黄色。花期 7—8 月。蒴果圆球形,直径 1 cm,粉红色,种子具橙红色假种皮,种皮褐色,果期 10—11 月。

园林观赏用途:可作为常绿阔叶树孤植或成排、成片种植于背风向阳的小环境。

在园林中常用作绿篱和地被。

154. 红千层（彩图 166）

学名:_Callistemon rigidus_

别名:瓶刷木、金宝树。

科属:桃金娘科,红千层属。

产地和分布:原产于澳洲。现我国南方有较为广泛的分布,主要分布在南亚热带常绿阔叶林区。

形态特征:红千层为常绿灌木。高 2～3 m。叶互生,条形有透明腺点,富含芳香气味,寿命长,每片叶可维持 3～6 年不等,新老叶片聚生,形成叶幕层次。穗状花序着生枝顶,长 10 cm,似瓶刷状,花无柄,苞片小,花瓣 5 枚,雄蕊多数,长 2.5 cm,整朵花均呈红色,簇生于花序上,形成奇特美丽的形态。蒴果直径 7 mm,半球形,顶部平。花期较长,较集中于春末夏初。

红千层属 30 多种,白千层属 120 多种,我国引种栽培的有以下几种:柳叶红千层(_C. salignus_),枝条柔软,花形态和颜色与红千层相似,生长较快;白千层(_Melaleucaleucadendra_),树皮白色,松软多层,层层剥落,状如白纸,花状如红千层,色白;垂枝白千层(_M. arnillaris_),叶细枝软,观赏效果优于白千层。

园林观赏用途:红千层花形奇特,色彩鲜艳美丽,开放时火树红花,可称为南方花木的一枝奇花。适于种植在花坛中央、行道两侧和公园围篱及草坪处;北方也可盆栽,夏季时装饰于建筑物阳面正门两侧;也宜剪取作切花,插入瓶中。

155. 瑞香（彩图 167）

学名:_Daphne odora_

别名:蓬莱花、风流树。

科属:瑞香科,瑞香属。

产地和分布:原产于中国和日本。为我国传统名花,分布于长江流域以南各省区,江西省赣州市将其列为市花。现日本亦有分布。

形态特征:瑞香为常绿灌木。高 1.5～2.0 m。单叶互生,长椭圆形或倒披针形,多聚生于枝顶,头状花序生于枝顶,多达 30～50 朵花,花被 4 裂,径 1.5 cm,花色有白、黄、红、紫色,甚芳香;花期 3—4 月。核果肉质,圆球形,红色。

瑞香属在我国有 35 种,栽培种类主要有:白花瑞香(var. _leucautha_),花纯白色;金边瑞香(var. _marginata_),叶缘金黄色,花蕾红色,开后淡白色,味极香;毛瑞香(var. _atrocaulis_),枝深紫色,花被外侧有黄色绢毛,花白色。

园林观赏用途:瑞香树姿潇洒,花香浓郁,四季常青,为我国著名花木。可于林下、路旁丛植或于假山、岩石阴处栽植;也可盆栽于门前厅堂摆设,或成小盆花置于案几、桌上、窗前装饰点缀。

156.五色梅(彩图 168)

学名:*Lantana camara*

别名:马缨丹、七变花、七变丹。

科属:马鞭草科,马缨丹属。

产地和分布:原产于北美南部。现世界各地广为栽培。

形态特征:五色梅为常绿灌木。高 1~2 m。有时枝条生长呈藤状。茎枝呈四方形,有短柔毛,通常有短而倒钩状刺。单叶对生,卵形或卵状长圆形,先端渐尖,基部圆形,两面粗糙有毛,揉烂有强烈的气味。头状花序腋生于枝梢上部,每个花序 20 多朵花,花冠筒细长,顶端多 5 裂,状似梅花;花冠颜色多变,有黄、橙黄、粉红、深红色;花期较长,在南方露地栽植几乎一年四季有花,北京盆栽 7~8 月花量最大。果为圆球形浆果,熟时紫黑色。

同属 150 种,国内引进栽培 2 种,园艺品种多个。蔓五色梅(*Lmontevidensis*),半藤蔓状,花色玫瑰红带青紫色;白五色梅(cv. *Nivea*),花以白色为主;黄五色梅(cv. *Hybrida*),花以黄色为主。

园林观赏用途:五色梅花色美丽,观花期长,绿树繁花,常年艳丽,抗尘、抗污力强,华南地区可植于公园、庭院中作花篱、花丛,也可植于道路两侧、旷野形成绿化覆盖植被。盆栽可置于门前、厅堂、居室等处观赏,也可组成花坛。

157.跳舞草

学名:*Codariocalyx motorius*

别名:舞草、情人草、多情草。

科属:豆科,舞草属。

产地和分布:原产于中国。现我国广西、云南、贵州、四川等省区,台湾和印度、越南、菲律宾有分布。

形态特征:跳舞草为多年生木本植物。株高 60~150 cm,茎有纵沟,光滑;初生真叶对生,以后长出的叶互生。小叶 1~3 枚,顶生叶片长椭圆形或披针形,先端圆钝,具短尖,长 5~10 cm,下面有平贴的短柔毛;侧生一对小叶很小,矩圆形或条形,有时不存在。圆锥花序顶生或总状花序腋生,蝶形花冠,紫红色,荚果镰形或直,疏生柔毛。

园林观赏用途:跳舞草叶片能够感应温度和光照以及一定韵律、节奏的声音。在温度达到 24℃以上,且风和日丽的晴天时,跳舞草的叶片便会自行交叉跳动,翩翩起舞。如播放优美的乐曲,跳舞草也会应声而舞,给人奇妙、清新的感受。跳舞草一般盆栽,用于趣味观赏植物。

158.观赏竹类(彩图 169)

学名:*Poaceae Bambusoideae*

别名:竹子。

科属:禾本科,竹亚科竹属。

产地和分布:原产于热带、亚热带至暖温带地区,东亚、东南亚和印度洋及太平洋岛屿上分布最集中,种类也最多。现我国南方广泛栽培。我国有栽培和观赏竹子的悠久历史,被称为"四君子"、"岁寒三友"之一。

　　竹类是禾本科、竹亚科的多年生常绿木本植物,种类极多,长成矮小丛生灌木状或高大乔木状,可在园林中应用品种极多。常见的观赏竹类有:刚竹属,毛竹、紫竹、淡竹、斑竹、金竹、罗汉竹及箬竹、方竹、凤尾竹、佛肚竹、龟甲竹等。

形态特征:观赏竹类为须根系,无主根。茎绿色、淡绿色及紫色等,表面光滑,内部中空,节部膨大呈两轮状。叶生小枝顶,每叶簇具 2~6 片小叶,披针形。总状花序顶生或侧生。多年生的竹类,一生绝大部分时间为营养生长阶段,开花结实后枯死,而完成一个生活周期。果实为坚果,种子活力 1 个月。

园林观赏用途:竹类常作庭院装饰,盆栽可在厅室摆设,制作盆景供人观赏。在公园中常成片种植,是较好的美化、绿化环境材料。

159.碧桃(彩图 170~172)

学名:*Prunus persica Batsch*. var. *duplex*

别名:粉红碧桃、千叶桃花。

科属:蔷薇科,李属。

产地和分布:原产于我国,在我国西北、华北、华东、西南等地均有栽培。现世界各国广泛引种栽培,成为园林造景的常用树种。

形态特征:碧桃为落叶小乔木。高可达 8 m。一般在造景栽培中常常控制在 3~4 m;小枝红褐色,无毛;叶披针形、椭圆状,长 7~15 cm,先端渐尖。花单生或两朵生于叶腋,重瓣,粉红色。其他变种有白、深红、杂色(洒金碧桃)。花期 4—5 月。

园林观赏用途:碧桃花大色艳,适种植于湖滨、溪流、道路两侧和公园布景,也适合小庭院点缀和盆栽观赏,还常用于切花和制作盆景。园林常见的还有垂枝碧桃、洒金碧桃等变种。

160.紫叶李(彩图 173)

学名:*Prunus cerasifera* cv. pissardii

别名:红叶李。

科属:蔷薇科,李属。

产地和分布:原产于亚洲西南部。现我国东北、华北、华东、华中地区均有种植。

形态特征:紫叶李为小乔木。株高可达 12m。园林应用作适当控制,因栽培需要不同,进行修剪。小枝红褐色,有光泽。单叶互生,叶倒卵状椭圆形,边缘有锯齿,叶色紫红;花单生或 2~3 朵簇生,粉红;果实卵球形,径 4~7 cm,紫红色,表皮无毛,被蜡粉。花期 4—5 月,果期 6—7 月。

园林观赏用途:紫叶李花期在 3—4 月,开花较一般观赏果树早,是久已栽培的观赏树种。在庭院、路旁、公园造景中广泛应用,全株具有观赏价值。

161.毛樱桃(彩图 174)

学名:*Cerasus tomentosa*

别名:山樱桃、梅桃、山豆子、樱桃。

科属:蔷薇科,樱桃属。

产地和分布:原产于中国。我国华北、东北、西南地区有栽培。

形态特征:毛樱桃为落叶灌木。先花后叶。花白色至淡粉色,萼片红色,花单生,花近无梗,花萼筒状。小枝及叶背密被绒毛。3 月中下旬花开时节,满树琼花,赏心悦目。花期 3—4 月。果期 6—7 月。

园林观赏用途:毛樱桃花开在 3 月中下旬,艳丽的花色反映着春回大地,普遍应用于公园、社区、道路两旁、溪流湖畔等造景。与迎春、连翘配植效果更好,也适宜以常绿树为背景配置。另外,还可以在草坪上孤植、丛植,配合玉兰、丁香等小乔木构建疏林草地景观。

162.西府海棠(彩图 175)

学名:*Malus Micromalus*

别名:海棠、海棠花。

科属:蔷薇科,苹果属。

产地和分布:原产于我国,是久经栽培的观赏树种。现我国辽宁、河北、山西、山东、陕西、甘肃、云南等地均有栽培,在华北、东北地区最为常见。

形态特征:西府海棠为落叶乔木。树高 8 m。小枝直立,褐色;叶片椭圆形,先端渐尖或圆钝,基部宽楔形或近圆形,边缘有锯齿,叶较宽大。花多重瓣,粉红色,花序近伞形,具花 5~8 朵;花梗细,长 2~3 cm,被稀疏柔毛;花直径 4~5 cm;果实近球形,直径 1.5~2.0 cm,黄色,基部不下陷,萼裂片宿存;果梗细,长 3~4 cm,先端稍肥厚。花期 4—5 月,果期 9 月。

园林观赏用途:西府海棠为我国著名观赏果树,可种植于门旁、庭院内、公园湖畔等,也作为盆栽及切花材料。

163. 银杏

学名:*Ginkgo biloba*

别名:白果树,公孙树,鸭脚树等。

科属:银杏科,银杏属。

产地和分布:银杏是现存的种子植物中最古老的孑遗植物。最早在 3.45 亿年前,广泛分布于北半球,白垩纪晚期开始衰退,在第四纪冰川运动中,濒临灭绝,只有在中国自然条件优越,才得以保存至今。我国江苏、山东、浙江西部山区均有野生种存活,近年来,在中国、法国、美国等地进行人工栽植。我国是利用、研究银杏最早、种质资源最丰富的国家之一,在银杏栽培和利用上,始终排在首位。

形态特征:银杏树属裸子植物。落叶乔木,树体高大,高可达 40 m,树的围度可达 4 m。树干通直,树皮灰色,有不规则的纵裂,有长枝和距状短枝。叶似扇形有缺刻或裂纹,叶互生,叶柄细长,在长枝上辐射状散生,在短枝上簇生,春夏翠绿,深秋金黄。树干光洁,笔直,有利于银杏的繁殖和增添风景。雌雄异株,果实为橙黄色的种实核果,花期 5 月,果期 10 月。

园林观赏用途:银杏对气候土壤条件要求宽泛。抗烟尘、抗火灾、抗有毒气体。深秋季节银杏是理想的园林绿化、行道树种。在我国是常用于园林绿化、行道、公路、田间林地、防风林带的栽培树种。

第七章　藤本植物

164. 薜荔（彩图 176）

学名：*Ficus pumila*

别名：木莲、凉粉果、凉粉子、木馒头、乒乓子。

科属：桑科，榕属。

产地和分布：原产于中国华东、华中及西南地区。现日本、印度也有分布。

形态特征：薜荔为常绿攀缘或匍匐灌木。含乳汁，常依附于墙垣、岩石和树木上。叶二型，营养枝上的叶薄而小，长约 2.5 cm，心状卵形，基部偏斜，几无柄；花果枝上的叶大而厚，长约 3~9 cm，革质，有光泽，有柄，椭圆形，全缘，背面有短柔毛，网脉凸起。花托倒卵形或梨形，单生于叶腋。小瘦果。花期 4—5 月，果熟期 10 月。

园林观赏用途：薜荔叶质厚，深绿发光，凌冬不凋，适攀缘于岩石、墙垣和树上。亦可用于岩石园绿化覆盖，如在假山、立峰、石矶上点缀一二，效果甚好；若与凌霄配置，则隆冬碧叶，夏秋红花。

165. 山荞麦

学名：*Poly-gonum aubertii*

别名：木藤蓼、木藤萝、康藏何首乌、花蓼。

科属：蓼科，蓼属。

产地和分布：原产于中国秦岭至青海、西藏等地。现欧美多引种栽培，东欧、北欧普遍栽培。

形态特征：山荞麦为落叶藤木。蔓长达 10~15 m。地下根状茎粗大，地上茎实心，披散或缠绕，褐色无毛，具分枝，下部木质。单叶簇生或互生，卵形至卵状长椭圆形，长 4~9 cm；顶端锐尖，基部戟形，边缘常波状；两面无毛；叶柄长 3~5 cm；托叶鞘筒状,褐色。花小,白色或绿白色,成细长侧生圆锥花序,花序轴稍有鳞状柔毛;花梗细,下部具关节;花被片白色。瘦果卵状三棱形,黑褐色,包于花被内。花期 6—10 月。

园林观赏用途:山荞麦花开时一片雪白,芳香四溢,管理粗放,生长旺盛,年年花朵繁丽。宜作垂直绿化及地面覆盖材料,也是优良的蜜源植物。

166.三叶木通(彩图 177)

学名:*Akebia trifoliata*

别名:八月炸、三叶拿绳。

科属:木通科,木通属。

产地和分布:原产于中国华北至长江流域各省及华南、西南地区,秦岭也有。现全国各地均有栽培。

形态特征:三叶木通为落叶藤木。长达 10 m。茎、枝无毛,灰褐色。3 出复叶,革质,卵形,长宽变化很大,先端钝圆或具短尖,基部圆形,有时略呈心形,边缘浅裂或呈波状。花单性同株,总状花序腋生,长约 8 cm,花较小,雄花生于花序上部,淡紫色较小,约有 20 朵左右;雌花褐红色,生于同一花序下部,有花 1～3 朵。浆果长椭圆形,长 6～8 cm,径 2～3 cm,表面光滑,熟时浓紫色。

园林观赏用途:三叶木通花、叶秀美可观,可作园林篱垣、花架绿化材料或引其缠绕树木、点缀山石;亦可作盆栽、桩景材料。果可食,味甜。

167.紫藤(彩图 178)

学名:*Wisteria sinensis*

别名:藤萝、朱藤。

科属:豆科,紫藤属。

产地和分布:原产于中国。现各地均可栽培。

形态特征:紫藤为落叶木质藤本植物。长可达 19～30 m。干皮灰白色,茎左旋性,小枝披柔毛。奇数羽状复叶,互生,小叶 7～13 枚,卵形、长卵形或卵状披针形,长 4.5～8.0 cm,全缘,先端渐尖,基部圆或宽楔形,幼时两面密披平伏柔毛,老叶近无毛。总状花序下垂,长 15～30 cm,花序轴、花梗及萼均被白色柔毛;蝶形花冠紫色或紫堇色,长约 2.5 cm,具芳香。荚果呈短刀状,长 10～15 cm,密披黄色绒毛,木质,开裂。花期 4—5 月,果熟 8—9 月。

主要栽培种类有:银藤(*W. venusta*),花白色,不耐寒。多花紫藤(*W. floribunda*),茎蔓是右旋性的,奇数羽状复叶,小叶 13～19 片(6～9 对),颜色偏紫红,花上下顺序开放。

园林观赏用途:紫藤春季先叶开花,穗大花美,且顺风飘香,枝多叶茂。宜作棚架、门廊、枯树、山石、墙面攀附绿化材料;也可修剪成灌木状,独立栽植于草坪上、溪水边、岩石旁。

168. 扶芳藤(彩图 179)

学名:*Euonymus fortunei*

别名:爬行卫矛。

科属:卫矛科,卫矛属。

产地和分布:原产于中国河南、陕西、山西、山东、江苏、浙江、安徽、江西、湖北、湖南、广西、云南。现全国各地均有栽培。

形态特征:扶芳藤为常绿藤木或匍匐灌木。长可达 5 m。小枝灰绿色,微起棱,有疣状突起皮孔,匍匐生长则随地生根。叶对生,薄革质,椭圆形或卵形,稀长圆状倒卵形,长 2~8 cm,宽 1~4 cm,先端渐尖,基部宽楔形或楔形,具浅粗钝锯齿,叶柄长约 5 cm。聚伞花序腋生,长 4~10 cm,有花 7~30 朵,绿白色,密集;雄蕊着生于花盘边缘,花丝明显。蒴果近球形,淡黄紫色,径约 1 cm,具 4 纵浅凹线,橙红色,无斑块;种子具橙红色假种皮。花期 5—6 月,果期 10—11 月。

园林观赏用途:扶芳藤叶色油绿,入秋常变红色,有极强的攀缘能力,用以掩盖墙面、山石或老树干,均极优美;也可在庭院中作地被植物覆盖地面。

169. 南蛇藤(彩图 180)

学名:*Celastrus orbiculatus*

别名:南蛇风、黄果藤。

科属:卫矛科,南蛇藤属。

产地和分布:原产于中国。现我国东北、华北、西北地区至长江流域均有分布。

形态特征:南蛇藤为落叶藤状灌木。长可达 12 m。小枝圆柱形,无毛,有多数皮孔,髓坚实,白色。单叶互生,叶倒卵形、宽椭卵形或近圆形,长 5~10 cm,宽 3~7 cm,顶端尖或突尖,基部楔形至近圆形,边缘有细钝齿,入秋后叶变红色。聚伞花序腋生或在枝端成圆锥状而与叶对生,花黄绿色,雌雄异株,偶有同株的。蒴果近球形,棕黄色,直径约 0.8~1.0 cm,花柱宿存;种子包有橙红色、肉质假种皮。花期 5—6 月,果熟期 9—10 月。

园林观赏用途:南蛇藤植株姿态优美,茎、蔓、叶、果都具有较高的观赏价值,特别是秋季叶片经霜变红或变黄时,更是美丽壮观,成熟的累累硕果,竞相开裂,露出鲜红色的假种皮,宛如颗颗宝石。作为攀缘绿化材料,可在庭院作棚架绿化材料,或依山石、枯树栽植;也可剪取成熟果枝瓶插,装点居室。

170. 山葡萄(彩图 181)

学名:*Vitis amurensis*

别名:野葡萄、蛇葡萄。

科属:葡萄科,葡萄属。

产地和分布:原产于中国北部。现我国山东、山西、河北、辽宁、吉林、黑龙江等省有栽培。

形态特征:山葡萄为落叶藤本植物。长达 15 m。树皮暗紫色,枝粗大,有不明显棱形线。小枝被柔毛,后脱落;卷须长达 20 cm,2 叉状分枝,与叶对生。叶纸质,心形或心状五角形,长 4～17 cm,宽 3.5～18 cm,先端尖,基部心形,有小锯齿,上面无毛,深绿色,下面脉上有短毛,淡绿色,基出 5 脉,侧脉约 5 对;叶柄长 4～12 cm,有疏毛。雌雄异株,圆锥花序,长 8～13 cm,花序轴被白色丝状毛,与叶对生;花小,无毛,黄绿色,花萼盘形;花冠长约 2.5 mm。浆果球形,径约 1 cm,黑紫色,被白粉。

园林观赏用途:山葡萄是垂直绿化的优良藤本植物,既可观叶,又能观果。可用于公园、庭院或风景区、绿地,供棚架或垂直绿化用。果可生食或酿酒。

171. 爬山虎(彩图 182)

学名:*Parthenocissus tricuspidata*

别名:地锦、爬墙虎。

科属:葡萄科,爬山虎属。

产地和分布:原产于中国。现我国北起黑龙江、南达广东、东自沿海各省、西至新疆均有分布及栽培。日本也有。

形态特征:爬山虎为落叶藤木。茎长 10 m 以上。多分枝,有卷须和气生根,卷须短,端具吸盘。叶宽卵形,长 10～20 cm,宽 8～17 cm,3 浅裂,基部心形,叶缘有粗锯齿,叶表面无毛,下面脉上有柔毛,幼苗或老株基部萌条上所生枝叶常发成 3 小叶,或为 3 全裂,叶柄长 8～20 cm,秋季叶片先落,叶柄后落。聚伞花序通常生于短枝顶端的两叶之间;花瓣 5 枚,淡绿色,萼全缘,浅蝶状;花瓣狭长圆形,长约 2.5 cm,花药黄色。浆果球形,径约 6～8 mm,蓝黑色。

园林观赏用途:爬山虎是优美的墙面绿化材料,适用于青灰或白色的墙面及园林山石和老年树枯枝装饰;也可用作园林地被植物,固土护坡;亦适用于工矿区及精密仪器厂绿化用。

172. 五叶爬山虎(彩图 183)

学名:*Parthenocissus quinquefolia*

别名:地锦、爬墙虎、美国地锦。

科属:葡萄科,爬山虎属。

产地和分布:原产于北美。现我国辽宁、河北、山东、陕西、浙江、江西、湖南、湖北、广东等省广为栽培。

形态特征:五叶爬山虎为落叶藤木。长达 5 m 以上。全株无毛。小枝带淡红色,有 4 纵棱,卷须与叶对生,有 5~8 条分枝,顶端有吸盘。掌状复叶,小叶 5 枚,纸质,窄倒卵形,长达 15 cm,宽达 9 cm,先端短渐尖,基部楔形,中部以上有粗而圆的锯齿,中脉和侧脉下面稍隆起,细脉平,网脉不明显;叶柄长达 14 cm,带紫红色。聚伞花序与叶对生,长约 7 cm;花萼盘形,径约 16 mm,全缘;花瓣长圆形,长约 3 mm。浆果蓝黑色,球形,径约 6 mm。

园林观赏用途:五叶爬山虎是垂直绿化的优良材料,在空气相对湿度 70% 以上地区覆盖建筑墙壁,夏季降低温度,冬季减少散热,可起保护作用。对有害气体有一定的净化能力,在污染区可用于绿化建筑物墙面、围墙、覆盖坡地。

173. 猕猴桃(彩图 184)

学名:_Actinidia chinensis_

别名:猕猴桃、毛木果、奇异果、羊桃、阳桃。

科属:猕猴桃科,猕猴桃属。

产地和分布:原产于中国河南、陕西、浙江、安徽、江西、湖北、湖南、广西、云南、福建、贵州及四川。现主要分布在亚洲东部,尼泊尔、印度、日本、朝鲜等广大地区均有栽培。

形态特征:猕猴桃为落叶藤木。长达 8 m 以上。枝褐色,具矩状突出之叶痕,髓大,片状。叶圆形、卵圆形或倒卵形,长 5~7 cm,先端突尖、平截或微凹,背面密被灰棕色星状绒毛。花单性异株或同株,有时杂性;单生或 2~3 朵成聚伞花序;花乳白色至黄色,径 2.0~3.5 cm,有香气。浆果卵圆形或矩圆形,长 4.0~4.5 cm,绿褐色,密生棕色长柔毛。

园林观赏用途:猕猴桃叶茂花香,可用于攀缘花架、墙垣,也适合在草坪中孤植或群植。果可食。

174. 使君子

学名:_Quisqualis indica_

别名:留求子、五棱子、索子果、冬均子。

科属:使君子科,使君子属。

产地和分布:原产于马来西亚、印度、缅甸、菲律宾和中国广东、广西、海南岛、四川、云南、福建、台湾等地。现我国南部及印度、缅甸、菲律宾等地均有栽培。

形态特征:使君子为常绿木质藤本,幼时呈灌木状。嫩枝和幼叶有黄褐色短柔毛。叶对生,薄纸质,矩圆形、椭圆形至卵形,长 6~13 cm,先端渐尖,基部浑圆,两面有黄褐色短柔毛,叶柄下部有硬刺状物。穗状花序顶生、下垂,有花 10 余朵,花两性,花瓣 5 枚,开时由白变红。果有 5 枚,熟时黑色,种子 1 粒。

园林观赏用途:使君子叶绿光亮,花色艳丽,适于作花廊、棚架绿化等;果实、种子供药用。

175. 常春藤(彩图 185)

学名: *Hedera nepalensis var. sinensis*

别名:土鼓藤、钻天风、三角风。

科属:五加科,常春藤属。

产地和分布:原产于中国华中、华南、西南地区及甘肃、陕西等省,现我国各地均有栽培。

形态特征:常春藤为常绿攀缘木质藤本植物。长可达 20～30 m。茎具气根,嫩枝上柔毛鳞片状。叶革质,深绿色,有长柄,具 2 形,营养枝上的叶三角状卵形,常 3 浅裂;花果枝上的叶椭圆状卵形或卵状披针形,全缘,叶柄细长。伞形花序单生或 2～7 个,顶生;花淡绿白色,芳香。核果圆球形,浆果状,橙黄色。

相关栽培种类有:西洋常春藤(*H. helix*),叶通常 3～5 裂。花梗、幼枝、叶片上有星状毛。果实球形,黑色。原产于欧洲、高加索;百脚蜈蚣(*H. rhombea*),叶质硬,深绿色,嫩叶 3～5 裂。花枝叶片卵圆形或长披针形。产于我国台湾和日本、韩国。此外,还有很多花叶品种。

园林观赏用途:常春藤叶色浓绿,并有很多花叶品种,叶形、叶色变化极多,四季常青,分布广,适应面大,是很受欢迎的室内外攀缘观赏植物。既可种植于室外,形成四季常青的立体绿化景观,又可盆栽置于室内装饰。小盆可摆放在案几、窗台上观赏,在宾馆、饭店的厅堂内也可进行室内壁面垂直绿化。

176.络石(彩图 186)

学名: *Trachelospermum jasminoides*

别名:万字茉莉、白花藤、羊角藤。

科属:夹竹桃科,络石属。

产地和分布:主产于中国长江流域,分布极广,江苏、浙江、江西、湖北、四川、陕西、山东、河北、福建、广东、台湾等省都有。越南、日本、朝鲜半岛也有。

形态特征:络石为常绿木质藤本植物。长可达 10 m。具乳汁和气生根。茎赤褐色,节稍膨大,多分枝,嫩枝带绿色,密被短柔毛。叶对生,薄革质,营养枝的叶多披针形,脉间常呈白色;花果枝的叶为椭圆形或卵圆形,深绿色。聚伞花序腋生,花瓣 5 裂开展并右旋,有清香。蓇葖果细长如荚,2 果近水平开展,紫黑色,种子线形,具白毛。花期 4～7 月。

相关栽培种类有:石血(*T. cv. Heterophyllum*),叶狭披针形,宽 0.2～1.0 cm;变色络石(*T. cv. Variegatum*),叶圆形,杂色、绿色和白色,以后变成淡红色;锈毛络石(*T. dunnii*),枝叶大部被有锈色柔毛。

园林观赏用途:络石适于小型花架、墙垣、陡坡、石坎下种植,或配置假山旁。有较强耐阴性,还可用于林下地被植物。北方地区作温室栽培观赏。

177. 炮仗花(彩图 187)

学名:*Pyrostegiaignea*

别名:黄金珊瑚。

科属:紫葳科,炮仗花属。

产地和分布:原产于南美洲巴西。现世界温暖地区广泛栽培,我国广东、广西、海南、云南南部、福建等省常见栽培。

形态特征:炮仗花为常绿藤木。长达 8 m 以上。茎粗壮,有棱,小枝有纵槽纹。复叶对生,小叶 2～3 枚,顶生叶常变为顶部 3 叉的卷须,叶片卵形至卵状长椭圆形,叶色浅绿。花长约 6 cm,花冠橙红色,筒状,多朵排成下垂的圆锥花序,萼针形,有腺点,具睫毛,花冠裂片呈矩圆形,端钝,外翻,有时显白色被绒毛的边,花橙红,茂密,累累成串,状如鞭炮,故名炮仗花。

园林观赏用途:炮仗花花色鲜艳,适宜棚架栽植,是优良的垂直绿化观赏植物,或植于山石、土坡旁;北方多作盆栽观赏,陈设于门庭、客厅等处。

178. 美国凌霄(彩图 188)

学名:*Campsis radicans*

别名:美洲凌霄、洋凌霄。

科属:紫葳科,凌霄花属。

产地和分布:原产于北美洲。现我国各地有栽培。

形态特征:美国凌霄为落叶藤木。羽状复叶,有小叶 7～15,叶椭圆形至卵状矩圆形,先端长尖,基部圆形或广楔形,叶面光滑,背面沿中脉密生白色柔毛,边缘疏生锯齿。聚伞花序顶生,花萼钟形,质厚,橘黄色,光滑,5 浅裂,萼片三角状卵形,先端渐尖、微向外翻卷,萼筒无棱;花冠漏斗形,花冠裂片橙红色。蒴果筒状长椭圆形,沿缝有龙骨状突起。

园林观赏用途:美国凌霄宜栽于庭园、公园攀缘于枯树、山石、棚架上,是优良的庇荫植物。根及花可入药。花粉对眼部有刺激作用,故不宜在儿童群集地段种植。

179. 凌霄花(彩图 189)

学名:*Campsis grandiflora*

别名:大花凌霄、女葳花、中国凌霄。

科属:紫葳科,凌霄花属。

产地和分布:原产于中国中部。现各地都有栽培。

形态特征:凌霄花为落叶藤木。有多数气生根,老干灰白色,复叶,对生小叶 7～11 枚,多数 9 枚,叶脉无毛。花大,聚伞花序顶生,萼筒钟状,有棱 5 个,花冠漏斗状钟形,外橘黄,内鲜红,花蕾在雨后容易脱落。蒴果,长 15～20 cm,种子薄片状有膜。

园林观赏用途:凌霄花宜作棚架花门,也可攀缘假山、石壁、墙垣及枯树。接触花粉易造成眼部红肿,在儿童密集处慎用。

180. 金银花(彩图 190)

学名:*Lonicera japonica*

别名:金银藤、忍冬、鸳鸯藤。

科属:忍冬科,忍冬属。

产地和分布:产于中国河北、山西、山东、河南、辽宁、陕西及华东地区。日本和朝鲜半岛也有。

形态特征:金银花为半常绿木质藤本植物。植株蔓生,小枝细长,中空,枝条黄灰色,有短柔毛。单叶对生,卵形或椭圆状卵形,先端钝或渐尖,基部圆形或心形,全缘,两面有短柔毛,入冬叶片略带红色。花成对着生叶腋,花冠呈筒状,上端 4 小裂片,下端 1 片向下翻卷。5—7 月间开放,花初开放时呈白色,逐渐转为金黄色;新旧相参,黄白相间,故称"金银花",气味芳香。8—9 月果熟,小浆果球形,黑紫色,内有种子多粒。

相关栽培种类有:

红金银花(*var. chinensis*),芽、叶柄、叶脉、叶背、枝条和花朵均为红色;黄脉金银花(*var. aureo-reticulata*),叶脉黄色。

园林观赏用途:金银花宜植于楼前屋后,也可盆栽,置于大厅的窗前或阳台上,花期芳香四溢,非常宜人。

181. 茑萝(彩图 191)

学名: *Quamoclit pennata*

别名:羽叶茑萝、五角星花、锦屏松、绕龙花、游龙草。

科属:旋花科,茑萝属。

产地和分布:原产于美洲热带地区。现我国各地均有栽培。

形态特征:茑萝为一年生缠绕草本植物。茎细长光滑,呈绿色。单叶互生,羽状深裂,裂片线型,托叶与叶片同形。数朵集生或聚伞花序,腋生,花小,花冠高脚碟状,外形似五角星,鲜红、粉或白色,常清晨开放。蒴果卵圆形,种子黑色,有棕色细毛。花期 8 月至霜降。果熟期 9—11 月。

相关栽培种类有:圆叶茑萝(*Q. coccinea*),叶卵圆状心形,全缘。花橙红色;槭叶茑萝(*Q. sloteri*),叶为宽卵形,有 5～7 掌状裂,裂片长且尖,花大,红、深红色。

　　园林观赏用途：茑萝蔓纤叶秀花艳丽，可用作篱垣、棚架的绿化材料，还可作地被植物，不设支架，随其爬覆地面。此外，还可进行盆栽观赏，搭架攀缘，整成各种形状，也可在阳台、窗前攀缘，起到局部美化、绿化的作用。

182.扁豆（彩图 192）

　　学名：*Dolichos lablab*

　　别名：膨皮豆、白扁豆。

　　科属：豆科，扁豆属。

　　产地和分布：主产于我国华北、华中及华东等地，各地均有栽培。

　　形态特征：扁豆为一年生蔓性草本植物。3 出复叶互生，小叶广卵形，全缘，叶柄长，有一对细小托叶。总状花序着生叶腋，每节 2～5 朵花。花两性，蝶形花，白色或淡紫色，花期 7—9 月。荚果扁平，镰刀形，果熟 8—10 月，种子长圆形或肾形，白、黄色。

　　园林观赏用途：扁豆花朵叶绿，荚果累累，是篱垣绿化较好的观花观果植物，为夏秋攀缘植物中着花量大的植物。

183.牵牛花（彩图 193）

　　学名：*Pharbitis nil*

　　别名：喇叭花、牵牛、朝颜。

　　科属：旋花科，牵牛属。

　　产地和分布：原产于亚洲热带地区。现世界各地均有栽培。

　　形态特征：牵牛花为一年生蔓性缠绕草本植物。茎细长，密被短刚毛。单叶互生，叶片心形，先端 3 裂，两侧裂片有时浅裂。叶上常有不规则条纹，叶柄长与叶长近等长。花序着生叶腋，花梗较叶柄短，1～3 朵，花冠呈喇叭状，先端具 5 浅裂，萼片狭长不开展，花径 8～10 cm，有红、粉红、蓝、紫、白等多种花色。蒴果球形，种子较大，黑色、黄色两种。花期 6—10 月，果熟期 9—10 月。

　　相关栽培种类有：裂叶牵牛（*P. hederacea*），叶片 3 裂。花梗短或无。萼片线形并向外展，花色堇兰、玫瑰红或白色；圆叶牵牛（*P. purpurea*），叶心形，全缘。花序着花 1～5 朵，花梗与叶柄等长。萼片短，花小，花茎 5～6 cm，花色丰富。

　　园林观赏用途：牵牛花是作为垂直绿化美化的优良植物，花色多，花量大，花朵于清晨迎朝阳开放，故在公园、庭院处多植于清晨游人活动之处。主要用于庭院遮阴、棚架、篱垣绿化美化，或盆栽造型观赏。

184.铁线莲属（彩图 194）

　　学名：*Clematis*

　　科属：毛茛科。

产地和分布：原产于中国。现广泛分布于各大洲。

形态特征：铁线莲属叶对生，全缘或羽状复叶。花单生或排成圆锥花序；萼片4～5枚，花瓣状；花瓣缺或由假雄蕊代替，雄蕊及雌蕊多数，花后花柱伸长并宿存。瘦果具长尾毛，聚成头状的果实群。

相关栽培种类有：

铁线莲(*C. florida*)：草质藤本。长约1～2 m，茎节部膨大，2回3出复叶对生。花单生于叶腋，具长梗，叶下部有一对叶状苞；花径约5 cm，萼片白色，倒卵形至匙形，花丝宽线形。

毛叶铁线莲(*C. lanuginosa*)：攀缘藤本，株高约2 m。单叶对生，有时为3出复叶，叶质厚，卵圆形，端尖，全缘，叶面无毛，叶背密被灰色绒毛，叶柄常扭曲。花单生或2～3朵聚成假聚伞花序，花大，花径约8～15 cm；花梗直而粗壮，有绒毛；无苞片，萼片紫色椭圆形，宿存花柱纤细。

杰克曼氏铁线莲(*C. jackmani*)：3花组成的圆锥花序，花扁平，径约12.5～15.0 cm，萼片4～6枚，宽大，天鹅绒紫色。

深红铁线莲(*C. texensis*)：长2 m，无毛。羽状复叶，质厚，小叶广卵形，长4.0～7.5 cm。花单生，瓶形而下垂，洋红或深红色，外面无毛，宿存花柱羽毛状。

转子莲(*C. patens*)：草质藤本，长约1 m。棕黑至暗红色，羽状复叶，小叶3～5枚，近卵圆形，全缘，小叶柄常扭曲，单花顶生，花梗直而粗壮，花大，径8～14 cm，萼片8枚，白色至淡黄色，花丝线形。

槭叶铁线莲(*C. acerifolia*)：直立小灌木，高30～60 cm。老枝外皮灰色，有环状裂痕，单叶与花簇生，叶片五角形，常为不等的掌状5深裂。花2～4朵簇生，径约3.5～5.0 cm，萼片5～8枚，开展，白色或带粉红色。

辣蓼铁线莲(*C. terniflora* var. *mandshuriea*)：木质藤本。一回羽状复叶，圆锥状聚伞花序，长达25 cm，花径1.5～3.0 cm，萼片通常4枚，白色开展。

园林观赏用途：铁线莲枝叶扶疏，有的花大色艳，有的多数小花聚集成大型花序，风趣独特，是攀缘绿化中不可缺少的良好材料。可种植于墙边、窗前，或依附于乔、灌木之旁，配植于假山、岩石之间，攀附于花柱、花门、篱笆之上；也可盆栽观赏。少数种类适宜作地被植物。有些铁线莲的花枝、叶枝与果枝，还可作瓶饰、切花等。

185. 栝楼（彩图195）

学名：*Trichosanthes kirilowii*

别名：瓜蒌、药瓜。

科属：葫芦科，栝楼属。

产地和分布：原产于拉丁美洲。现我国各地均有栽培。

形态特征:栝楼为多年生草质藤本。块根粗而长,柱状,灰黄色。茎细弱,长且多分枝,具纵向沟,卷须多分枝。单叶互生,具长柄叶片,圆形或心形,多有3～7浅裂。雌雄异株,雄花多集生于总花梗上,雌花单生叶腋,具长柄;花被大,白色。瓠果近球形,橙黄色。花期为5—6月,果熟期为10月。

园林观赏用途:栝楼为观花、观果的草质藤本,春花秋实,花多、果大,观赏效果较好,多用于围场、棚架的垂直绿化。

186. 小葫芦(彩图 196)

学名:*Lagenaria siceravia* var. *microcarpa*
别名:腰葫芦、观赏葫芦。
科属:葫芦科,葫芦属。
产地和分布:原产于欧亚大陆热带地区。现各地均有栽培。
形态特征:小葫芦为一年生缠绕草本。蔓长可达10 m。茎有软黏毛,卷须分2叉。叶片心状卵形和肾状卵形,边缘具小齿。花6—7月开放,雌雄同株,单叶腋生;雄花梗较雌花长,高出叶上,花冠白色,边缘皱曲,清晨开放,日中即枯。瓠果淡黄白色,长10 cm以下,中部缢细,下部大于上部,呈扁圆球形,上部连接果柄呈尖桃形,成熟后果皮变木质。

园林观赏用途:小葫芦果小形美,可植于花架篱旁供观赏,成熟果实宜案头摆放,也可药用。现各地作观赏或药用栽培。

187. 木香(彩图 197)

学名:*Rosa banksiae*
别名:木香藤。
科属:蔷薇科,蔷薇属。
产地和分布:原产于中国。现各地均有栽培。
形态特征:木香为半常绿木质藤本植物。枝条绿色,无刺或少刺。复叶互生,小叶3～5枚,小叶卵圆形或长披针形,叶缘细锐锯齿,叶色暗绿。伞形花序着生于小枝顶端,花白色或黄色,单瓣或重瓣,花径2.5 cm左右,微香。果近球形,红色。花期为4—5月,果熟期为10—11月。

相关栽培种类有:重瓣白木香(var.*albo-plena*),复叶多为3小叶,花白色,重瓣,香味浓;重瓣黄木香(var.*lutea*),花淡黄色,微香,复叶多5小叶;单瓣黄木香(*f.lutescens*),花黄色,单瓣;金樱子木香(*R. laevigata*),小叶3～5枚,花大,重瓣,白色,香味淡,花梗有刚毛。

园林观赏用途:木香藤青枝秀,花繁如雪,香馥清远,可在甬道上搭设花洞、花篱、花廊等,作为建筑物的基础种植或隐蔽材料。在北方也可盆栽造景,如扎"拍子",或作庭院陈设。

188.叶子花(彩图 198)

学名:_Bougainvillea glabra_

别名:九重葛、三角梅、毛宝巾、肋杜鹃。

科属:紫茉莉科,叶子花属。

产地和分布:原产于巴西。现我国各地均有栽培。

形态特征:叶子花为常绿木质藤本植物。茎长数米,花卉栽培中常修剪成灌木及小乔木状。株高 1～2 m,老枝褐色,小枝青绿色,长有针状枝刺。枝、叶密被毛,单叶互生,卵状或卵圆形,全缘。花小,淡红色或黄色,3 朵聚生,一般有 3 枚大型叶状苞片呈三角状排列,小花聚生其中,苞片有紫、红、橙、白等色,为该花的观赏部位。瘦果五棱形,常被宿存的苞片包围,很少结果。花期从 11 月开始到翌年 6 月。

园林观赏用途:叶子花的色彩鲜艳,花形独特,且花量大、花期长。在华南地区庭院栽植可用于花架、拱门或高墙覆盖,形成立体花卉,盛花时期形成一片艳丽;北方作为盆花主要供冬季观花。也可布置夏、秋花坛,作为节日布置花坛的中心花卉及作切花。

189. 雷公藤(彩图 199)

学名:_Tripterygium wilfordii_

别名:黄藤、黄腊藤、水莽草、红药。

科属:卫矛科,雷公藤属。

产地和分布:原产于我国长江流域及其以南地区,生于山地林缘阴湿处和丘陵灌丛中。目前多为野生状态。

形态特征:雷公藤为落叶蔓性灌木。根内皮橙黄色,小枝棕红色,有 4～6 棱,密生瘤状皮孔和锈褐色短绒毛。单叶互生,有短柄,叶片椭圆形或至宽卵形,边缘具细锯齿,上面光滑,下面淡绿色。夏季开花,杂性花淡绿色,聚伞花序顶生或腋生,花瓣5 枚,全缘。蒴果具 3 片膜质翅,黄褐色,通常中央有种子 1 粒,种子细长,线形,黑色。

园林观赏用途:雷公藤果具 3 片黄褐色膜质翅,形态与众不同,颇有观赏价值。在园林中可地栽或盆栽。地栽可孤植、丛植于墙边、地角或花架、篱架处,让其蔓生;盆栽要注意修剪造型,突出姿态美,以增加观赏价值。雷公藤因其根、茎、叶、花、果有大毒,有抗肿瘤作用而得到开发利用。

190. 大血藤(彩图 200)

学名:_Sargentodoxa cuneata_

别名:血藤、红藤、大活血。

科属:大血藤科,大血藤属。

产地和分布:主产于我国河南、江苏、安徽、江西、浙江、湖北、四川,老挝北部也有分布。

形态特征:大血藤为落叶大藤本。茎蔓长可达 15 m 以上。茎圆柱形,褐色,折断有红色液汁溢出,因此得名。3 出复叶,互生,具长柄,中间小叶菱状卵形,两侧小叶较大,斜卵形,先端尖,全缘,花序总状,生于上年的茎之叶腋基部,下垂,花黄色,有香气。浆果卵形,肉质,暗蓝色而被白粉,有柄,生于球形种托上,种子黑色有光泽。

园林观赏用途:大血藤茎蔓粗壮,叶形奇特,花序大而着花多,花美而香,花盛开时,繁花似锦,是我国最特异的植物之一,也是优良的观赏藤本花卉。在长江流域以南地区的园林中宜作花廊、花架配置,亦可将其攀缘墙垣。根和茎可入药。

191.鹰爪枫(彩图 201)

学名:*Holboellia coriacea*

别名:紫果藤、大叶青藤。

科属:木通科,鹰爪枫属。

产地和分布:原产于我国江苏、安徽、浙江、湖北、湖南、四川、贵州。现广泛分布于我国华东、华南、西南、华中地区。

形态特征:鹰爪枫为常绿藤本植物。长 5 m 以上。全体光滑无毛,幼枝细柔,紫色。3 小叶复叶互生,厚革质,似鹰爪,因此得名。全缘,表面深绿色,有光泽,叶柄短。花单性,雌雄同株,雄花萼片白色,雌花紫色,背集生成伞房花序,花梗细长,4 月开花。浆果矩圆形,肉质,9 月成熟,紫红色。

相关栽培种类有:五叶爪藤(*H. fargesii*),掌状复叶,小叶多数为 5 枚。分布于我国长江流域以南地区;牛姆爪(*H. grandiflora*),花较大,白色,芳香浓郁。叶背网脉明显。产于我国四川、湖北等地。

园林观赏用途:鹰爪枫藤长擅攀,扶摇直上,花白,清香,胜于木通,秋果紫红,是优良的垂直绿化树种,为华北以南地区常用的攀缘绿化树种。因性好湿润,宜配植于林缘、岩旁或背阴墙脚。若用于花架、花廊,其周围必须有林木掩护,改善其环境,才生长茂盛。果实富含淀粉,可食,也可酿酒,种子可榨油,根、茎、叶可入药。

192.珊瑚藤(彩图 202)

学名:*Antigonon leptopus*

别名:凤冠、凤宝石、爱之链、爱之藤、红珊瑚。

科属:蓼科,珊瑚藤属。

产地和分布:原产于墨西哥和中美洲地区。现广布于热带地区,世界各地多温室栽培。我国台湾、海南及广州、厦门常见栽培。

形态特征：珊瑚藤为常绿木质藤本植物。具肥厚块根，茎蔓攀缘力强，可达 10 m 以上。叶纸质，互生，卵形至圆状卵形，先端渐尖，基部心脏形或戟形，花多数密生成串，呈总状花序于顶端或上部叶腋内，花序长约 30 cm，花多数为桃红色，有时白色，瘦果圆锥形。花期为 3—12 月，以夏秋为甚。

园林观赏用途：珊瑚藤花繁密，群花簇生于链状花序之上，夺目壮观，且具微香，是园林观赏和垂直绿化的好材料。多作庭院垂直绿化，可用于攀缠花架、花棚和篱垣，也可植于坡地自成花丛；还可作切花，供插花、花篮、花圈之用。块根可食。

193. 飘香藤（彩图 203）

学名：*Mandevilla sanderi*

别名：双喜藤、文藤。

科属：夹竹桃科，巴西素馨属。

产地和分布：原产于中南美洲。现各地均有盆栽。

形态特征：飘香藤为多年生常绿藤本植物。叶对生，长卵圆形，全缘，先端急尖，叶色浓绿并富有光泽，叶面有皱褶。花腋生，花冠漏斗形，花为红、桃红、粉红等色。花期主要为夏、秋两季，如养护得当，其他季节也可开花。

园林观赏用途：飘香藤花大色艳，株形美观，被誉为热带藤本植物的皇后。室外栽培时，可用于篱垣、棚架、天台、小型庭院美化。因其蔓生性不强，也适合室内盆栽，可置于阳台做成球形及吊盆观赏。栽培几株飘香藤，使庭院及阳台充满异国情调。

第八章 多浆植物

194. 金琥（彩图 204）

学名：*Echinocactus grusonii*

别名：黄刺金琥，象牙球。

科属：仙人掌科，金琥属。

产地和分布：原产于墨西哥中部干燥、炎热的热带沙漠地区。现世界各地广泛栽培，是重要的室内观赏植物。

形态特征：金琥为肉质类植物。茎圆球形，单生或成丛，直径 80 cm 或更大，国内作观赏栽培用的金琥相对较小。球顶密被金黄色绵毛，有显著的棱。刺座密生硬刺，刺金黄色，后变褐，有辐射刺 8~10 个，3 cm 长，中刺 3~5 个，较粗且稍弯曲，5 cm 长。在自然条件下 6—10 月开花，花顶生于绵毛丛中，钟形，4~6 cm，黄色，花筒被尖鳞片。果被鳞片及绵毛，种子黑色光滑。

金琥是仙人掌科金琥属中最具魅力的仙人球种类之一。观赏栽培中还有几个主要变种，如白刺金琥、狂刺金琥、短刺金琥、金琥锦、金琥冠等。

园林观赏用途：金琥生性强健，寿命很长，栽培容易，成年大金琥花繁球壮，金碧辉煌，观赏价值很高，且体积小，占据空间少，是城市家庭绿化十分理想的一种观赏植物。

195. 仙人球（彩图 205、彩图 206）

学名：*Echinopsis tubiflora*

别名：草球、长盛球、花盛球。

科属：仙人掌科，仙人球属。

产地和分布：原产于南美洲高热、干燥、少雨的沙漠地带，形成了喜干、耐旱、怕冷的特性,喜欢排水良好的沙质壤土。现在世界各地均有栽培。

形态特征:仙人球是双子叶植物,在植物分类学中属于仙人掌科。种类很多,约有 40 多个品种。外形各不相同,有茎球形、椭圆形等;有纵棱,呈辐射状排列;刺毛长短、疏密也不一样;花的颜色有金黄色、白色、红色等。春夏季节,从球茎上开出大型长喇叭状花。开花一般在清晨或傍晚,持续时间几小时到一天。球体能够侧生出许多小球,形态优美、雅致。仙人球就其外观看,可分为绒类、疣类、宝类、毛柱类、强刺类、海胆类、顶花类等。仙人球的刺毛也有长、短、稀、密之分。

主要种类有:

绯牡丹(*Gymnocalycium mihanovichii* var. *friedrichii* cv. Hibotan):蛇龙球属,球体较小,有棱 8～12 条,棱尖锐,有刺座,着生刺 3～5 枚,球体红色、深红色、橙色。花径 3～4 cm,粉红色或淡紫色。采用嫁接繁殖。

鸾凤玉(*Astrophytum myirostigma*):星球属,又名星冠,植株球形,老呈柱形,径10～20 cm,球体 5 棱,沟浅,刺座无刺有褐锦色毛。球体表面布满白色斑点或星状毛,花出刺座附近生出,花径 4～5 cm,黄色。以播种、嫁接繁殖。

翁丸(*Cleistocactus senilis*):银毛柱属,球体短圆柱形,上面布满很长的白柔毛,向下披散而将整个球遮挡,好似白毛老翁,花较小,不开张。

巨鹫玉(*Ferocactus horridus*):仙人拳(强刺球)属,球体大型,可达 20 cm,深绿色,枝上刺座生有粗壮刺丛,每个刺丛中都生有勾环状硬刺,刺暗褐色,上有灰白色环斑。单花着生球顶,花黄色。采用嫁接繁殖。

卷云球(*Melocactus neryi*):花座球属,扁球形,暗绿色,球体多棱,黄色及褐色刺,花座高 5 cm,由硬刺和绵状毛组成,小花粉色,棒状浆果粉红色。采用播种、嫁接繁殖。

子孙球(*Rebutia minuscula*):子孙球属,植株小,扁球形,密被灰白或黄色短刺,夏季从球体基部开花,花小数多,鲜红色。果红色。

园林观赏用途:仙人球由于形态奇特,花色娇艳,容易栽培,因此,受到人们的喜爱。园林观赏上常作嫁接栽培,以根系强壮的仙人掌类植物为砧木(仙人掌、量天尺等),上接不同颜色和形状的仙人球,或进行造型,往往能够达到较好的观赏效果。

196. 仙人掌(彩图 207)

学名:*Cactaceae Opuntia*

别名:仙巴掌、火掌、玉芙蓉、神仙掌、观音刺。

科属:仙人掌科,仙人掌属。

产地和分布:原产于南北美洲热带、亚热带大陆及附近的一些岛屿,部分生长在森林中。墨西哥的仙人掌种类最多,素有"仙人掌王国"之称,仙人掌被墨西哥人誉为

"仙桃"。

形态特征:仙人掌为多年生肉质植物。虽然少数种类栖于热带或亚热带地区,但多生活在干燥地区。茎通常肥厚,含叶绿素,草质或木质。多数种类的叶或消失或极度退化,从而减少水分丧失的表面积,而光合作用由茎代行。根系通常纤细,纤维状,浅而分布范围广,用以吸收表层的水分。

仙人掌类植株的大小及外形千差万别,有小如钮扣状的佩奥特掌,有矮小团块状的刺梨,有大者如高柱状的圆桶掌和仙人球属的植物,也有高大乔木状的巨山影掌。多数仙人掌类为地生,但也有附生种类。植株的表面形态亦各异,或为平滑,或有突出的结节、嵴或有凹沟。仙人掌与其他肉质植物不同之处为茎上具垫状的构造。几乎所有种类的茎上生长棘刺或钩毛。

仙人掌的花通常形大而艳丽,多为单生。有花管,子房下位,一室。子房上生一花柱,花柱顶端有多个用以接受花粉的柱头。传粉、受精后胚珠发育成种子(种子多枚),子房发育成果实,大部分为浆果。花粉借风力或鸟类传播。

园林观赏用途:仙人掌耐旱、管理简便而且观赏价值较高,现观赏仙人掌主要作室内观赏栽培。其形态特异的茎,棱形各异,条数不同;其刺令人望而生畏,但刺形多变,形状、颜色各不相同的刺丛和绒毛千姿百态;开花分外娇艳,花色丰富多彩,还具有流苏般的花穗。仙人掌生长迅速,种类繁多,形态奇特,具有较高的观赏价值,并能起到防护作用,在南方除在公园绿地中的岩石园、沙漠园点缀成景,还常栽成绿篱。盆栽多选择一些小型品种或大型掌类单片栽植进行观赏,多置于桌上、案几、窗台上。大型掌类多用作嫁接砧木供其他种类嫁接用。仙人掌还可入药,能清热解毒、散淤消肿。食用仙人掌是已知的含有维生素 B_2 和可溶性纤维最高的蔬菜之一,且含有人体必需的 8 种氨基酸和多种微量元素。

197.令箭荷花(彩图 208)

学名:*Nopalxochia ackermannii*

别名:荷花令箭、孔雀仙人掌、荷令箭、红孔雀等。

科属:仙人掌科,令箭荷花属。

产地和分布:原产于中美洲墨西哥及哥伦比亚。现世界各地多作观赏栽培。

形态特征:令箭荷花属多年生常绿花卉,为附生仙人掌类。其绿色叶状茎扁平披针形,形似令箭,花大色艳似荷花,所以得名令箭荷花。茎直立,分枝多,灌木状,高约50 cm。叶退化幼枝呈三枝形,顶梢发红,具粗疏锯齿,锯齿间凹入部位有细刺(即退化的叶);中上部扁平,中脉明显,老枝基部木质化,并具气生根。花着生于茎先端的两侧,不同品种直径差别较大,小的有 10 cm,大的达 30 cm。花外层鲜红色,内面洋红色,栽培品种有红、黄、白、粉、紫等多种颜色。花盛开于 4—5 月,花被开张,反卷,花丝及花柱均弯曲,花形美丽。浆果,种子小,多数,黑色。

园林观赏用途:令箭荷花花色品种繁多,花色艳丽,以盆栽观赏为主。在温室中多采用品种搭配,可提高观赏效果,用来点缀客厅、书房的窗前、阳台、门廊,为色彩、姿态、香气俱佳的室内优良盆花。

198.山影拳(彩图 209)

学名:_Cereus sp. f. monst_

别名:山影、仙人山。

科属:仙人掌科,山影拳属。

产地和分布:原产于西印度群岛、南美洲北部、阿根廷北部及巴西南部。现各地广泛栽培。

形态特征:山影拳为仙人掌科山影拳属(天轮柱属)畸形石化变种,多年生常绿多肉植物。茎暗绿色,多分枝,具褐色刺,肉质茎分枝呈拳状突出,无明显的分枝界限,茎上有不明显的深沟纵横,茎外形如大小参差的山峰,故得名。山影拳的种类较多,有"粗码""细码""密码"之分。刺座上无长毛,刺长,颜色多变化。夏、秋开花,花大型喇叭状或漏斗形,白色或粉红色,夜开昼闭。20 年以上的植株才开花。果大,红色或黄色,可食。种子黑色。多分枝。

园林观赏用途:山影拳是植物而形似山峦,外形峥嵘突兀,郁郁葱葱,终年翠绿,生机勃勃,起伏层叠。宜盆栽,有绿色山石盆景之效,可布置厅堂、书室或窗台、茶几等。山影拳作砧木,嫁接上红色、黄色与白色的小球品种,则是锦上添花,极具观赏价值。

199.蟹爪兰(彩图 210)

学名:_Zygocactus truncatus_

别名:蟹爪莲、仙指花。

科属:仙人掌科,蟹爪兰属。

产地和分布:原产于巴西。现在我国各地均有栽培。

形态特征:蟹爪兰属于附生仙人掌类。老株基部常木质化。叶状茎扁平多分枝,常成簇而悬垂;茎节短小,倒卵圆形或矩圆形,先端平截,两缘有尖齿。连续生长的节似蟹足状。茎节的先端有刺座,刺座生有细毛,绿色,天凉时茎节边缘有紫红色的晕。花生在茎节的顶端,左右对称,花瓣反卷,花色有淡紫、黄、红、纯白、粉红、橙和双色等。花期 11 月底至 12 月前后。果实为浆果,卵形,红色。

园林观赏用途:在温度有保障的情况下,蟹爪兰开花正逢圣诞节、元旦及春节前后,给人们带来春天的气息,近年来已经成为重要的年销花之一。蟹爪兰株型垂挂,花色鲜艳可爱,株形优美,茎节奇特,似叶非叶形成蟹爪,各顶部开出朵朵红花,柔嫩无比,颇为壮观。适合于窗台、门庭入口处和展览大厅装饰,为较佳的垂吊植物。现选育出 200 多个栽培品种,花色丰富繁多,且花期时间较长。蟹爪兰常常以仙人掌为砧木,并做成各种造型,开花时节别具特色。

200. 仙人指(彩图 211)

学名:*Schumbergera bridgesii*

别名:圣诞仙人掌、霸王花。

科属:仙人掌科,蟹爪兰属。

产地和分布:原产于南美热带森林之中。现世界各国多有栽培。

形态特征:仙人指为多年生肉质植物,属附生性仙人掌类。形态与蟹爪兰相似,蟹爪兰的茎节边缘具有 1～2 个尖齿,仙人指的茎节边缘呈浅波状,只有刺点而锯齿不明显。花长 4.0～5.6 cm,花期较蟹爪兰晚,约 3～4 月。温室盆栽花期可提前至 12 月。花色丰富,常见栽培的有紫红、粉红、橙红等色,近年来市场上也有白、橙黄、浅黄色等品种,以紫红花栽培较为广泛。花单生枝顶,花冠整齐。浆果梨形,光滑、暗红色,果熟期 4—5 月。同蟹爪兰形态相近,应注意区分。

园林观赏用途:仙人指花期长,株形丰满,花繁而色艳,又在春节前后开放,是不可多得室内欣赏花卉。通常进行盆栽观赏,可入室摆设或悬挂。能在阳光不足的室内栽培,可用于装点书房、客厅。

201. 昙花(彩图 212)

学名:*Epiphyllum oxypetalum*

别名:琼花、月下美人。

科属:仙人掌科,昙花属。

产地和分布:原产于美洲巴西至墨西哥一带。现全球均有栽培。

形态特征:昙花为多年生常绿半灌木状肉质植物。无刺、无叶,老茎常木质化,茎为叶状的变态枝。嫩枝常呈三棱棍棒状,叶状枝呈椭圆形带状,边缘波浪状,肉厚,中筋木质化,表面具蜡质,有光泽,浓绿色。花单生于变态枝的边缘。无花梗,花大,筒状,花萼红色,花重瓣,花瓣披针形,白色。花期 7—8 月,冬季进入中温温室养护,一年可开花两次,夜晚开花,有异香,4 小时左右凋谢。本属近 20 种,除白花种外,还有黄、橙、红色等种类,目前我国栽培的主要是白花种。

园林观赏用途:昙花叶状枝弯曲秀丽,花大型,美丽素雅,清香怡人,为室内装饰花卉。采取"昼夜颠倒",可供园林中游人观赏。

202. 芦荟(彩图 213)

学名:*Aloe arborescens*

别名:树芦荟、木立芦荟、单杆芦荟。

科属:百合科,芦荟属。

产地和分布:库拉索芦荟原产于非洲北部地区,目前于南美洲的西印度群岛广泛栽培,我国亦有栽培;好望角芦荟分布非洲南部地区;斑纹芦荟原产于非洲热带干旱地区。近年来发现,在印度和马来西亚一带、非洲大陆和热带地区都有野生芦荟分布。在我国云南元江地区也有野生状态的芦荟存在。现在芦荟分布几乎遍及世界各地。

形态特征:芦荟为多年生常绿肉质植物。茎木质化,在原产地高度可达 3～4 m。单叶围肉质茎呈莲座状簇生,叶片长披针形,长 50～60 cm,宽 50 mm,先端尖,有些弯曲,叶缘多刺,绿色。圆锥花序自叶中抽生,花梗长,直立向上生长,小花筒状,橘红色,较美丽。

该属 300 多种,常见栽培种还有:斑纹树芦荟,与前者相似,但叶有黄白色相间的纵斑条纹;南非芦荟,叶两面有长矩圆形的白色斑纹,花筒状,橙红色,瓣端带绿色。叶围肉质,茎轮生而出,叶长披针形,先端渐尖呈长尾状并略向下弯,中央主脉处下凹,两侧叶缘翘起,边缘有犬牙状锯齿,比较锋利。总状花序自叶丛中抽生,直立,小花密聚,橙黄色带红色斑点,花萼绿色。

园林观赏用途:芦荟叶片肥厚,表面光滑,四季葱翠碧绿,叶缘具有刺状小齿,如同狼牙尖尖,整株形态奇异。开花虽少,但艳丽可爱。用小盆装饰厅房、居室内的茶几、桌上和窗前。

203.点纹十二卷(彩图 214)

学名:*Haworthia margaritfera*

别名:十二卷、锦鸡尾、蛇尾兰。

科属:百合科,十二卷属。

产地和分布:原产于非洲。现我国栽培较普遍。

形态特征:点纹十二卷为多年生常绿多肉植物。植株矮小,无明显的地上茎。叶片紧密轮生在茎轴上,呈莲座状。顺三角状披针形,先端锐尖,截面呈"V"字形,暗绿色,无光泽,上面密布凸起的白点。总状花序从叶腋间抽生,花梗直立而细长,花极小,蓝紫色,花萼筒状,花瓣外翻,春末夏初开花。

该属约有 300 多种,常见的栽培品种有:条纹十二卷,叶片光滑,表面有明显的白色横斑;水晶掌,叶片肥厚,牛舌状,叶面翠绿色,并具不太明显的白色纵条纹,叶肉内充满水分,呈半透明状,极美观耐看;瑞鹤,叶片基部宽大肥厚,先端渐尖,中央下凹,暗绿色,叶面布满大型突出的白点,横向成行排列,茎轴极短。

园林观赏用途:十二卷类的植物种类多,形态各异,个体小,为美观、小巧的观叶植物,于茶几、案头、写字台和窗前摆设装饰均可。

204.长寿花(彩图 215)

学名:*Kalanchoe blossfeldiana*

别名:矮生伽蓝菜、圣诞伽蓝菜。

科属:景天科,伽蓝菜属。

产地和分布:原产于非洲马达加斯加岛阳光充足的热带地区。现我国普遍作观赏栽培。

形态特征:长寿花为多年生常绿多浆植物。是燕子海棠(*k.blossfeldiana*)的园艺杂交栽培种。具有较强的矮生性。茎直立,株高 10~30 cm,全株光滑无毛,单叶交互对生,椭圆形,上半部具圆齿或呈波状,深绿有光泽,边略带红,肉质。圆锥状聚伞花序,花朵较小簇捆成团。花色有深红、粉红、大红、橙、黄及白色多种颜色。12 月开始开花,直到翌年 4 月,花期较长,蓇葖果,种子多数。

该属约 200 多种,现栽培常见的有:落地生根,株高 40~150 cm,羽状复叶,肉质,小叶矩圆形,边缘有锯齿,在缺刻处生有不定芽,落地可长出新株;玉海棠,叶绿色,卵状椭圆形,花序密集,小花红色,径约 1.3 cm;月兔耳,肉质匙形,叶片密被白毛,叶端锯齿缺刻褐色,花白色。长寿花的园艺品种从花色上主要分为:百丽橙黄色、卡丽松深粉红色、森尼巴橙红色、弗特尼尔黄色、海高兰德红色。

园林观赏用途:长寿花植株矮小,株形紧凑,叶片厚实而有光泽,花色艳丽,花团拥簇,花期极长,花朵细密拥簇成团,整体观赏效果极佳,且开花时节正值冬季花量较少的时候。盆花多于书房、客厅摆放在茶几、窗台上,既可观花,又可赏叶。

205.虎刺梅(彩图 216)

学名:*Euphorbia milii*

别名:铁海棠、虎刺、麒麟花。

科属:大戟科,大戟属。

产地和分布:原产于非洲马达加斯加。现世界各国多有栽培。

形态特征:虎刺梅为多年生灌木状多浆植物,高可达 1 m。茎黑色,嫩枝带绿色,呈多棱棍棒状,节部不明显,侧枝生出方向没有规律,纵横交错,在茎棱上有疣点,在疣点上有坚硬的直刺,刺布满全身,茎内多肉,全身具乳汁。小叶单生,倒卵形,鲜绿色。聚伞花序生于枝顶,先端分叉,花小型,苞片大,2 枚红色或白色,呈扁扇状,似花瓣。萼筒淡绿色,花瓣极小。蒴果扁球形。四季开花,不结实。

同属有多种肉质植物,现多栽培观赏的有:霸王鞭(*E.neriifolia*),茎粗壮高大,全身具乳汁,绿色,具钝五角形纵棱,棱上有疣点,上长有利刺,侧枝直立生长。叶片倒卵形,厚革质,长 7~12 cm,淡绿色,簇生侧枝顶端。小花绿色,观赏价值不大。光棍树(*E.tirucalli*),全身具乳汁,枝茎光秃无叶,浅绿色。主茎木质化,分枝力极强,每新生一节,即从顶部对称生出 2～4 根侧枝。

园林观赏用途:虎刺梅枝条柔软,可盘曲造型,叶翠花红,甚为美丽。可盘成盆景置于大门两侧,小株盆栽可于屋内窗前、案几装饰。

206.虎尾兰(彩图 217)

学名:*Sansevieria trifasciata*

别名:虎皮兰、虎尾掌。

科属:百合科,虎尾兰属。

产地和分布:原产于非洲以及印度、斯里兰卡的干旱地区。因其能够适应各种环境和优美的株型,现世界各国都将其当做重要的室内观赏植物。

形态特征:虎尾兰为多年生常绿肉质草本植物。地下具多分枝匍匐茎,能抽生出许多叶丛,每个叶丛 3～6 片叶,簇生于基部,叶直立生长呈剑形,先端突尖,叶面具明显的浅绿色、深绿色相间的横纹,犹如虎尾。花梗单生,总状药序或穗状花序,小花细碎,白色及淡绿色。

同属种类达 60 余种。我国引入栽培的常见品种有:金边虎尾兰,叶缘金黄色;短叶虎尾兰,植株短小,仅 20～25 cm;金边短叶虎尾兰,叶短,具金黄色边。

园林观赏用途:虎尾兰叶片挺拔,形似宝剑,叶面上的虎纹斑给人以虎虎生威之感。且有金边虎尾兰、金心虎尾兰、银边虎尾兰等多个栽培变种。短叶虎尾兰、姬叶虎尾兰株形玲珑可爱,叶面上的虎纹斑和金黄色宽边清新雅致,宜作小型盆栽装饰书桌、几架、办公桌等处;圆叶虎尾兰形态像竹笋又似羊角,盆栽观赏效果独特。除盆栽外,虎尾兰还可地栽布置温室中的沙漠植物景观。

207.量天尺

学名:*Hylocereus undatus*

别名:霸王花、三棱箭、三角柱、剑花。

科属:仙人掌科,量天尺属。

产地和分布:大部分原产于美洲热带和亚热带地区。我国亚热带地区有部分品种,现作广泛栽培。

形态特征:量天尺为攀缘性附生仙人掌。性强健,利用气根附生于树干、墙垣或其他物体上。叶状茎常年翠绿,高大茂密,高可达 5 m。茎三棱柱形,多分枝,边缘具波浪状,长成后呈角形,具小凹陷,长 1～3 枚不明显的小刺,具气生根。花大型,萼片基部连合成长管状,有线状披针形大鳞片,花外围黄绿色,内有白色。花期 5—9 月,夜间开放,时间极短,具香味。果长圆形,径约 12 cm,红色,味甜可食。

园林观赏用途:量天尺盆栽常作为绯牡丹、山吹等色彩球种的嫁接砧木,它与很多属的仙人掌科植物有着很强的亲和性。量天尺常用作景观布置,配置在墙角、岩石间隙和围篱上,或在品种专类园中,展示出热带雨林的绚丽景观。

208.生石花(彩图 218)

学名:*Lithops pseudotruncatella*

别名:石头花、象蹄、元宝、曲玉。

科属:番杏科,生石花属。

产地和分布:原产于非洲南部及西南非的干旱地区。现世界各国多有栽培。

形态特征:生石花多年生小型多肉植物。茎很短,常常看不见。变态叶肉质肥厚,两片对生联结而成为倒圆锥体。外形酷似卵石,幼时中央只有一孔,长成后中间呈缝状,顶部扁平的倒圆锥形或筒状球体,灰绿色或灰褐色;品种较多,各具特色。一般 3 年生以上开花。花于对生叶的中间缝隙中开出,有黄、白、红、粉、紫等颜色。一般下午开放,傍晚闭合,次日午后又开,单朵花可开 7~10 天。开花时花朵繁茂,非常娇美。花谢后结出果实,种子细小。生石花属有 70~80 种,常见栽培的有日轮玉、福寿玉、琥珀玉等。

园林观赏用途:生石花形如彩石,品种繁多,色彩丰富,娇小玲珑享有“有生命的石头”的美称,是世界著名的小型多浆植物。常用来盆栽供室内观赏。

209.佛手掌

学名:*Glottiphyllum linguiforme*

别名:舌叶花、宝绿。

科属:番杏科,舌叶花属。

产地和分布:原产于南非。现世界各国多有栽培。

形态特征:佛手掌为多年生肉质植物。茎伏生,扁条形,淡绿色肉质,舌状,对生2 裂,着生状似佛手,平滑有光泽,径约 2~3 cm,长约 7 cm。花两性,具多数披针形花瓣,花冠金黄色。秋冬季开花,花自叶丛中抽出。

园林观赏用途:佛手掌是室内观赏花卉,其叶片肥厚多汁,翠绿透明,形似翡翠,清雅别致。冬季正月开花,花朵金黄色,灼灼耀眼,十分惹人喜爱。绿叶金花,用于装点书房、客厅案头、茶几,格外玲珑、高雅。

210.绿铃

学名:*Senecio rowleyanus*

别名:绿之铃、绿珠帘、绿串珠、佛串珠、项链掌。

科属:菊科,千里光属。

产地和分布:原产于西南非干旱的亚热带地区。现我国广泛作盆栽观赏栽培。

形态特征:绿铃为多年生常绿匍匐生肉质草本植物。茎纤细,可长至 90 cm,匍匐下垂,但不具攀缘性;全株被白色皮粉。叶互生,肉质,圆珠形,直径 0.6~1.0 cm,

较疏,深绿色,肥厚多汁,有微尖的刺状凸起,具有一条透明的纵纹。叶极似珠子,故有佛串珠、绿葡萄、绿之铃之美称。单生头状花序,顶生,长 3～4 cm,呈弯钩形,小花白色带有紫晕。花期 12 月至翌年 1 月。

绿之铃锦为绿之铃的斑锦变异品种,茎呈圆珠状肉质,叶上均有黄色或白色斑纹,有时整个肉质叶都呈黄色或白色,新叶尤为明显,经阳光暴晒后有些叶还带有红晕,其他特征同绿之铃。与绿之铃相似的还有弦月,也叫香蕉掌,肉质叶青绿色,两端尖细弯曲,如一轮上弦月,其他特征感同绿之铃。

园林观赏用途:绿铃形态奇特,细长的茎上长着一粒粒珠圆玉润的肉质叶,如同翡翠珠串成的项链,晶莹可爱。用浅盆栽种,圆圆的肉质叶就像一盆绿色的豌豆,摆放于书桌上十分有趣。也可放在高处观赏或用吊盆栽种,悬挂于走廊、阳台、窗台等处,绿铃般的肉质叶长在纤细的茎上随风摇曳,非常别致。

因其茎蔓纤细匍匐生长,缀着光滑圆珠状肉质叶,形似桃,大小如豌豆,色碧绿如翡翠,悬垂在花盆四周,似情人的眼泪,故有人因其外形给翡翠珠起名为情人泪,因此更受到一部分年轻人的喜爱。

211. 泥鳅掌

学名:_Senecio pendulus_

别名:地龙、初鹰。

科属:菊科,千里光属。

产地和分布:原产于东非及阿拉伯地区。现广泛作观赏栽培。

形态特征:泥鳅掌植株矮小,灌木状,属多肉质植物。茎圆筒形,两头略尖,匍匐性,接触土壤即生根。其生长状态形似泥鳅穿行于淤泥中,故此得名。平卧于地上,具节,每节长 20～30 cm,直径 1.5～2.0 cm,表皮灰绿或褐色,有深绿色线状纵条纹。叶线形,0.2 cm 长,易干枯,但干枯后并不脱落,而是宿存在变态茎上,如同小刺。总花梗上有头状花序 1～2 朵,直径 3 cm,花橙红色或血红色,花梗垂直向上。

园林观赏用途:泥鳅掌外形特殊,像泥鳅或蛇,可通过修剪制成不同的动物造型,且开花美丽,非常活泼可爱。用浅盆栽植,让茎枝延伸盘旋用来点缀书桌、几案,别有情趣。

212. 鲨鱼掌

学名:_Gasteria verrucosa_

别名:白星龙。

科属:百合科,鲨鱼掌属。

产地和分布:原产于非洲南部。现世界各地有栽培。

形态特征:鲨鱼掌叶细长基生,常二列着生。初生时直立,以后逐渐水平展开,稍向内抱合，暗绿色，上面带有珍珠状突起形成许多隆起的白点，叶面粗糙。总状花序，花茎高 60 cm，小花开放时下垂，上部绿色，下部深红色，花筒自中央弯曲。花期 12 月至翌年 2 月。

照姬为鲨鱼掌类中应用比较广泛的一种，植株无茎或茎极短，肉质叶初为二列叠生，以后呈莲座状排列，叶长三角形，基部宽 4～5 cm，先端细窄，长 12～15 cm，叶背面隆起呈圆形，正面的叶缘向内卷曲呈"U"形。叶片暗绿色，表面散布颗粒较粗的白色斑点，叶缘有颗粒状白色角质层。松散的总状花序由叶丛中心抽出，花莛高约 30 cm，小花筒形，橙红色，先端暗绿色，自下而上陆续开放，花期冬季和早春。

园林观赏用途：鲨鱼掌宜盆栽，作室内陈设。照姬株形适中，浓绿色的叶片上布满了白色斑点，非常美丽，是观叶为主的多肉植物，适合作中、小型盆栽，装饰书桌、几架、阳台等处。

213.青锁龙（彩图 219）

学名：_Ciassula lycopodioides_

别名：若绿。

科属：景天科，青锁龙属。

产地和分布：原产于非洲南部，纳米比亚有广泛分布。现世界各国广泛栽培。

形态特征：青锁龙为肉质亚灌木。高 30 cm。茎细易分枝，茎和分枝通常垂直向上。叶鳞片般三角形，在茎和分枝上排列成 4 棱，非常紧密。花着生于叶腋部，很小，黄白色。分枝除了有垂直向上的外还有横斜匍匐的，叶排列散乱，有时呈 4 棱有时不呈 4 棱。

园林观赏用途：青锁龙属多浆植物中的细叶品种，丛生茎叶，四季碧绿，形如石松。秋季开出淡绿色小花，雅致可爱。适用于盆栽观赏，点缀茶几、案头、书案更为诱人。

214.燕子掌（彩图 220）

学名：_Crassula portulacea_

别名：景天、玉树、肉质万年青。

科属：景天科，青锁龙属。

产地和分布：原产于非洲南部。现世界各国广泛栽培。

形态特征：燕子掌为多年生常绿多肉植物。叶片肉质肥厚，茎叶碧绿，株高 0.5～1.0 m，叶肉质，卵圆形，长 3～5 cm，宽 2.5～3.0 cm，灰绿色，某些品种有红边，多分枝。花径 2 mm，白色或淡粉色。11—12 月始花，花瓣 5 枚，多数呈白色，馨香扑鼻，清雅别致，花期持续数月。

园林观赏用途：燕子掌树冠挺拔秀丽，茎叶碧绿，若配以盆架、石砾加工成小型盆景，装饰茶几、案头更为诱人。燕子掌宜盆栽，也可培养成古树老桩的姿态。

第九章　水生植物

215.香蒲（彩图 221）

学名：*Typha orientalis*

别名：蒲草、蒲菜。

科属：香蒲科，香蒲属。

产地和分布：原产于中国华东、华北及东北。现我国各地有栽培。

形态特征：香蒲为多年生落叶、宿根性挺水型的单子叶植物。植株高 1.4～2.0 m，有的高达 3 m 以上。根状茎乳白色至黄褐色，长而横生，节部处生许多须根，地上茎粗壮。叶扁平带状，背面有凸起，基部鞘状抱茎。花单性，雌雄同株，穗状花序顶生，圆柱状似蜡烛，初为黄绿色。果序圆柱状，褐色，坚果细小，具多数白毛。花、果期 5—8 月。

园林观赏用途：香蒲叶绿穗奇，常用于点缀园林水池、湖畔，构筑水景。宜作花境、水景背景材料。也可盆栽布置庭院。蒲棒常作为切花材料。全株是造纸的好原料。叶称蒲草，可用于编织，花粉称蒲黄可入药。蒲棒蘸油或不蘸油可用以照明，雌花序上的毛称蒲绒，常可作枕絮。嫩芽称蒲菜，其味鲜美，可食用，为有名的水生蔬菜。

216.眼子菜（彩图 222）

学名：*Potamogeton distinctus*

别名：水案板、水板凳、金梳子草、地黄瓜、压水草。

科属：眼子菜科，眼子菜属。

产地和分布：原产于我国各省区。

形态特征：眼子菜为多年生浮叶草本。根茎白色，多分枝，常于顶端形成纺锤状休眠芽体,并在节处生有稍密的须根。茎圆柱形,通常不分枝。叶两型,浮水叶对生或互生,革质,披针形至窄椭圆形,长 2～10 cm,宽 1～4 cm,前端尖或钝圆,基部钝圆或有时近楔形,有 5～20 cm 的长柄,叶脉多条;托叶膜状,两边缘重叠。沉水叶披针形至狭披针形,前端尖,有柄,常早落;托叶膜质,呈鞘状抱茎。穗状花序短,顶生,花被片 4 枚,绿色。花、果期 5—10 月。

园林观赏用途:用于水景布置及水族箱中养植供观赏。

217. 泽泻

学名: *Alisma plantago－aquatica*

别名:水泻、芒芋、泽芝、及泻。

科属:泽泻科,泽泻属。

产地和分布:原产于我国黑龙江、吉林、辽宁、内蒙古、河北、山西、陕西、新疆、云南等地。现前苏联、日本、欧洲、北美洲、大洋洲等均有分布。

形态特征:泽泻为一年生或多年生水生或沼生草本。块茎。叶通常多数;沉水叶条形或披针形;挺水叶宽披针形、椭圆形至卵形,先端渐尖,基部宽楔形、浅心形,叶脉通常 5 条。花葶高 78～100 cm,或更高;大型轮生状的圆锥花序,花序长 15～50 cm;花两性,内轮花被片近圆形,远大于外轮,边缘具不规则粗齿,白色、粉红色或浅紫色。花、果期 5—10 月。

本属还有其他种:

窄叶泽泻(*Alisma canaliculatum*):沉水叶条形,呈柄状;挺水叶披针形或线状披针形,稍呈镰状弯曲,全缘。复轮生总状花序;小花白色。

草泽泻(*Alisma gramineum*):叶多数,全部基生;叶片披针形,先端渐尖,基部楔形,脉 3～5 条,基出;叶柄长 2～3 cm,粗壮,基部膨大呈鞘状。

园林观赏用途:用于园林沼泽浅水区的水景布置,既可观叶、又可观花,整体观赏效果甚佳。

218. 野慈姑

学名:*Sagittaria trifolia*

别名:狭叶慈姑、三脚剪、水芋。

科属:泽泻科,慈姑属。

产地和分布:原产于我国南北各省区,生于湖泊、池塘、沼泽、沟渠、水田等水域。

形态特征:野慈姑为多年生水生草本。直立,高可达 1 m。地下具根茎,横走,先端形成球茎,球茎表面附薄膜质鳞片。挺水叶片着生基部,箭形,全缘,叶片长短、宽窄变异很大,通常顶裂片短于侧裂片;叶柄较长、中空,基部渐宽,鞘状,边缘膜质。花葶直立,高 20～70 cm,花序总状或圆锥状,有 1～2 枚分枝,具花多轮,每轮 2～3 朵小花;小花单性同株或杂性株,白色。花、果期 7—9 月。

园林观赏用途:慈菇叶形奇特,适应能力较强,可作水边、岸边的绿化材料,也可作为盆栽观赏。

219.萤蔺

学名:*Scirpus juncoides*

别名:牛毛草、野马蹄草。

科属:莎草科,萤蔺属。

产地和分布:原产于我国各省。分布于亚洲热带和亚热带地区以及澳洲、北美洲。

形态特征:萤蔺为多年生水生草本。根状茎短,须根密集。秆直立,丛生,圆柱形,高 25~60 cm,较纤细,平滑。无叶片,有 1~3 个叶鞘着生在秆的基部。小穗卵形或长圆形,3~15 枚簇生成头状,具多数花,鳞片宽卵形,背部绿色,顶端钝,有短尖。小坚果宽倒卵形,暗褐色,具不明显的横皱纹。

园林观赏用途:茎秆丛生,色泽亮绿,观赏价值高。可种植在池边或浅水边进行水景装饰,也可栽培在水族箱中观赏。

220.水毛花

学名:*Scirpus triangulatus*

科属:莎草科,藨草属。

产地和分布:原产于我国各省。马来西亚、印度、日本、朝鲜、俄罗斯(远东地区)有分布。

形态特征:水毛花为多年生挺水草本植物。根状茎粗短,有细长而密的须根。秆稍粗,直立,丛生,锐三棱形,每面稍凹下。叶片退化,叶鞘膜质,棕色,顶端斜截形。长侧枝聚伞花序聚缩成头状,假侧生,具 3~18 个小穗;小穗卵形、长圆状卵形或披针形,有多花;鳞片卵形或卵状广椭圆形,淡褐色,有红棕色的短纹。小坚果广倒卵形,顶端具小尖,三棱形,具不明显皱纹,黑褐色。

园林观赏用途:可种植在浅水边进行水景装饰。水毛花茎纤维质量很好,可造打字纸、胶版纸和小泥袋纸等。茎叶亦可编草鞋、草席等。幼嫩茎叶可作牲畜饲料。

221.伞草(彩图 223)

学名:*Cyperus alternifolius*

别名:水棕竹、伞草、旱伞草、轮伞莎草、车轮草、伞叶莎草。

科属:莎草科,莎草属。

产地和分布:原产于西印度群岛。现我国各地有栽培。

形态特征:伞草为多年生湿生挺水植物。茎秆挺直粗壮,近圆柱形,丛生,下部包于棕色的叶鞘之中。叶状苞片呈螺旋状排列在茎秆的顶端,向四面辐射开展,扩散呈伞状。聚伞花序,有多数辐射枝,每个辐射枝端常有 4～10 个第二次分枝;小穗多个,密生于第二次分枝的顶端,小穗椭圆形或长椭圆状披针形,压扁,具 6 朵至多朵小花,花两性。果实为小坚果,椭圆形近三棱形。花、果期 6—8 月。

同属的其他种有:

碎米莎草(*Cyperus iria*):一年生湿生草本。秆直立,扁三棱状。叶基生,长线形,柔软,短于或与秆等长;叶鞘红褐色。叶状苞片 3～5 枚;长侧枝聚伞花序复出,辐射枝 4～9 条,每枝有 5～10 枚长圆状卵形穗状花序;小穗具花 5～22 朵。小坚果三棱状倒卵形,黑褐色。种子繁殖。

水莎草(*Cyperus glomeratus*):一年生挺水草本植物。具细长地下横走根茎,秆高 30～100 cm,散生,直立,较粗壮,扁三棱形。叶片条形,稍粗糙;叶鞘腹面棕色。苞片叶状 3～4 枚,长于花序;长侧枝聚伞形花序复出,具 4～7 条长短不等的辐射枝,每枝有 1～3 枚穗状小花序,每小花序具 10～30 朵小花。小坚果卵圆形,平凸状,有突起的细点。花、果期 6—10 月。

园林观赏用途: 伞草株丛繁密,叶形奇特,是室内良好的观叶植物。除盆栽观赏外,还是制作盆景的材料,也可水培或作插花材料。亦可配置于溪流岸边、假山石的缝隙作点缀。

222. 紫梗芋(彩图 224)

学名: *Colocasia formosana*

科属: 天南星科、芋属。

产地和分布: 原产于我国浙江宁波。现我国华南地区有栽培。

形态特征: 紫梗芋为多年生挺水草本植物。根茎粗,近直立,长 10～100 cm,须根圆柱形,多数,粗 2 mm。根茎先端抽叶 3～4 片,叶柄直立,长 50～60 cm,无毛,褐紫色;叶片卵形,长 30～40 cm,宽约 20～25 cm,先端三角形锐尖,基部心形,盾状着生,后裂片弯缺深 5 cm,膜质。花序柄直立,长约 20～30 cm,佛焰苞席卷,粗 1 cm,先端渐尖,然后略缢缩;肉穗花序;柱头无柄,盾状,圆形,4 浅裂或全缘;花密。花期5～9 月。

园林观赏用途: 紫梗芋叶柄紫色,叶片浓绿,观赏价值高。在园林水景中,常遍植于池塘岸边。

223. 金钱蒲

学名: *Acorus gramineus*

别名: 钱蒲、九节草蒲、小石菖蒲、小随手香。

科属: 天南星科。

产地和分布:产于我国陕西、甘肃及江南各省,西藏也有。现各地常栽培。

形态特征:金线蒲为多年生沼生草本植物。高 20～30 cm。根茎较短,横走或斜伸,芳香,外皮淡黄色,有节间,肉质,多数,须根密集。叶基生,细带状,中部以上渐狭而锐尖,基部折生成鞘状,抱茎,边缘膜质,无中肋,有多条直出平行脉。花序柄长2.5～9.0(或 15) cm。叶状佛焰苞与花序等长或稍短。肉穗花序黄绿色,圆柱形。果序增粗,黄绿色。花期 5—6 月,果 7—8 月成熟。

园林观赏用途:金钱蒲小巧可爱,可配置于溪流岸边作点缀,或盆栽观赏。根茎可入药。

224.梭鱼草

学名:*Pontederia cordata*

别名:北美梭鱼草。

科属:雨久花科,梭鱼草属。

产地和分布:原产于北美。现我国南方有栽培。

形态特征:梭鱼草为多年生挺水或湿生草本植物。根茎为须状不定根,具多数根毛。地下茎粗壮,黄褐色,有芽眼。叶丛生,叶柄绿色,圆筒形。叶片光滑,呈橄榄色,倒卵状披针形。叶基部广心形,端部渐尖。花莛直立,通常高出叶面。穗状花序顶生,小花密集,蓝紫色带黄斑点,花被裂片 6 枚,近圆形,裂片基部连接为筒状。果实初期绿色,成熟后褐色;果皮坚硬,种子椭圆形。花、果期 5—10 月。

园林观赏用途:梭鱼草叶色翠绿,花色迷人,花期较长,可用于家庭盆栽、池栽;也可栽植于河道两侧、池塘四周、人工湿地,与千屈菜、花叶芦竹、水葱、再力花等相间种植,每到花开时节,串串紫花在片片绿叶的映衬下,别有一番情趣。

225.鸭舌草(彩图 225)

学名:*Monochoria vaginalis*

别名:鸭儿嘴、鸭嘴菜、猪耳菜、鸭娃草。

科属:雨久花科,雨久花属。

产地和分布:分布于我国南北各省区。生于潮湿地区或水稻田中。

形态特征:鸭舌草为一年生或多年生挺水草本植物。根状茎极短,具柔软须根。茎直立或斜上。全株光滑无毛。叶基生或茎生,叶形变化较大,由心形、宽卵形、长卵形至披针形,顶端短突尖或渐尖,基部圆形或浅心形,全缘、具弧状脉;叶柄长 10～20 cm,基部扩大成开裂的鞘,鞘顶端有舌状体。总状花序从叶鞘抽出。花序梗短,基部有一披针形苞片;花序在花期直立,后下弯,花通常 3～5 朵(稀有 10 余朵),或有 1～3 朵,蓝色;花被片卵状披针形或长圆形。蒴果卵形至长圆形;种子多数,灰褐色,具纵条纹。

园林观赏用途:鸭舌草体量小巧,清秀优雅,园林中可装点水面,也可盆栽观赏。

226.黄花鸢尾(彩图 226)

学名:_Iris wilsohii_

科属:鸢尾科,鸢尾属。

产地及分布:原产于欧洲。现我国各地有栽培。

形态特征:黄花鸢尾为多年生挺水草本植物。植株高大,根茎粗壮,斜伸。叶基生,剑形,长 60～120 cm,先端渐尖,中脉明显,并具横向网状脉。花茎中空,高于叶,有 1～2 枚茎生叶;花黄色,外花被裂片倒卵形,具紫褐色条纹及斑点,两侧边缘有紫褐色耳状突起物,内花被裂片倒披针形,花盛开时向外倾斜。蒴果长形,种子褐色,有棱角。花期 5—6 月,果期 7—8 月。

园林观赏用途:黄花鸢尾叶片翠绿如剑,花色艳丽。可布置于园林中的池畔、河边的水湿处或浅水区,观叶观花,亦可点缀在水边的石旁岩边,更显风韵优雅,清新自然之美。

227.再力花

学名:_Thalia dealbata_

别名:水竹芋、水莲蕉。

科属:竹芋科,塔利亚属。

产地和分布:原产于非洲及南美州地区。现我国南方栽培。

形态特征:再力花为多年生挺水草本。株高 1～2 m。地下有横走茎,叶鞘大部分闭合,绿色。叶卵状披针形,浅灰蓝色,先端小突尖,全缘。复总状花序,花小,紫堇色;花柄可高达 2m 以上,较粗壮。花、果期 8—11 月。

园林观赏用途:再力花株形美观洒脱,叶色翠绿可爱,是水景绿化的上品花卉。也可作盆栽观赏。

228.水蓼

学名:_Polygonum hydropiper_

别名:竹叶菜、水胡椒。

科属:蓼科,蓼属。

产地和分布:生于湿地、水边或水中。分布于我国各地。

形态特征:水蓼为一年生草本。高 20～80 cm。直立或下部伏地。茎红紫色,无毛,节常膨大,且具须根。叶互生,披针形成椭圆状披针形,两端渐尖,均有腺状小点,无毛或叶脉及叶缘上有小刺状毛;叶柄短。穗状花序腋生或顶生,细弱下垂,花具细花梗而伸出苞外,花被 4～5 裂,卵形或长圆形,淡绿色或淡红色,有腺状小点;瘦果卵形,扁平,少有三棱,长 2.5 mm,表面有小点,黑色无光,包在宿存的花被内。花期

7—8月。

　　园林观赏用途:水蓼花序朴实无华,可用于纯朴水景和湿地绿化装饰。

229.水车前

　　学名:*Ottelia alismoides*

　　别名:水带菜、水芥菜。

　　科属:水鳖科,水车前属。

　　产地和分布:原产于我国东北、华北、华中、华东、西南各省。亚洲热带至澳洲均有分布。

　　形态特征:水车前为一年生沉水草本。有须根,茎缩短。叶基生,膜质;沉水叶狭,浮水叶有柄,叶柄长短随水体深浅而异,叶形广卵形、卵状椭圆形、近圆形或心形,另外还有狭长形、披针形乃至线形,全缘或有细齿;花两性或单性,单生,花瓣白色,淡紫色或浅蓝色。花期4—10月。

　　园林观赏用途:水车前常生于池塘、溪涧或水田中。嫩叶可代菜食用。全株可作饲料。

230.荻

　　学名:*Triarrherca sacchariflora*

　　别名:荻草、荻了、霸土剑。

　　科属:禾本科,荻属。

　　产地和分布:原产于温带地区。我国是荻草的分布中心,分布于东北、华北、西北及四川等地。

　　形态特征:荻为多年生湿生草本植物。根状茎粗壮,横走。杆直立,无毛,节具须毛。叶鞘先端圆钝,具小纤毛;叶条形。圆锥花序顶生,由纤细的总状花组成,黄褐色或紫红色。颖果紫红色,外包有茸毛的颖片,熟后随风飘落。花、果期8—10月。

　　园林观赏用途:池塘栽植,作为水景布置。

231.芦苇(彩图 227)

　　学名:*Phragmites australis*

　　别名:苇、芦。

　　科属:禾本科,芦苇属。

　　产地和分布:世界各地均有生长,在我国则分布很广,东北、内蒙古、新疆及华北平原是大面积芦苇集中的分布地区。

　　形态特征:芦苇为多年生挺水草本植物。地下有发达的匍匐根状茎。茎秆直立,杆高 1~3 m,节下常生白粉。叶鞘圆筒形,无毛或有细毛。叶舌有毛,叶片长线形或长披针形,排列成两行。圆锥花序,白绿色或褐色,长 10~40 cm,小穗有小花 4~7

朵;颖有 3 脉。花、果期 7—11 月。

　　园林观赏用途:种在湖边或水塘,开花季节特别美观。

232.蔍草

学名:*Scirpus triqueter*

别名:光棍子、光棍草、野荸荠。

科属:莎草科,蔍草属。

产地和分布:我国各地均有分布。

形态特征:多年生挺水草本植物。具有长的匍匐根状茎。杆散生,粗壮,呈三棱形。叶条形,花褐色,果实倒卵形。花、果期 6—9 月。

园林观赏用途:蔍草挺拔直立,色泽光雅洁净,主要用于水面绿化或岸边、池旁点缀,较为美观,也可盆栽庭院摆放或沉入小水景中作观赏用。茎可织席,编草鞋,也可用来造纸。

233.羽毛荸荠

学名:*Heleocharis wichurai*

科属:莎草科,荸荠属。

产地和分布:产于我国甘肃、河北、山东、浙江、东北等省。日本、朝鲜等地也有分布。

形态特征:羽毛荸荠为多年生湿生草本。有时具短匍匐根状茎。杆细弱,丛生,四棱柱状。无叶片,有 1～2 个叶鞘。小穗卵形、长圆形或披针形,初近褐色,后变为苍白色。小坚果倒卵形或宽倒卵形,有三钝棱。花、果期 6—7 月。

园林观赏用途:羽毛荸荠茎秆丛生亮绿,观赏价值高。适于水中栽植,湿地绿化、美化。

234.雨久花(彩图 228)

学名:*Monochoria morsakowii*

别名:浮蔷、水白菜、蓝鸟花。

科属:雨久花科,雨久花属。

产地和分布:分布于我国东北、华南、华东、华中。日本、朝鲜、东南亚也有分布。生长于池塘、湖边及沼泽地。

形态特征:雨久花为一年生湿生或多年生水生草本。根状茎粗短。茎直立,全株光滑无毛。叶片广卵形或卵状心形,先端急尖或渐尖,基部心形,全缘,具长柄,叶柄渐短,基部扩大成鞘,抱茎。总状花序,顶生,花蓝色,花被片 6,离生。蒴果卵形,种子长圆形,有纵棱。花、果期 7—10 月。

园林观赏用途:花叶俱佳,布置于临水池塘,十分别致。

235.灯心草

学名:*Juncus effusus*

别名:龙须草、野席草、马棕根、野马棕。

科属:灯心草科,灯心草属。

产地和分布:主产于我国江苏、四川、云南,浙江、福建、贵州亦产。欧洲、亚洲北部和东南部、非洲、美洲和大洋洲也有分布。

形态特征:灯心草为多年生湿生草本。根茎横走,密生须根。茎簇生,直立,圆柱形。低出叶鞘状,红褐色或淡黄色,长达 15 cm,叶片退化呈刺芒状。花序假侧生,聚伞状,多花,密集或疏散;总苞片似茎的延伸,直立;花被片 6,条状披针形,边缘膜质。蒴果矩圆状,3 室,顶端钝或微凹,长约与花被等长或稍垂。种子褐色。花期 5—6 月,果期 6—7 月。

园林观赏用途:可作沼泽园布置,与山石配植,别有一番野趣。

236.三白草

学名:*Saururus chinensis*

别名:水茭叶。

科属:三白草科,三白草属。

产地和分布:主产于我国江苏、浙江、湖南、广东,长江流域以南各省均有分布。

形态特征:三白草为多年生湿生草本。高 30~80 cm。根茎较粗,白色,横交。茎直立或下部伏地。叶互生,纸质,卵形或卵状披针形,先端渐尖或短尖,基部心形或耳形,全缘,两面无毛,基出脉 5。叶柄基部与托叶合生为鞘状,略抱茎。总状花序 1~2 枝顶生,花序具 2~3 片乳白色叶状总苞;花小,无花被,生于苞片腋内;果实分裂为 4 个果瓣,分果近球形,表面具多疣状突起,不开裂。种子球形。花期 4—8 月,果期 8—9 月。

园林观赏用途:三白草盛花时,白花点缀于绿叶间,清新淡雅,可于池畔布置水景,也可作插花材料。

237.楔叶蓼

学名:*Polygonum trigonocarpum*

科属:蓼科,蓼属。

产地和分布:分布于我国华中、华北及东北地区。

形态特征:楔叶蓼为一年生或多年生湿生草本植物。茎纤细带红褐色,高 10~20 cm。无毛,下部分枝,伏卧,上部上升。叶互生,近乎无柄,线形或狭披针形,长3~7 cm,宽 4~8 mm,基部楔形,先端渐尖,全缘,上面边缘有细毛,下面除脉外无毛,无腺点或背面具稀疏的淡绿色盘状腺点;托叶鞘筒状,具长的缘毛。总状花序长 2~3

cm,苞片绿色,无毛,小花淡蔷薇色;萼片有腺点。花、果期夏秋季。瘦果三棱状椭圆形,有光泽。

园林观赏用途:楔叶蓼花小朴素,用于水景园或沼泽园、湿地装饰造景,呈现自然野趣。

238.荷花(彩图 229)

学名:*Nelumbo nucifera*

别名:莲、水芙蓉。

科属:睡莲科、莲属

产地和分布:原产于中国,从越南到阿富汗都有,一般分布在中亚、西亚、北美、印度、中国、日本等亚热带和温带地区。

形态特征:多年生水生植物,地下部具肥大多节的根状茎,通称"莲藕",横生于水底泥中。节间内有多数孔眼。叶盾状圆形。花单生于梗顶端,高托水面之上,径10～25 cm,花瓣20～100 枚。花有红、粉红、白、乳白和黄色。雄蕊多数,雌蕊多数离生,埋藏于膨大的倒圆锥形花托内,俗称"莲蓬"。花托为海绵质,上面平坦,有多数蜂窝状孔洞。每一孔内有一粒圆球形坚果,俗称"莲子"。花期 6—9 月,每日晨开暮闭。果熟期 9—10 月。

园林观赏用途:荷花花叶清秀,花香四溢,沁人肺腑,并且更有迎骄阳而不惧、出淤泥而不染的气质,所以荷花在人们的心目中是真善美的化身,既有诗情画意,又有很高的观赏价值。或盆栽观赏,亦可作切花。

239.睡莲(彩图 230)

学名: *Nymphaea alba*

别名:子午莲、水芹花。

科属:睡莲科,睡莲属。

产地和分布:大部分原产于北非和东南亚热带地区,少数产于南非、欧洲和亚洲的温带和寒带地区,日本、朝鲜、印度、前苏联、西伯利亚及欧洲等地。目前,我国各省区均有栽培。

形态特征:睡莲为多年生水生植物。根状茎粗短,有黑色细毛。叶丛生,具细长叶柄,浮于水面,纸质或近革质,圆心形或肾圆形,长 5～12 cm,宽 3.5～9.0 cm,先端钝圆基部具深弯缺,上面浓绿,幼叶有褐色斑纹,下面带紫红色或红色,两面均无毛。花单生于细长花柄顶端,漂浮于水面,花瓣通常白色,雄蕊多数,短于花瓣,花药线形,黄色,雌蕊的柱头具 6～8 个辐射状裂片。萼片 4 枚,宽披针形或窄卵形。浆果球形,种子多数,椭圆形。花、果期 6—10 月。

国内栽培的同属植物还有:

延药睡莲(*N. stellata*):花白色带鲜蓝色或紫红色,萼片有紫色条纹。

埃及蓝睡莲(*N. caeruloa*):花瓣淡蓝紫色,瓣端颜色较深,瓣基渐淡;萼片外层褐绿色,内层紫红色;雄蕊金黄色,花药延长部分蓝紫色。

南非蓝睡莲(*N. capensis*):叶面绿色,布浅紫红色大斑块;叶背绿色,嵌紫色小斑块和红色大斑块。大花型,14～16 cm,浓香;花瓣淡蓝色,瓣细长,尖部有沟及缺裂;萼片外层绿色,密布紫色斑点,内层淡蓝色;花药延长部分淡蓝色。

园林观赏用途:睡莲花色艳丽,花姿楚楚动人,在一池碧水中宛如冰肌脱俗的少女,被誉为"水中女神"。可于庭园水景中栽植,供人观赏。还可结合景观需要,选用考究的缸盆,摆放于建设物、雕塑、假山石前,能收到意想不到的特殊效果。睡莲中的微型品种,可用于布置居室,将其栽在考究的小盆中,配以精致典雅的盆架,置于恰当的位置,与室内其他装饰相映成趣,令人赏心悦目。

第十章　兰科植物

240.卡特兰属(彩图 231)

学名:*Cattleya*

别名:加多利亚兰、卡特利亚兰、嘉德丽亚兰。

产地和分布:原产于美洲热带及亚热带,包括墨西哥、古巴、哥伦比亚、巴西、秘鲁、阿根廷等地。现世界众多国家引种栽培。

形态特征:卡特兰属假鳞茎大小依种类而异,合轴生长。顶端着生 1～2 枚常绿叶片。单叶类假鳞茎多为圆锥形,花朵较大,花径可达 15 cm,花色艳丽,主要有白、粉、黄、粉紫、深浅不同的红色和复色,蓝色最为名贵。花瓣宽大,边缘呈波状,唇瓣三裂,中裂片边缘有美丽皱褶,花期春季或秋季。两叶类假鳞茎多为圆柱形,花朵较单叶类小,花瓣与萼片多为蜡质,较狭窄,唇瓣很少有皱褶,花色为白、绿、粉等色,常有褐色斑点。两类花葶均着生于假鳞茎顶端,单花或呈总状花序,着花数朵。

常见种类有:

紫唇卡特兰(*C. amethystoglossa*):假鳞茎细长,高 90～100 cm,叶下垂,花序着生于假鳞茎顶端,着花 6～30 朵,花径 7.5～10.0 cm,花瓣与萼片近等长,稍宽于萼片,长椭圆形,白色有粉晕及深紫粉色斑点,唇较宽,紫色,侧裂片白色,尖端紫色,夏季开花。原产于巴西。

罗氏卡特兰 (*C. loddigesii*):假鳞茎细长,高 30～40 cm,纺锤形至圆柱形,顶端着生 2 枚椭圆形叶片,花葶着生于假鳞茎顶端,具 2～6 朵花,花径 10～13 cm,花粉紫色,花瓣与萼片近等长,稍宽于萼片,唇三裂,中裂片紫色,基部黄色到白色,两侧裂片卷曲包围着蕊柱,白色。夏末开花,花期较长,可开至秋末冬初。原产于巴西南部至巴拉圭。

园林观赏用途:卡特兰属植物是兰科中观赏价值较高的植物,可盆栽、插花进行室内装饰,也可制成胸花、头饰及新娘捧花。

241. 兰属(彩图 232~234)

学名:*Cymbidium*

别名:兰花、朵朵香、双飞燕、草素。

产地和分布:分布于亚洲热带、亚热带及大洋洲北部,包括喜马拉雅地区、印度、中国、泰国、越南、日本和澳大利亚等地。

形态特征:兰属植物有地生、附生、石生及极少有的腐生种。合轴生长,假鳞茎卵圆形或圆形。根粗壮,肉质乳黄色至白色。叶着生于假鳞茎基部和节上,叶基部常包围着假鳞茎。叶带形、披针形或长椭圆形,革质或纸质,尖端常呈不对称的两裂,绿色或具白色、黄色的斑纹。单花或总状花序,花序直立或下垂,花朵大小差异较大。花色多,有白、黄、粉、红、紫、褐及复色。中萼片直立,侧萼片斜向下垂或平展,花瓣常稍短于萼片,唇三裂,侧裂片包围着蕊柱,唇瓣具 2 条纵褶。花期因种类不同,几乎全年均有开花种类。

常见种类有:

春兰(*Cym. goeringii*):假鳞茎球形,具 2~7 枚叶片,叶带状,长 20~40 cm,宽 0.5~1.0 cm,边缘有细锯齿。花单生,偶尔有双花,花径 4~5 cm,萼片与花瓣椭圆形或圆形,唇长而反卷下垂,或短而向上翘,具幽香,花期 2—3 月。在我国分布很广,北自秦岭,南至广东,西自云南,东至浙江、台湾都有,日本及朝鲜半岛亦有分布。

建兰(*Cym. ensifolium*):假鳞茎较小,卵圆形,具 2~6 枚叶片,叶长 30~50 cm,阔 1~2 cm;花莛着生于假鳞茎基部,直立,高 25~35 cm,具 3~9 朵花,花径 5~6 cm,花浅黄绿色,有褐色脉纹,唇具小乳状突,先端反卷,芳香。花期依品种而异,有的一年可开 2~3 次,但大多集中在 8—10 月。分布于亚洲热带及亚热带地区,包括印度、老挝、柬埔寨、马来西亚、菲律宾、印度尼西亚及我国长江以南各省(自治区)及西南地区。

惠兰(*Cym. faberi*):假鳞茎圆锥形,野生条件下,在粗石砾中根长可达 1.7m;叶 5~10 枚,长 30~80 cm,宽 1 cm,边缘有粗锯齿;花莛直立,高 40~60 cm,具 7~14 朵花,花径 5~6 cm,萼片长于花瓣,唇具多数小乳状突,具幽香。花期 3—4 月。在我国分布很广,北自秦岭,南至广东,西自云南,东至浙江、台湾都有。日本及朝鲜半岛亦有分布。

寒兰(*Cym. kanran*):假鳞茎狭卵球形,球径 1.0~1.5 cm;叶 3~7 枚,直立,长 30~70 cm,宽 1.0~1.5 cm;花莛直立,高 50 cm 左右,疏生 5~12 朵花,花径 5~7 cm;萼片狭长,长 4 cm,宽 0.4~0.7 cm;花瓣稍短而宽,花色具绿、红、红褐色等,唇

具 2 条黄色褶片;具芳香。花期因地而异,可自 7 月至翌年 2 月,但多集中于 11 月至翌年 1 月。分布在亚洲亚热带地区,我国华东、华南、华中及四川、云南、贵州、台湾等地有分布,日本、朝鲜半岛亦有分布。

墨兰(*Cym. sinense*):假鳞茎椭圆形,叶 4~6 枚,剑形,长 60~80 cm,宽 2.5~4.0 cm,全缘,有光泽;花莛直立,高 40~60 cm,具 5~20 朵花,花径 5~8 cm,红褐色、绿色等,唇具 2 条黄色褶片。花期 8 月至翌年 3 月,依产地不同而异,云南产的花期较早,8—10 月开花,福建、广东产的较迟,约 11 月至翌年 3 月开花。分布在我国福建、广东、广西、云南、台湾等地。印度、缅甸亦有分布。

虎头兰(*Cym. hookerianum*):假鳞茎粗壮,高 7~9 cm。具 5~10 枚叶片,叶片长 70~90 cm,宽 2~3 cm,全缘,有光泽。花莛长 30~70 cm,拱形,具 6~15 朵花,花径 10~12 cm,浅黄绿色,淡香,花瓣稍小于萼片,唇黄色有红色斑点,具 2 条褶片。花期 7—11 月。为附生兰,分布在我国四川、云南、贵州、广西、西藏等地。喜马拉雅地区的印度北部、尼泊尔、不丹及泰国亦有分布。

园林观赏用途:兰属植物适于盆栽或切花,可满足不同装饰性的需要。

242. 石斛兰属(彩图 235)

学名:*Dendrobium*

别名:石兰、吊兰花、金钗石斛。

产地和分布:原产地主要分布于亚洲热带和亚热带、澳大利亚和太平洋岛屿。我国大部分分布于西南、华南、台湾等热带、亚热带和秦岭以南各地。

形态特征:石斛兰属假鳞茎丛生,形态差异大,有的短粗、肉质、肥壮,有的细高多节,直立或下垂。叶纸质或革质,带状、椭圆形或圆柱状对生于茎节两旁。单花或总状花序着生于假鳞茎顶端或其上部,也有每个节均着生成簇花朵的;花色范围广,有白、黄、红粉、红、橙、紫和复色等。中萼片与花瓣分离,侧萼片合生于蕊柱基部形成一个囊状物,唇三裂或不裂,有的种类有距。许多种类气味芳香。花期依种类不同有春季开花的,有秋季开花的,花期为 2~3 周。

常见种类有:

金氏石斛(*Den. kingianum*):假鳞茎细长可达 55 cm,其上部着生 5~7 枚叶片,总状花序长 20 cm,具 5~15 朵花,花芳香,蜡质,白色或深浅不同的粉色至深粉色,唇常有深色斑。分布于澳大利亚低至中海拔地带暴露于阳光下的岩石上。

红花石斛(*Den. cuthbertsonii*):假鳞茎矮小,高 1~5 cm,叶片长 4~6 cm,绿色叶表粗糙,有小突起。花径 2~4 cm,长 5 cm,大多数花为红色,尚有明亮的浅黄、粉、橙、紫及复色,鲜艳夺目。唇先端钝,常有红褐色脉纹。分布于巴布亚新几内亚海拔 1 800~3 000 m 的高山上,附生于树干、有苔的灌木或林地岩石上。

园林观赏用途:石斛兰可作切花,为花篮、花束、瓶插、胸花、新娘捧花等重要花材,亦可盆栽,用于大型庆典及不同礼仪场合的装饰。多年生的大盆栽可起到突出效果,小盆栽植株非常适于家庭室内装饰之用。

243.文心兰属(彩图 236)

学名:*Oncidium*

别名:跳舞兰、金蝶兰、瘤瓣兰。

产地和分布:原生种遍布于美洲热带及亚热带地区。现世界各国多有引种栽培。

形态特征:文心兰属合轴生长,假鳞茎密集成簇,较大,扁卵圆形。顶端具 1~3 枚叶片,叶常绿,长椭圆形或带状,革质、肉质或膜质。花莛着生于假鳞茎基部,长 5 cm 至 1m 余,花序有分枝,可着花多数,甚至达百余朵,花径 1~12 cm,多为黄色、金黄色,也有粉、白及褐色,常有红褐色斑纹。萼片与花瓣形状大小相似,花瓣向两侧平展,唇瓣宽大,先端两裂,唇基部布有小斑点脊状突起物,无距。

常见种类有:

鸟喙文心兰(*Onc. ornithorhynchum*):假鳞茎密集,高 10~14 cm,顶生 2 枚叶片,叶质薄,长 30 cm,宽 2~3 cm,圆锥形。花径长 2~3 cm,唇三裂,肾形,先端较宽,白色。原产于墨西哥、哥斯达黎加等地。

掌花文心兰(*Onc. cheirophorum*):小型植株,单叶,花莛着生于假鳞茎顶端,长 12~20 cm,宽 2 cm;圆锥形花序分枝较密,弯曲下垂,长 30~60 cm,具多数小花,花径 1.2~1.5 cm,花黄色,芳香,唇三裂。原产于厄瓜多尔、哥伦比亚、巴拿马等地。

园林观赏用途:文心兰为重要的切花材料,大量用于花束、花篮、瓶插及吊挂,多用于会议及各种庆典。矮型种类亦可作盆栽供室内及家庭装饰。

244.蝴蝶兰属(彩图 237)

学名:*Phalaenopsis*

别名:蝶兰。

产地和分布:原产于欧亚、北非、北美洲和中美洲。我国有 6 种,分布于南方各省区。

形态特征:蝴蝶兰属单轴生长,无假鳞茎,以大量肉质根坚实地附着于树干或岩石上。茎非常短,着生少数叶片,叶排列于植株两侧,肥厚、扁平、革质,多为绿色,背面常有紫褐色晕或斑。大多数种类常绿,少数种类在野生条件下为抵御过于干旱的情况而落叶。花莛自叶腋萌生,总状或圆锥形花序,花 7~13 朵,花色丰富,有白、黄、粉红、紫等色及有深浅不同斑纹的复色。3 枚萼片形状大小相接近,长椭圆形;花瓣稍宽,唇瓣三裂,中裂片有卷须状附属物,先端呈爪状,两侧裂片直立,唇基有两行褶片。一般春季或秋季开花,花期长,可达 2~3 个月。

常见种类有：

爱神蝴蝶兰（*Phal. aphrodite*）：叶深绿色，有光泽。花序弯曲呈弧形，具大量纯白色花朵，花径 5～7 cm，有光泽，萼片长椭圆形，花瓣近圆形，唇三裂，侧裂片直立，中裂片先端有两条卷须，唇基部有红色斑及一黄色胼胝体，花期秋、冬季到早春，花期很长。原产于菲律宾、澳大利亚和我国台湾及西南地区。

大白花蝴蝶兰（*Phal. amabilis*）：叶卵圆形、肉质、深绿色，长 25～35 cm，宽 8～12 cm。花序弧形有分枝，长 40～100 cm，花径 7～9 cm。全年开花，但以春、夏季较为集中。原产于菲律宾南部、印度尼西亚、加里曼丹、巴布亚新几内亚及澳大利亚北部。

园林观赏用途：蝴蝶兰属植物花姿婀娜，花色高雅，可用于大型活动厅堂的装饰及家庭室内布置。

245. 万代兰属（彩图 238）

学名：*Vanda*

别名：胡姬花、万带兰。

产地和分布：原生种分布于亚洲热带至大洋洲。现世界各国多有栽培。

形态特征：万代兰属多为附生，少数石生或地生。不同种植株高度差异大。单轴生长，茎苗壮，多直立，也有呈匍匐攀缘状的。茎上具气生根，根长可达 1m 以上，以根附着于树干、树杈或岩石上。叶两行整齐排列于茎两侧，带状或圆柱状，革质，绿色。总状花序，着生于叶腋，每个花序有 5～12 朵花，花的大小与花色因种类而异，花色丰富，有白、黄、粉、红、褐及兰花中极为稀有的蓝色花，花瓣有方格形网状脉纹。萼片与花瓣相似。唇瓣小，三裂，中裂片向前伸展，侧裂片直立，有囊状距，唇基部与蕊柱结合。多数种类白天芳香，花期多在秋、冬季，少数夏末开花，花期长达 3～4 周。苗壮成株在环境适宜时一年可开 2～3 次花。

常见种类有：

大花万代兰（*V. coerulea*）：叶坚硬、革质，长 20～30 cm，宽 1.5～2.0 cm。花序长 70～80 cm，直立或弯曲，具 10～20 朵花，花径 8～12 cm。萼片与花瓣形状大小相似，侧萼片稍大于花瓣，花瓣微扭曲，花白色至紫色，有方格状网形脉纹，唇深紫色。分布于喜马拉雅地区，包括印度北部、中国云南、泰国、缅甸等地。

小花万代兰（*V. coerulescens*）：叶带状、狭长。花序直立或弯曲，长 30～40 cm。萼片与花瓣形状、色彩相似，白色有淡蓝色晕或淡蓝色，唇三裂，紫色，距细长，花径 2.5～4.0 cm，花期春至夏季，栽培宜放中温温室。原产于中国云南、印度东北部、缅甸及泰国等地。

园林观赏用途：万代兰属植物常作为盆栽、吊挂装饰及切花供插瓶或其他花艺设计之用,为室内装饰的重要花材。

246.兜兰属(彩图 239)

学名:_Paphiopedilum_

别名:拖鞋兰。

产地和分布:分布于亚洲热带,自喜马拉雅地区印度南部经东南亚、泰国、缅甸、柬埔寨、中国南部、太平洋诸岛屿、菲律宾、新几内亚至印度尼西亚等地。

形态特征:兜兰属无假鳞茎,根状茎不明显,根肉质,茎短而簇生。叶常绿,基生,长椭圆形或带状,正面绿色,常有白或紫色斑纹,叶背绿色,有时为紫红色。花葶自叶丛中伸出,高 20~50 cm,单花,少数为具 2~4 朵花的总状花序,花色丰富,有白、浅绿、黄、粉、红、紫红等,常有斑点或条纹。中萼片较大,直立或稍向前倾斜,两侧萼片合生为一体,着生于中萼片下方、唇瓣背后;唇瓣大,呈兜状。花期长,依种类不同全年均有花。

常见种类有:

卷萼兜兰(_Paph. appletonianum_):叶片有少量斑纹,花葶直立,花紫褐色,唇瓣色稍深。冬末春初开花。适合盆栽与切花。产于我国海南、广西。泰国、柬埔寨、越南、老挝等地亦有分布。

杏黄兜兰(_Paph. armeniacum_):叶片有白灰色斑纹,花葶直立,花瓣黄色,有时带绿晕。花期 3—5 月。可作切花与盆栽。原产于我国云南高海拔、低纬度地区。

同色兜兰(_Paph. concolor_):叶面绿色有白色斑,叶背紫色。花葶直立,花浅黄色具紫色细斑点。唇兜底部稍尖,花期 4—6 月。是优良的盆栽植物。原产于我国西南地区,缅甸、泰国、柬埔寨、老挝、越南亦有分布。

硬叶兜兰(_Paph. micranthum_):叶绿色有浅色斑纹,叶背紫色。花大,花径可达10 cm,花白色或粉色。中间萼片较小,唇兜肥大,粉红色。花期在早春。分布于我国西南地区。

麻栗坡兜兰(_Paph. malipoense_):叶面有深浅不同的绿色斑纹,叶背紫色。单花,偶有双花,芳香。花绿色,中萼片及花瓣有褐色脉纹。唇黄绿色具褐色斑,内面唇基有一圆形紫斑。原产于我国云南省,越南亦有分布。

园林观赏用途:兜兰花朵奇特,花姿形态与一般兰花迥然不同。可盆栽,也可作切花。

第十一章　蕨类植物

247.铁线蕨（彩图 240）

学名：*Adiantum capillus—veneris*

别名：水猪毛、七铁丝草、铁线草。

科属：铁线蕨科，铁线蕨属。

产地和分布：铁线蕨广泛分布于热带亚热带地区。我国长江以南省区，北到陕西、甘肃和河北均有分布，是我国暖温带、亚热带和热带气候区的钙质土和石灰岩的指示植物。

形态特征：铁丝蕨为多年生草本植物。高 15～40 cm。根状茎横走，黄褐色，密被条形或披针形淡褐色鳞片，叶柄细长而坚硬，似铁线，故名铁线蕨。中部以下为二回羽状复叶；羽片互生，小羽片斜扇形，基部阔楔形，边缘浅裂至深裂；囊群盖由小叶顶端的叶缘向下面反折而成。叶片卵状三角形，2～4 回羽状复叶，细裂，叶脉扇状分叉，深绿色。孢子囊群生于羽片的顶端。

园林观赏用途：铁线蕨茎叶秀丽多姿，形态优美，株型小巧，极适合小盆栽培和点缀山石盆景。由于黑色的叶柄纤细而有光泽，酷似人发，加上其质感十分柔美，好似少女柔软的头发，因此又被称为"少女的发丝"；其淡绿色薄质叶片搭配着乌黑光亮的叶柄，显得格外优雅飘逸。小型盆栽可置于案头、茶几上；较大盆栽可用以布置背阴房间的窗台、过道或客厅。铁线蕨叶片还是良好的切叶材料及干花材料。

248.肾蕨（彩图 241）

学名：*Nephrolepis cordifolia*

别名：蜈蚣草、圆羊齿、篦子草、石黄皮。

科属：骨碎补科，肾蕨属。

产地和分布:原产于热带亚热带地区。我国台湾等南方省区都有野生分布,常见于溪边林中或岩石缝内或附生于树木上,野外多成片分布。

形态特征:肾蕨有附生种类和地生两种。株高一般 30～60 cm。地下具根状茎,包括短而直立的茎、匍匐茎和球形块茎三种。直立茎的主轴向四周伸长形成匍匐茎,从匍匐茎的短枝上又形成许多块茎,小叶便从块茎上长出,形成小苗。肾蕨没有真正的根系,只有从主轴和根状茎上长出的不定根。根茎上长出的叶呈簇生披针形,叶长 30～70 cm,宽 3～5 cm,一回羽状复叶,羽片 40～80 对。初生的小复叶呈抱拳状,具有银白色的茸毛,展开后茸毛消失,成熟的叶片革质光滑。羽状复叶主脉明显而居中,侧脉对称地伸向两侧。孢子囊群生于小叶片各级侧脉的上侧小脉顶端,囊群肾形。

园林观赏用途:肾蕨叶片较大、叶色淡绿且具光泽,叶片展开后下垂,十分优雅,丰满的株形富有生气和美感;株形直立丛生,复叶深裂奇特,叶色浓绿且四季常青,形态自然潇洒。广泛地应用于客厅、办公室和卧室的美化布置,尤其用作吊盆式栽培更是别有情趣,可用来填补室内空间。在窗边和明亮的房间内可长久地栽培观赏。肾蕨的许多栽培种因其观赏性优良都得到人们的认可,波斯顿蕨极适于盆栽及垂吊栽培,是室内装饰极理想的材料。

249.观音莲座蕨

学名:*Angiopteris fokiensis*

别名:福建莲座蕨。

科属:莲座蕨科,莲座蕨属。

产地和分布:原产于大陆热带与亚热带地区。我国长江中上游地区有广泛分布,常生于常绿阔叶林下。

形态特征:观音莲座蕨属于大型陆生蕨。株高 1～2 m。根状茎为肉质肥大直立的莲座状。叶簇生,叶柄粗壮肉质,基部扩大成蚌壳状并相互覆叠成马蹄形,如莲座,故得名。叶柄长 50～70 cm,干后褐色,基部有褐色狭披针形鳞片,腹面有浅纵沟,叶片阔卵形,长宽各约 80 cm,二回羽状,羽片 5～7 对,互生,二回小羽片披针形,35～40 对,对生或互生,叶脉单一或二叉,无倒行假脉。叶为草质,两面光滑。孢子囊群呈两列生于距叶缘 0.5～1.0 mm 的叶脉上,孢子囊群由 8～10 个孢子囊组成。

园林观赏用途:观音莲座蕨为优良的观赏蕨类,最宜于大盆栽培,陈列于大厅、机场候机厅等,地栽时可植于庭园及绿化带下,是布置阴生植物区的良好材料,也宜温室展览。

250.桫椤(彩图 242)

学名:*Alsophila spinulosa*

别名:桫椤、台湾桫椤、蛇木。

科属:桫椤科,桫椤属。

产地和分布:原产于热带亚热带的密林中。在中国云南有部分原种分布。现我国台湾、福建、广东、广西、贵州、四川、云南、西藏、重庆等地有分布。

形态特征:桫椤为树形蕨类植物。茎直立,高 1~6 m,胸径 10~20 cm,上部有残存的叶柄,向下密披交织的不定根。叶螺旋状排列于茎顶端;茎端和拳卷叶以及叶柄的基部密被鳞片和糠秕状鳞毛,鳞片暗棕色,有光泽,狭披针形,先端呈褐棕色刚毛状,两侧具窄而色淡的啮蚀状薄边;叶柄长 30~50 cm,通常棕色或上面较淡,连同叶轴和羽轴具刺状突起,背面两侧各具一条不连续的皮孔线,向上延至叶轴;叶片大,长矩圆形,长 1~2 m,宽 0.4~0.5 m,三回羽状深裂;羽片 17~20 对,互生,基部一对缩短,长约 30 cm;中部羽片长 40~50 cm,宽 14~18 cm,长矩圆形,二回羽状深裂;小羽片 18~20 对,基部小羽片稍缩短,中部的长 9~12 cm,宽 1.2~1.6 cm,披针形,先端渐尖而具长尾,基部宽楔形,无柄或具短柄,羽状深裂;裂片 18~20 对,斜展,基部裂片稍缩短,中部的长约 7 mm,宽约 4 mm,镰状披针形,短尖头,边缘具钝齿;叶脉在叶片上羽状分叉,基部下侧小脉出自中脉的基部;叶纸质,干后绿色,羽轴、小羽轴和中脉上面被糙硬毛,下面被灰白色小鳞片。孢子囊群着生于侧脉分叉处,靠近中脉,有隔丝,囊托突起,囊群盖球形,膜质。

园林观赏用途:桫椤树形美观,树冠犹如巨伞,虽历经沧桑却万劫余生,依然茎苍叶秀,高大挺拔,称得上是一件艺术品,园艺观赏价值极高。

251. 井栏边草

学名:*Pieris multifida*

别名:凤尾草、井口边草、铁脚鸡、山鸡尾、井茜。

科属:凤尾蕨科,凤尾蕨属。

产地和分布:原产于中国和日本。现我国广泛分布于除云南以外的长江以南地区,向北到河南南部。现作盆花栽培。

形态特征:井栏边草为多年生草本。根状茎粗壮,直立,密被钻形黑褐色鳞片,高 30~70 cm。叶二型,丛生,无毛;叶柄长 5~25 cm,灰棕色或禾秆色;叶片卵形,羽状复叶,长 20~45 cm,宽 15~25 cm。除基部一对有叶柄外,其余各对基部下延,在叶轴两侧形成狭翼,羽片线形,3~7 对,对生或近对生,全缘;沿羽片下面边缘着生孢子囊群,线形,囊群盖稍超出叶缘,膜质。

园林观赏用途:井栏边草喜温暖湿润和半阴环境,为钙质土指示植物。生长旺盛,细柔多姿,耐阴,对空气湿度要求不太高,是装点室内几案的小型盆栽佳品,也可配置山石盆景。

252. 紫萁

学名：*Osmunda japonica*

别名：紫萁贯众、高脚贯众、老虎台、老虎牙、水骨菜、黑背龙、见血长。

科属：紫萁科，紫萁属。

产地和分布：紫萁是我国暖湿温带及亚热带最常见的一种蕨，向北分布至秦岭南坡，多生于山地林缘、坡地的草丛中，在高山区气候冷湿地带分布茂密，是酸性土壤指示植物。

形态特征：紫萁为多年生宿根性草本地生蕨类植物。根茎块状，其上宿存多数已干枯的叶柄基部；直立或倾立；不分枝，偶有不定芽自基部生出。根发达，钻穿力与抓地力强劲。蕨叶为二回羽状复叶，初生时红褐色并被有白色或淡褐色茸毛。丛生，分有三型：营养羽片翠绿色，无柄，广卵形，边缘有浅锯齿或无，光滑无毛或叶脉偶有柔毛；孢子羽片殆由孢子囊群所组成，子囊群丛集著生于小羽轴，孢子散尽后随之凋落；营养孢子羽片仅羽片部分边缘著生有孢子囊，孢子散出后仍可行营养机能；所有羽片与叶柄基部皆具关节，老化后会自该处断落。孢子绿色。

园林观赏用途：紫萁株形整齐，叶片纹脉清晰，排列有序，嫩绿色的叶脉在阳光照射下半透明，使人赏心悦目，是极佳的室内盆栽精品。枯死的根状茎是很好的附生植物的栽培基质。

253. 芒萁

学名：*Dicranopteris linearis*

别名：铁狼萁、狼萁、芒萁骨。

科属：里白科，芒萁属。

产地和分布：我国长江以南各地有分布。生于强酸性的红壤或黄壤丘陵地区，自成群落，为酸性土指示植物。现作林下地被用。

形态特征：芒萁为多年生草本蕨类植物。高30～60 cm。根状茎横走，细长，褐棕色，被棕色鳞片及根。叶柄褐棕色，无毛；叶片重复假两歧分叉，在每一交叉处均有羽片（托叶）着生，在最后一分叉处有羽片两歧着生；羽片披针形或宽披针形，长20～30 cm，宽4～7 cm，先端渐尖，羽片深裂；裂片长线形，长3.5～5.0 cm，宽4～6 mm，先端渐尖，钝头，边缘干后稍反卷；叶下白色，与羽轴、裂片轴均被棕色鳞片；细脉2～3次叉分，每组3～4条。孢子囊群着生细脉中段，有孢子囊6～8个。

园林观赏用途：芒萁是贫瘠土壤疏林下的良好地被植物，覆盖度高，其群生性能可抑制其他杂草生长。芒萁的根茎十分发达，质地粗且硬，匍匐横走于土壤表层，根发达，抓地力强劲，有利于水土保持。

254. 里白

学名：*Diplopterygium glaucum*

别名：大蕨萁、蕨萁（四川）。

科属：里白科，里白属

产地和分布：广布于我国长江以南各地。多成片生于林下、山谷、沟边等阴湿环境，形成里白灌木状群落。在南方多以林下地被应用。

形态特征：里白为大型陆生蕨类植物，植株高 1～3 m。叶片坚纸质，椭圆形，长60～90 cm，宽 20～30 cm。背面粉白色，幼时背面及边缘有星状毛，后脱落。羽片 30～40 对，近对生，线状披针形。叶柄长 50～100 cm，腹面扁平。根状茎横走，被宽披针形鳞片；顶芽密被棕色披针形鳞片。孢子囊群圆形，由 3～4 个孢子囊组成，生于羽片背面侧脉的中部，在主脉两侧各排成 1 行。

园林观赏用途：里白植株高大，羽叶覆盖面大，有极强的群栖性，作为林下地被，既能显示群体美，又可避免杂草丛生。但属于喜阴湿的植物，且没有驯化品种，实际园林绿地中应用较少。

255. 野雉尾

学名：*Onychium japonicum*

别名：乌蕨、野雉尾金粉蕨、中华金粉蕨。

科属：中国蕨科，金粉蕨属。

产地和分布：广布于我国长江流域至华南及台湾，北至甘肃南部、河北西部。多生于林缘、路边，少生于林下。

形态特征：野雉尾为多年生草本蕨类植物。高 60～100 cm。根状茎长而横走，质硬，密被暗褐色鳞毛，断面带黄褐色。叶远生；叶柄长 15～30 cm，禾秆色或基部褐棕色，无毛；叶片卵圆状披针形或三角状披针形，长 10～30 cm，宽 6～15 cm，3～5 回羽状分裂；小羽片及裂片多数，先端有短尖。孢子囊群长圆形，着生于末回羽片背面的边缘，浅棕色，与中脉平行；囊群盖膜质，全缘。

园林观赏用途：野雉尾植株生长旺盛，叶密呈丛状，细裂，鸡尾形叶别致，适于室内盆栽或与大型假山盆景配植。

256. 东方荚果蕨

学名：*Matteuccia orientalis*

别名：大叶蕨、马来巴。

科属：球子蕨科。

产地和分布：自然分布于我国浙江、福建、安徽、湖南、陕西、广西、云南和四川。常生于林下、溪边或阴湿灌丛中。多于南方林下地被应用。

形态特征：东方荚果蕨为多年生草本植物，植株高达 100 cm。根茎直立，连同叶柄基部密被披针形大鳞片。叶簇生，二型；营养叶的叶柄长 30～80 cm，禾秆色；叶片长椭圆形，长 50～80 cm，宽 25～40 cm，顶端渐尖，深羽裂，基部不变狭，叶轴和羽轴疏被狭披针形鳞片，二回羽状半裂；羽片长 12～22 cm，宽 2.5～3.0 cm，裂片边缘略具钝齿；侧脉单一；孢子叶一回羽状；羽片栗褐色，有光泽，向下面反卷包被囊群成荚果状。孢子囊群圆形，生于侧脉的分枝顶端，成熟时汇合成条形；囊群盖白膜质，近圆心形，基部着生，向外卷盖囊群，成熟时压在囊群下面，最后散失。

园林观赏用途：东方荚果蕨是优良的地被植物，解决了极阴条件下绿化的难题。它覆盖率大，株形美观，秀丽典雅，也极适于盆栽观赏，孢子叶可作切花材料。

257. 木贼

学名：_Equisetum hiemale_

别名：木贼草、锉草、节骨草、无心草。

科属：木贼科，木贼属。

产地和分布：生于坡林下阴湿处、河岸湿地、溪边，喜阴湿的环境，有时也生于杂草地。分布于我国黑龙江、吉林、辽宁、河北、安徽、湖北、四川、贵州、云南、山西、陕西、甘肃、内蒙古、新疆、青海等地。北半球温带其他地区也有。

形态特征：木贼为多年生草本植物。高达 60 cm 以上，直径 4～10 mm。根茎短，棕黑色，匍匐丛生；营养茎与孢子囊无区别，多不分枝，表面具纵沟通 18～30 条，粗糙，灰绿色，有关节，节间中空，节部有实生的髓心。叶退化成鳞片状基部连成筒状鞘，叶鞘基部和鞘齿成暗褐色两圈，上部淡灰色，鞘片背上有两三条棱脊，形成浅沟。孢子囊生于茎顶，长圆形，无柄，具小尖头。

园林观赏用途：木贼适宜盆栽观赏。南方园林栽培中用作地被植物，与山石景观配置。也可作切花配材。

258. 华南紫萁

学名：_Osmunda vachellii_

别名：马肋巴、中肋巴（四川）、鲁萁、牛利草（广东）。

科属：紫萁科，紫萁属。

产地和分布：分布于我国福建、广东、广西、云南、贵州、四川、浙江等地。常野生于山地、草丛或溪边，是我国南部酸性土壤的指示植物。

形态特征：华南紫萁为多年生草本植物，根状茎粗壮，形成圆柱形主轴。叶簇生其顶部，厚纸质，两面无毛，呈黄绿色，略有光泽；叶柄长 15～35 cm，坚硬；叶片长圆形，长 30～80 cm，宽 15～30 cm；羽片具短柄，着生于叶轴上，披针形或线状披针形，长 15～20 cm，宽 1.5 cm，顶端长渐尖，基部狭楔形，近全缘。

园林观赏用途：华南紫萁植株似苏铁，株型美观，叶姿态优雅，颇具观赏价值，可供庭园中栽植或室内盆栽观赏。

259. 波斯顿蕨（彩图 243）

学名：$Nephrolepis\ exaltata$ cv. Bostoniensis

别名：高肾蕨、皱叶肾蕨。

科属：肾蕨科，肾蕨属。

产地和分布：原产于热带及亚热带。在我国台湾省有分布。

形态特征：波斯顿蕨属于多年生常绿蕨类草本植物。根茎直立，有匍匐茎。叶丛生，长可达 60 cm 以上，具细长复叶，叶片展开后下垂，为二回羽状深裂，小羽片基部有耳状偏斜。孢子囊群半圆形，生于叶背近叶缘处。

园林观赏用途：波斯顿蕨是一类下垂状的蕨类观叶植物，适宜盆栽于室内吊挂观赏，其匍匐枝剪下可用作装饰配置材料。

260. 凤尾蕨类（彩图 244）

学名：$Pteris$

别名：鸡爪莲、五指草。

科属：凤尾蕨科，凤尾蕨属。

产地和分布：原产于热带和亚热带地区。现我国长江流域及以南地区有分布，日本、朝鲜也有分布。

形态特征：凤尾蕨为多年生常绿草本植物。根状茎直立、斜生或横卧，顶端密被鳞片，鳞片棕色或褐色，膜质，坚硬，叶簇生或近生，基部被鳞片，上部光滑或被毛。叶片 1～3 回羽状，偶有单叶不分裂或掌状分裂。叶草质或革质，多数光滑，少数被毛。孢子囊群线形，沿叶缘着生连续延伸，着生于叶缘下的联结小脉上，有隔丝。

园林观赏用途：凤尾蕨叶型美丽，枝叶婆娑，适宜在湿地林下、水池边等丛植，或在客厅、书房、卧室等盆栽，点缀书桌、茶几、窗台。

261. 蜈蚣草

学名：$Pteris\ vittata$

别名：蜈蚣蕨、长叶甘草蕨、舒筋草、牛肋巴、肾蕨。

科属：凤尾蕨科，凤尾蕨属。

产地和分布：原产于亚洲东南部。现广泛分布于我国热带和亚热带地区，是我国暖温带、亚热带和热带气候区的钙质土和石灰岩的指示植物。

形态特征：蜈蚣草为多年生草本植物。植株高 30～150 cm。根状茎短而粗壮，密被黄褐色鳞片。叶簇生，深禾秆色，叶柄坚硬，叶片倒披针状长圆形，一回羽状复叶。羽片无柄，上侧羽片较大常覆盖叶轴。条形孢子囊群靠近羽片两侧边缘着生。

园林观赏用途:蜈蚣草可在湿地林下或水池边丛植,也可在客厅、书房、卧室等盆栽。

262.贯众

学名:*Cyrtomium fortunei*

别名:昏鸡头、小金鸡尾。

科属:鳞毛蕨科,贯众属。

产地和分布:原产于中国、朝鲜及日本等亚洲国家。现我国华北、西北、长江以南各地有分布,生于山坡下、溪沟边、石缝中、墙角边等阴湿地区。

形态特征:贯众为多年生草本植物。植株高25~50 cm。根状茎直立,密被黑色鳞片。叶片一回羽状,簇生。羽片镰刀形,基部有短柄。叶厚纸质,两面无毛,背面疏被淡棕色小鳞片。叶柄、叶轴、禾秆色。孢子囊群星状分布于羽片背面。

园林观赏用途:贯众株形优雅,四季常青,并且抗逆性较强,可在林缘或路缘丛植,也可室内盆栽。

263.盾蕨

学名:*Neolepisorus ovatus*

别名:西风剑、单叶扇蕨。

科属:水龙骨科,盾蕨属。

产地和分布:原产于我国福建、浙江、江苏、安徽、江西、湖南、湖北、河南、广东、广西、贵州、四川、云南等地。

形态特征:盾蕨为多年生草本植物。植株高20~40 cm。根状茎横走,密生鳞片,卵状披针形,边缘有疏锯齿。叶远生,叶柄长10~20 cm。密被鳞片,叶片卵状,基部圆形,渐尖头,干后厚纸质。上面光滑,下面多少有小鳞片。主脉隆起,侧脉明显,开展直达叶边,小脉网状。孢子囊群圆形,沿主脉两侧排成不整齐的多行,或在侧脉间排成不整齐的一行,幼时被盾状隔丝覆盖。

园林观赏用途:盾蕨是优良的观赏蕨类,适应性强,是极好的盆栽观叶种类,也适合在阴湿的园林中作地被植物栽培。

264.金毛狗

学名:*Cibotium barometz*

别名:金毛狗脊、黄狗头、猴毛头。

科属:蚌壳蕨科,金毛狗属。

产地和分布:广泛分布于亚洲热带、亚热带地区,我国南方许多省区都有分布,主产于四川、浙江、广东等地。

形态特征:金毛狗为大型树状陆生蕨类。高1~3 m。根状茎粗大直立或斜生。

叶片长达 2 m,阔卵状三角形,三回羽状裂。叶片簇生,叶柄粗壮,基部密被金黄色绒毛,像金毛狗头,故此得名。叶片革质或厚纸质,两面光滑,孢子囊群生于下部的小脉顶端,囊群盖坚硬,两瓣状,成熟时张开如蚌壳。

园林观赏用途:金毛狗植株大型,叶姿优美,四季常青。适宜在庭院中林下或林荫处种植,也可作为大型室内观赏蕨类盆栽。由于金毛狗根状茎长满金色茸毛,可制成精美的工艺品供观赏。

265.对开蕨

学名:*Phyllitis scolopendrium*

别名:荷叶蕨、日本对开蕨、东北对开蕨。

科属:铁角蕨科,对开蕨属。

产地和分布:主要产于日本及朝鲜北部。我国只分布在长白山区的抚松、集安、长白县。

形态特征:对开蕨为多年生常绿草本植物。株高 30～70 cm。根状茎短,直立或斜生。叶片簇生,具有长叶柄,棕色或棕褐色,疏被鳞片,叶浅状披针形,长 25～35 cm,最长可达 50 cm,先端渐尖,全缘革质,上面绿色光滑有光泽,下面淡绿色,疏生黄棕色鳞毛。孢子囊群线形,深棕色,膜质全缘,向侧脉相对开,宿存。

园林观赏用途:对开蕨叶形典雅可爱,有观赏价值。适合于水边、林缘丛植或室内盆栽观赏。

266.二叉鹿角蕨(彩图 245)

学名:*Platyceium bifurcatum*

别名:二歧鹿角蕨、蝙蝠兰、蝙蝠蕨、鹿角山草。

科属:鹿角蕨科,鹿角蕨属。

产地和分布:原产于大洋洲热带地区。现各地温室常见栽培。

形态特征:二叉鹿角蕨为大型附生蕨类。叶二型丛生状,分为营养叶(又称不育叶)和孢子叶(又称育叶)两种。营养叶直立,圆盾形,边缘呈波状,叶基部收紧呈心形,紧贴根状茎上,新发嫩叶为淡绿色,老叶为棕色。主要功能除了抓住支承物之外,也可聚积从树上掉下来的碎屑,把它分解成腐殖质,并包裹存根状茎周围,对根状茎起到了保护作用,同时还可以用来贮蓄水分。孢子叶丛生,裂片下垂,顶端分叉呈凹状深裂,长达 60 cm,呈灰绿色。孢子囊群生于小裂片背面。

园林观赏用途:二叉鹿角蕨是附生性蕨类植物,有极高的观赏价值,又具有较强的适宜性。既可以盆栽,也可以悬挂附生,适用于点缀客厅、窗台、书房;同时也是优良的切叶材料,用于插花配叶。

267. 巢蕨（彩图 246）

学名：*Neottopteris nidus*

别名：鸟巢蕨、山苏花。

科属：铁角蕨科，巢蕨属。

产地和分布：原产于热带、亚热带地区，分布范围较广，北可达日本南部，南至澳大利亚，东到波利尼西亚，西至非洲。我国云南、广西、广东、海南、台湾等地均有分布。

形态特征：巢蕨为大型附生蕨类。植株可达 1.6 m。根状茎粗短直立，密披棕色鳞片，披针形叶簇生成鸟巢状，革质，全缘；孢子囊群长线形，由主脉延伸至小脉的1/2处，叶片下部不育。

本属是重要的观赏蕨类植物，约 50 种，我国约 32 种。世界各地广泛的引种巢蕨用于园林应用，培育出了许多园艺品种，如波叶巢蕨、羽叶巢蕨、圆叶巢蕨等。

园林观赏用途：巢蕨为美丽的室内大型观叶植物，叶大而密，簇生成鸟巢状。可以制作成吊盆，放置于室内；也可以摆放于厅堂，或用于会场的布置。巢蕨叶片同时也是优良的切叶材料。也可入药。

268. 崖姜蕨

学名：*Pseudodrynaria coronans*

别名：皇冠蕨、崖蕨、骨碎补。

科属：水龙骨科，崖姜属

产地和分布：产于亚洲热带。主要分布于中国、印度尼西亚、尼泊尔、缅甸、泰国、马来半岛、越南、日本。我国主要分布于西藏、云南、广西、广东、海南、台湾、福建等地。

形态特征：崖姜蕨为大型附生蕨类。根状茎粗短，肉质，具有披针形鳞片，边缘有毛。叶簇生，羽状深裂，排列成圆弧扇形；叶硬革质，无毛，长 80~120 cm，中部宽 20~30 cm，顶端渐尖，中部以下渐狭，至下部 1/4~1/5 处缩成翅；翅宽 2~3 cm，在近基部又渐扩成圆心形；羽裂片披针形，长 8~15 cm，宽 2.0~3.5 cm，先端渐尖，全缘，具加厚的边；有明显侧脉，小脉连接着整齐的横脉，使整个侧脉呈网状，网眼内藏有小脉。孢子囊群圆或长圆形，生于网状交结点，在每对侧脉间排成一行；孢子囊圆球形，具 10~16 个胞壁增厚的细胞构成的环带，产两面型孢子，肾状。

园林观赏用途：崖姜蕨植株优美，适合做吊盆，悬挂于室内大厅；属于大型观赏蕨类，也适于应用在植物园的热带植物馆或科普馆内。全草可入药，具有补肾、活血止痛、接骨消肿的功效。

269. 长叶鹿角蕨

学名: *Platycerium willinckii*

别名: 爪哇鹿角蕨。

科属: 鹿角蕨科,鹿角蕨属。

产地和分布: 主要分布于印度尼西亚爪哇岛。

形态特征: 长叶鹿角蕨为大型附生蕨类。株高达 1.5 m 以上。叶二型,簇生,分为不育叶和可育叶。不育叶厚革质,新叶灰绿色,成熟后成褐色,具深齿裂,顶端再浅裂分岔,覆瓦状贴生于根状茎上;可育叶叶柄长,常往下生长,正反面均分布明显的白色星状毛,以新生叶片尤其明显。

园林观赏用途: 长叶鹿角蕨叶型奇特,株型优美,是理想的室内观叶植物,也适合于布置窗台、植物园、公园等地方,别致而富有情趣。

270. 兔脚蕨

学名: *Davallia mariesii*

别名: 龙爪蕨、狼尾蕨。

科属: 骨碎补科,骨碎补属。

产地和分布: 原产于新西兰、日本。现广泛分布于亚洲、美洲、澳大利亚及太平洋群岛等热带、亚热带地区。

形态特征: 兔脚蕨为小型附生蕨类。植株高 20 cm。根状茎长而横走,密被鳞片,灰棕色,绒状披针形。叶远生,叶片阔卵状三角形,3～4 回羽状复叶,羽片愈近顶处愈形缩小,整体呈三角形,小叶细致为椭圆或羽状裂叶,革质,叶面平滑浓绿,富光泽,羽叶长 10～30 cm,由细长叶柄支撑,叶柄色稍深,细长 10～30 cm。孢子囊群着生于近叶缘小脉顶端,囊群盖近圆形。

园林观赏用途: 兔脚蕨植株优美,叶鲜嫩可爱,具有极高的观赏价值,是理想的室内观赏蕨类;且具有一定的抗性,适合配置于假山岩石边。兔脚蕨根状茎可入药,具有祛风除湿、清热凉血的功效。

271. 狭基巢蕨

学名: *Neottopteris antrophyoides*

别名: 斩妖剑、真武剑、鬼毛针。

科属: 铁角蕨科,巢蕨属。

产地和分布: 原产于中国华南、西南等地。现分布于中国、泰国、越南、老挝等地区。我国主要分布于云南、广东、广西等地,生于石灰岩山地林下石上、树干上。本属都具有较高的观赏价值,世界各地均有引种栽培。

形态特征: 狭基巢蕨为中型附生蕨类。根状茎粗短,密被褐色鳞片,卵状披针形,全缘;叶簇生,几无柄,压扁。叶片倒披针形或匙形,全缘至波状。叶纸质,中肋明显,侧脉明显,近叶边处与边脉相连。孢子囊群生小脉上侧,达小脉 2/3 处,叶片中下部不育。

园林观赏用途:狭基巢蕨叶形美丽,叶色鲜绿,生长旺盛,为理想的中型观叶植物。也是较好的切叶材料。全草具有清热解毒、利尿消肿、通络止痛功效。

272. 大鳞巢蕨

学名:*Neottopteris antiqua*

别名:巢蕨、山苏花、王冠蕨。

科属:铁角蕨科,巢蕨属。

产地和分布:附生于林下岩石或树干上。我国分布于广东、广西、云南、福建、贵州、四川、江西等地。

形态特征:大鳞巢蕨为大型附生蕨类。植株高 60～100 cm,根状茎粗短直立,密被棕色鳞片。叶簇生,叶柄长 2～3 cm,基部被鳞片,披针形叶,长 60～95 cm,全缘有软骨质边,中脉两面隆起,侧脉单一或二叉,叶革质,无毛。孢子囊群线形,着生于小脉上侧,叶片下部常不育。膜质囊群盖呈线形。

本属植物为中型附生蕨类,叶簇生成鸟巢状,叶革质,大而美丽,具有很高的观赏价值。

园林应用较多的品种有:狭翅巢蕨(*Neottopteris antrophyoides* var. *antrophyoides*),叶片中部较宽,向下逐渐变窄,呈现狭倒卵披针形;鸡冠巢蕨(*Neottopteris antrophyoides* var. *cristata*)叶片宽大,叶片上部呈鸡冠状。

园林观赏用途:大鳞巢蕨叶片宽大,叶层簇生成鸟巢状,成辐射状生长,叶色碧绿光亮,是理想的观叶植物。可用吊盆栽植用于宾馆、庭院及室内装饰。其宽大叶片也是优良的切叶材料。

273. 翠云草(彩图 247)

学名:*Selaginella uncinata*

别名:生扯拢、蜂药、蓝草、地柏叶、蓝地柏、绿绒草、龙须。

科属:卷柏科,卷柏属。

产地和分布:生于山坡、林下、林缘、溪边。分布于我国中部、西南、南部各省及中南半岛。日本、欧美各国均有栽培。

形态特征:翠云草为多年生草本植物。茎匍匐多分枝,常着生不定根。侧叶平展稀疏,分枝处较密,长圆形,分生侧枝着生鳞片状小叶;各叶均全缘,有白色膜质狭边。孢子叶卵状披针形,孢子囊穗以小孢子囊为主,有时整个囊穗全为小孢子囊,大孢子囊仅着生于囊穗中部,大孢子常常 4 枚着生于大孢子囊中,仅 1 枚发育。

园林观赏用途:翠云草羽叶细密,可发出蓝色荧光,可以种植于小口径的盆中,或点缀书桌、几案,或悬挂于客厅、门廊,柔美可爱,极具观赏价值。在南方可以成片种植于疏林下,做地被,也可以种于水景边湿地。翠云草是很好的保水材料,可作为优良的兰花盆面覆盖材料。

274. 卷柏

学名: *Seleginella tamariscina*

别名: 九死还魂草、万年松、万年青、长生草、老虎爪、一把抓。

科属: 卷柏科,卷柏属。

产地和分布: 在原产地生于溪边的岩石缝中。分布于中国、俄罗斯东西伯利亚、朝鲜、日本、菲律宾、越南、泰国、印度。我国分布较为广泛,北至东北,南达海南,东至台湾,西达陕西、四川。

形态特征: 卷柏为多年生草本植物。主茎短而粗壮,散生根系发达,常聚生成主茎状。小枝丛生,呈莲座状。侧生叶卵圆形,具长芒;中叶披针形,顶端尖呈芒状。孢子囊穗单生枝顶,孢子叶卵圆形,具芒刺,孢子二型,大孢子囊及小孢子囊分别着生于囊的上下。同属植物还有:大叶卷柏(*Seleginella bodinieri*),植株中型,主茎下部不分枝,枝上的叶4行排列,叶大而对称;沧澜卷柏(*Seleginella gebaueriana*),植株中型,匍匐,叶具白边及短睫毛和细齿;江南卷柏(*Seleginella moellendorffii*),茎直立,叶蓝绿色,伏贴生于茎上,边缘为膜质白边。

园林观赏用途: 卷柏植株矮小,具有极强的生命力,具备了很高的园林应用价值。既可种植于公园、居住区等绿地作地被植物,又可应用于岩石园等专类园,同时也可用于配置山石盆景以及小盆栽培作观赏。

275. 石韦

学名: *Pyrrosla lingua*

别名: 飞刀剑、肺心草、蜈蚣七、铺地蜈蚣七、七星剑、一支箭、山柴刀、肺筋草。

科属: 水龙骨科,石韦属。

产地和分布: 我国分布于长江流域以南各省。朝鲜、日本、越南、印度也有分布。

形态特征: 石韦为小型石生蕨类。植株高 10～30 cm。根状茎长而横走,密被披针形鳞片,具睫状毛。叶疏生,二型,厚革质,叶片上面有排列整齐的洼点,密被一层星状毛。叶具网状脉,侧脉不明显,孢子叶短于叶柄,通常卷曲成圆筒状。圆形孢子囊群多行排列于侧脉间,无囊群盖。

园林观赏用途: 石韦分布范围广,适应性强,适于盆栽观赏。

276. 有柄石韦

学名: *Pyrrosia petiolosa*

别名：石韦、小石韦、长柄石韦、石茶、独叶草、牛皮草、小尖刀。

科属：水龙骨科，石韦属。

产地和分布：多附生于石缝、石墙以及岩洞壁上，海拔 250～2 200 m。分布于中国、朝鲜、俄罗斯。在我国各地区均有分布。

形态特征：有柄石韦为小型石生蕨类。植株高 6～17 cm。根状茎长而横走，密被卵状披针形鳞片，具睫状毛；叶疏生，二型，厚革质，能育叶与不育叶近似，叶柄比叶片长 10 cm 或更长；叶上密生排列整齐而明显的洼点，下面密被一层星状毛；叶脉网状，侧脉不明显。成熟孢子囊布满叶背。

园林观赏用途：有柄石韦具有较高的观赏价值，可以盆栽，或点缀山石盆景。

277. 水龙骨

学名：*Polypodiodes niponicae*

别名：青龙骨、石蚕、石豇豆、青石莲、草石蚕、跌打粗。

科属：水龙骨科，水龙骨属。

产地和分布：附生于林下的树干上以及林缘的石缝中，海拔 450～1500 m。分布于印度、尼泊尔、不丹、泰国、缅甸、越南；我国主要分布于长江以南各省区。

形态特征：水龙骨为中小型石生蕨类。植株高 25～55 cm。根状茎横走，根状茎干被白粉，其上极少着生鳞片。叶疏生，叶柄极长；叶片圆披针形，羽状裂片 18～29 对，互生，全缘，上部裂片较小，向下逐渐增大；叶草质，两面具柔毛；叶面不明显。孢子囊群近中肋着生。

园林观赏用途：水龙骨植株小巧，叶色鲜绿，有极高的观赏价值。适合点缀山石盆景，也可盆栽作为室内观叶植物。

278. 银粉背蕨

学名：*Aleuritoperis argentea*

别名：退经草、铜丝草、岩飞草、金牛草、金丝草。

科属：中国蕨科，粉背属。

产地和分布：生于石灰岩地区岩石及岩洞壁上。广布于我国各地。朝鲜、蒙古、俄罗斯远东地区、日本等地也有分布。

形态特征：银粉背蕨为中小型石生蕨。根状茎直立或斜出，有鳞片，鳞片披针形，亮黑色，边缘红棕色。叶厚纸质，簇生，叶片五角形，由三片基部相连或分离的羽片组成，每一羽片二回羽状裂，顶生羽片近菱形，侧生的 2 个羽片为三角形，羽轴基部靠近叶柄的一回大羽片较长。叶表暗绿色，叶背有银白色或乳黄色的粉末。小脉顶端着生孢子囊群，孢子囊群成熟时呈条形；叶边着生厚膜质群囊盖。

园林观赏用途：银粉背蕨生长旺盛，叶片五角形，叶绿光亮，正反两面色彩对比鲜明,可以用作山石盆景和假山石上的绿化点缀材料。也可作为小型盆栽放置于室内观赏。

279.瓦韦

学名:*Lepisorus thunbergianus*

别名:七星草、剑丹、小叶骨牌草、金星草、骨牌草、落星草。

科属:水龙骨科,瓦韦属。

产地和分布:在原产地主要生于岩石、树干上。我国分布于华东、华南、西南及陕西、台湾等地,生于林下岩石缝中或树干上;海拔一般在 500~2400 m。

形态特征:瓦韦为小型石生蕨类。具有横生的根状茎,密披钻形鳞片。叶稀疏,革质,叶片线状披针形,下部常疏披小鳞片;中肋两面隆起,叶脉不明显。圆形孢子囊着生于中肋与叶边之间,成熟时通常分离。同属植物还有:扭瓦韦(*Lepisorus contortus*),植株高 10~27 cm。叶近生,革质,叶片线状披针形,先端渐尖,基部向下渐狭,全缘;拟瓦韦(*Lepisorus tosaensis*),植株高 8~24 cm。根状茎横走,叶几无柄,披针形,叶纸质或近革质。孢子囊近中肋着生。

园林观赏用途:瓦韦植株小而适应性强,适合林下栽培,也可用于点缀假山盆景。

280.刺齿贯众

学名:*Cyrtomium caryotideum*

别名:尖耳贯众、尖齿贯众、牛尾贯众。

科属:毛鳞蕨科,贯众属

产地和分布:我国分布于华中、华南及台湾等地。生于阴暗潮湿的林下、岩石缝、岩洞口以及沟边、林缘等地,在西南地区是一种石灰岩的指示植物。

形态特征:刺齿贯众为中型石生蕨类。根状茎粗而直立,着生鳞片,延至叶柄基部,披针形鳞片大而有光泽。叶簇生,纸质,叶柄叶轴着生有小鳞片,奇数羽状复叶,顶生叶呈三叉状,侧生叶 5~7 对,阔镰状三角形,边缘密生细齿。多行网眼分布于主脉两侧,使叶脉呈现网状。孢子囊群着生于叶背小脉中部,囊群边缘流苏状。同属植物还有:贯众(*Cyrtomium fortunei*),植株高大,叶奇数一回羽状复叶,羽片 12~19 对。

园林观赏用途:刺齿贯众植株大而优美,叶型美观,是室内优良的盆栽观叶植物。适合作切叶材料。

281.海金沙

学名:*Lygodium japonicum*

别名:铁蜈蚣、金砂截、罗网藤、铁线藤、左转藤。

科属:海金沙科,海金沙属。

产地和分布:生长于路边或山坡灌丛中,海拔一般在 1000 m 以下。在我国分布范围广泛,北至陕西及河南南部,西达四川、云南和贵州;朝鲜、越南南部、日本、澳大利亚也有分布。

形态特征:海金沙为攀缘藤本蕨类。植株长可达 4 m。根茎细长,横走。叶对生于茎上的短枝上,短枝之间相距 10 cm 左右。二型叶纸质,有疏短毛,不育叶尖三角形,二回羽状,小羽叶片掌状或三裂,有钝齿;能育叶卵状三裂,孢子囊着生小羽片边缘,流速状,暗褐色。孢子期 5—11 月。

园林观赏用途:海金沙具蔓性,可以攀缘植物、墙体,具有很高的观赏价值。可以用作墙垣等绿篱材料,也可用于小品造型以及盆栽观赏。

282. 小叶海金沙

学名:*Lygodium scandens*
别名:藤援海金沙,石韦藤。
科属:海金沙科,海金沙属。

产地和分布:多生于光照充足且湿润的地方,如溪边灌丛、水沟边以及开阔的灌丛中,为酸性土壤指示植物。一般海拔在 140～1350 m。主要分布于我国西南、华南地区。

形态特征:小叶海金沙为攀缘藤本蕨类。植株蔓性,一般可达 7 m。茎纤细,叶二型,无毛,矩圆形的不育叶具有单数羽片,三角形或心形,以关节着生于短柄顶端。能育叶三角形或心形,具卵状三角形的小羽片,以同样方式着生于短柄顶端。穗线形的孢子囊排列于叶缘,褐色。

园林观赏用途:小叶海金沙植株蔓性细长,叶型奇特,小巧美观,适合作攀缘或垂吊栽培。

283. 长叶海金沙

学名:*Lygodium flexuosum*
别名:曲轴海金沙、柳叶海金沙、驳筋藤、缠藤、介指藤。
科属:海金沙科,海金沙属。

产地和分布:生于低山丘陵地区的林下、林缘以及疏林地,海拔 300～900 m。分布于我国云贵、两广以及海南等地区。

形态特征:长叶海金沙为攀缘藤本蕨类。植株长可达 3 m 以上。羽片多数,长圆状三角形,奇数二回羽状,第一回羽叶 3～5 对,叶柄极短,三角状披针形,末回小羽片 1～3 对,近对生,三角形卵状至阔披针形,基部深心脏形,有小锯齿。叶脉明显,三回二叉分歧。叶草质,羽轴多少左右弯曲,有狭翅。褐色孢子囊呈穗线状,常着生于小羽片中下部,孢子表面有疣状物。

园林观赏用途:长叶海金沙生命力顽强,适合用于废弃的采石场、被破坏的裸地的生态系统前期的恢复。其蔓性细长,植株美观,适合作攀缘或垂吊栽培,也可作绿篱材料。

284.藤石松

学名:*Lycopodiastrum casuarinodies*

别名:舒筋草、伸筋草、灯笼草、小伸筋草、石子藤石松。

科属:石松藤科,石松属。

产地和分布:生于常绿阔叶林林缘、灌丛中,海拔不超过 1300 m。分布于我国南方各省、亚洲热带及亚热带各地。

形态特征:藤石松为大型土生藤本蕨类。可达数米长。有螺旋状排列的叶,钻形披针形,厚革质,上部膜质向先端毛发状易落。枝二型,多回二叉分枝,分化为可育枝和不可育枝。末回不可育小枝细而下垂,叶三列,一列贴生小枝一面的中部,呈刺状;其他两列贴生小枝的一面,交互并行,呈三角形。可育枝从不可育枝基部下侧的有密鳞片状叶的芽抽出,多回二叉分枝,末回分枝顶端各生孢子囊穗 1 个;黄色孢子囊肾形,生叶腋;孢子叶阔卵圆三角形。

园林观赏用途:藤石松是大型木质藤本植物,可作为公园、居民区的攀缘材料,具有一定的观赏价值。

285.线蕨

学名:*Colysis elliptica*

别名:椭圆线蕨、羊七莲。

科属:水龙骨科,线蕨属。

产地和分布:在阴暗潮湿的山谷中以及溪边可以找到,常生于石上或石缝间,海拔 400～1400 m。分布于我国长江以南各省区;朝鲜、日本、越南也有分布。

形态特征:线蕨为中型石生蕨类。植株高 40～60 cm。根茎长,横走,被卵状披针形鳞片。叶远生,近二型。能育叶片卵状长圆形至椭圆状披针形,羽状深列达叶轴,羽片 4～8 对,全缘。不育叶柄极短。叶纸质,叶脉网状,主脉两面凸出,侧脉不显。线性孢子囊群与主脉斜展,几乎达叶边。

园林观赏用途:线蕨叶色翠绿,叶形轻柔,婀娜多姿,很受喜爱。栽于盆中,置于书桌、阳台倍感优雅清爽,是理想的室内观赏蕨类植物。性耐阴,喜阴暗湿润的地方,适合假山池边点缀。

第十二章　观赏蔬菜

286. 菠菜

学名: *Spinacia oleracea*

别名: 波斯草、赤根菜、菠棱、鹦鹉菜。

科属: 黎科,菠菜属。

产地和分布: 原产于伊朗,有 2000 年以上栽培历史。7 世纪传入我国,现我国南北各地普遍种植。

形态特征: 菠菜是以绿叶为产品器官的一年生或二年生草本植物。茎叶柔软滑嫩、味美色鲜。主根发达,肉质根红色,味甜可食;侧根不发达,不适合移植。主要根群分布在 25～30 cm 的土壤表层。叶簇生,抽薹前叶柄着生于短缩茎盘上,呈莲座状,深绿色。单性花雌雄异株,两性比约为 1:1,偶也有雌雄同株的。雄花排列成有间断的穗状圆锥花序,顶生或腋生,花被片通常 4 枚,黄绿色,雄蕊 4 枚,伸出,花药不具附属物;雌花簇生于叶液,无花被,苞片纵折,彼此合生成扁筒,小苞片先端有 2 齿,背面通常各具 1 棘状附属物;花栓 4,线形,细长,下部结合。胞果硬,通常有 2 个角刺,果皮与种皮贴生。种子直立。花期 4—6 月,果熟期 6 月。菠菜属耐寒性长日照植物。

经常栽培的菠菜品种有:

秋菠菜:品种宜选用较耐热、生长快的早熟品种。

越冬菠菜:宜选用冬性强、抽薹迟、耐寒性强的中、晚熟品种。

春菠菜:品种宜选择抽薹迟、叶片肥大的迟圆叶菠、春秋大叶、沈阳圆叶、辽宁圆叶等。

夏菠菜:宜选用耐热性强,生长迅速的品种。

园林观赏用途：七彩菠菜，叶子浓绿有光泽，叶梗和茎呈黄色、金色、深红色、白色、中间色等七种颜色，色彩艳丽，为蔬菜中特菜珍品。可以盆栽或种植于阳台，花坛作观赏用。

287. 莴苣

学名：*Lactuca sativa*

别名：千金菜、石苣。

科属：菊科，莴苣属。

产地和分布：原产于地中海沿岸，由野生品种经过驯化演变成为今天莴苣素减少、苦味变淡的栽培品种。世界各地普遍栽培叶用莴苣，16～17 世纪欧洲有叶用莴苣的栽培记载，后传入南美。在我国，莴苣后来又演化出茎用类型，我国南北各地茎用莴苣栽培普遍，较叶用莴苣栽培早，叶用莴苣最早在华南一带栽培，直到 20 世纪 80 年代才在全国各地广泛栽培，成为主要的绿叶蔬菜。

形态特征：莴苣为一、二年生草本植物。可分为叶用和茎用两类。根系浅，多分布在 20～30 cm 深土层。叶用莴苣分为皱叶莴苣、散叶莴苣、结球莴苣，叶互生，叶有绿、黄、紫色等，质地脆嫩，叶面平展或褶皱，外叶开展，心叶松散或抱合成叶球着生于短缩茎上。叶片数量多而大，以叶片或叶球供食；茎用莴苣，又叫芦笋，莴苣随着植株生长，短缩茎伸长和膨大，花芽分化后，茎叶继续扩展，形成粗壮的肉质茎。莴苣花黄色为头状花序，每一花序有花 20 余朵，瘦果，果褐色或银白色，附有冠毛。莴苣属冷凉蔬菜，露地栽培主要是春、秋两季。华北地区春茬 2—4 月播种育苗，5—6 月收获；秋茬 7 月下旬至 8 月下旬播种育苗，10—11 月收获。

园林观赏用途：莴苣由于叶形和叶色多样，而被纳入观赏类蔬菜，广泛应用于观光农业园区。叶形有皱叶不结球生菜和结球生菜两种，颜色有紫叶生菜和绿叶生菜。在观光农业园区，观赏生菜常以立体栽培的形式出现，节约能源的同时也具有很高的观赏价值。

288. 甘蓝

学名：*Brassica oleracea*

别名：卷心菜、洋白菜、疙瘩白、包菜、圆白菜、包心菜、莲花白等。

科属：十字花科，芸薹属。

产地和分布：原产于地中海北岸。现为世界性栽培的蔬菜，欧洲、美洲国家为主要蔬菜。我国各地均有栽培，是东北、西北、华北等较冷凉地区春、夏、秋的主要蔬菜，华南等地冬、春也大面积栽培。

形态特征：甘蓝为二年生草本植物。高 30～90 cm，全体具白粉。基生叶广大，肉质厚，倒卵形或长圆形，长 15～40 cm。如牡丹花瓣样，层层重叠，至中央密集成球形,内部的叶白色,包于外部的叶常呈淡绿色;茎生叶倒卵圆形,较小,无柄。花轴从包围的基生叶中抽出,总状花序,花淡黄色;萼片4枚,狭而直立,呈袋形;花瓣4枚;4强雄蕊,罐蕊1枚。长角果呈圆锥形。花期5—6月。

经过自然与人工的选择逐级形成了多种多样的品种和变种:

羽衣甘蓝(var. *acephala*):植株高大,根系发达。茎短缩,密生叶片。叶片肥厚,倒卵形,被有蜡粉,深度波状皱褶,呈鸟羽状,叶色艳丽美观。

结球甘蓝(var. *capitata*):叶片在不同时期的形态有不同的变化。基生叶的幼苗叶有明显的叶柄,莲座期开始到结球,叶柄逐渐变短至无叶柄。

有供观赏和食用兼用的赤球甘蓝(var. *rubra*):同结球甘蓝,叶为紫红色;皱叶甘蓝(var. *bullata*):同结球甘蓝,叶片卷皱;抱子甘蓝(var. *gemmifera*):茎直立,顶芽开展,腋芽能形成许多小叶球。

有供食用肥大肉质茎的球茎甘蓝(var. *caulorapa*):叶丛着生短缩茎上。叶片椭圆、倒卵圆或近三角形,绿、深绿或紫色,叶面有蜡粉。叶柄细长,生长一定叶丛后,短缩茎膨大,形成肉质茎,圆或扁圆形,肉质、皮色绿色或绿白色,少数品种紫色。

有供食用的肥大花球花椰菜(var. *boteytis*):基生叶及下部叶长圆形至椭圆形,长2.0~3.5 cm,灰绿色,顶端圆形,开展,不卷心,全缘或具细牙齿,有时叶片下延,具数个小裂片,并成翅状;叶柄长2~3 cm;茎中上部叶较小且无柄,长圆形至披针形,抱茎。茎顶端有1个由总花梗、花梗和未发育的花芽密集成的乳白色肉质头状体;总状花序顶生及腋生;花淡黄色,后变成白色;青花菜(var. *italica*):与花椰菜同,但花为绿色。

食用菜薹为主的芥蓝(*Brassica alboglabra Bailey*):叶片为单叶,互生,卵形、椭圆形或近圆形。一般叶宽15~20 cm,长20~28 cm。叶面光滑或皱缩,浓绿色,被蜡粉。叶柄青绿色。初生花茎肉质,绿色,为食用器官。生长中后期,花茎伸长和分枝,形成复总状花序。

园林观赏用途:甘蓝有多种形态,色彩各异,不同品种、变种组合栽培,可获得较好的景观效果。既可作花坛、花境布置,也可盆栽欣赏;既可在园林绿地种植,也可用于观光农业园区种植观赏蔬菜。

289.芹菜

学名:*Apium graveolens*

别名:水芹、旱芹、药芹。

科属:伞形花科,芹属。

产地和分布:原产于地中海沿岸,瑞典至阿尔及利亚、埃及以及高加索等地有野生芹菜分布。2000年以前古希腊人最早栽培,后由高加索传入我国,现世界各地普遍栽培。

形态特征:芹菜根系分布浅,主要在地表下 10～20 cm 土层,主根肥大,用于贮藏养分,主根被切断后可发生侧根,宜育苗移栽。营养生长期茎短缩,叶片着生于短缩茎基部,为二回羽状奇数复叶,叶缘锯齿状,叶面积较小,叶柄发达,为主要食用部分。茎端抽生花薹后发生多数分枝,高 60～90 cm,为复伞形花序,虫媒花,异花授粉(亦能自花授粉结实)。双悬果,圆球形,种子褐色,椭圆形,千粒重 0.4 g。

园林观赏用途:芹菜分为中国芹菜、西芹两种,是作为农业观光园不可或缺的一员。芹菜所具有的观赏价值主要为其高大、细长的叶柄和青绿或嫩白的叶柄颜色,以及芹菜所独有的香气。

290.薄荷

学名:_Mentha canadensis_

别名:蕃荷菜、鱼香菜、水益母等。

科属:唇形科,薄荷属。

产地和分布:最早期欧洲地中海地区及西亚洲一带盛产,现在美国、西班牙、意大利、法国、英国、巴尔干半岛等地有分布,广泛分布于我国各地。我国是薄荷油、薄荷脑的主要输出国之一。

形态特征:薄荷根系入土深度 30 cm 左右,而以表土层 15～20 cm 左右最为集中。地上茎可分为两种,一种是直立茎,方形,颜色因品种而异,有青色与紫色之分;另一种是匍匐茎,它是由地上部直立茎基部节上的芽萌发后横向生长而成,其上也有节和节间,每个节上都有两个对生的芽鳞片和潜伏芽,匍匐于地面而生长。叶片是以对生的方式着生在茎节上,叶片的形状、颜色、厚度、叶缘锯齿的密度、深度等因品种、生长时期、生长条件不同而有所不同。一般说来,叶片的形状有卵圆、椭圆形等;叶色有绿色、暗绿色和灰绿色等。花朵较小,花萼基部联合成钟形,上部有 5 个三角形齿;花冠为淡红色、淡紫色或乳白色,4 裂片基部联合;花朵有 4 枚雄蕊,着生在花冠壁上;雌蕊 1 枚,花柱顶端二裂,伸出花冠外面。正常花(即雌、雄蕊俱全)的花朵较大,雄蕊不露或仅留痕迹的,花朵较小。薄荷自花授粉一般不结实,要利用风媒或虫媒传粉。1 朵花最多能结 4 粒种子。果实为小坚果,长圆状卵形,种子很小,淡褐色,万粒重仅 1 g 左右。

园林观赏用途:薄荷属观赏蔬菜中的绿叶菜,观赏价值在于其叶形、叶色以及走进栽培区所能闻到的不同品种的怡人香气。

291.紫背天葵

学名:_Begonia fimbristipula_

别名:散血子、观音苋、天葵秋海棠、龙虎叶等。

　　科属：秋海棠科，秋海棠属。

　　产地和分布：紫背天葵是我国特产蔬菜，以四川、台湾栽培较多，西藏、贵州、广东、广西等省区也有分布，生于海拔 1 000～4 000 m 的湿润山坡。

　　形态特征：紫背天葵块根短柱形或纺锤形，稍弯曲，下部常有分枝。地下块茎肉质，圆珠形。叶通常 1 片，卵状心形，先端渐尖，基部心形，边缘有不规则的尖锯齿，背面紫红色。夏季开花，花粉红色，有香味。蒴果秋季成熟。

　　园林观赏用途：紫背天葵的叶子正面为绿色，背面为紫红色，具有一定的观赏价值。在农业观光园区广泛栽培，作为观赏采摘用菜。

292. 油麦菜

　　学名：*Lactuca sativa*

　　别名：莜麦菜、苦菜、凤尾。

　　科属：菊科，莴苣属。

　　产地和分布：原产于地中海沿岸，由野生种经过驯化而成，欧洲在 16～17 世纪就有相关记载。20 世纪 80 年代在我国有较大面积种植，成为南北各地均有栽培的绿叶蔬菜品种。

　　形态特征：油麦菜属直根系，根系浅，须根发达，茎短缩，抽薹后形成肉质茎，叶互生，呈披针形，叶色为浅绿色，叶面平展或褶皱，叶缘波状。花浅黄色，为头状花序。瘦果，自花授粉，也可以虫媒异花授粉。种子千粒重 8～12 g。

　　园林观赏用途：油麦菜叶色油绿，色泽鲜艳，作为观赏蔬菜，适宜温室或大棚大面积栽培。

293. 落葵

　　学名：*Basella rubra*

　　别名：木耳菜、西洋菜、豆腐菜。

　　科属：落葵科，落葵属。

　　产地和分布：原产于中国和印度，非洲广泛栽培。我国四川、云南、西藏等地有分布。生于林下、山坡或路边草丛中，海拔 1 350—3 400m。尼泊尔、缅甸、泰国也有分布。

　　形态特征：落葵根系分布广，再生能力强，适于移栽，在潮湿的土壤表层容易产生不定根，可以扦插繁殖。茎蔓生，肉质绿色或紫红色，光滑，长可达 2～3 m，具有许多分枝。单叶互生，肉质光滑，全缘，绿色，叶脉叶梢常见紫红色。穗状花序，两性花，花紫红色或白色。果实为浆果，种子卵圆形，褐色，千粒重 25 g 左右。

　　园林观赏用途：木耳菜因为它的叶子近似圆形，肥厚而黏滑，好像木耳的感觉，所以俗称木耳菜；也因叶片的特殊形状及质感，作为观赏蔬菜，在我国设施观光园有栽培。

294. 番杏

学名：*Tetragonia expansa*

别名：新西兰菠菜、洋菠菜。

科属：番杏科,番杏属。

产地和分布：原产于澳大利亚、东南亚及智利等地,主栽区域分布在热带和温带地区。我国于 1946 年引种栽培,现在我国南北各地均有栽培,台湾、福建、浙江宁波等地栽培较多。

形态特征：番杏根系发达,根系入土很深,耐旱能力较强,耐涝能力较差。茎为圆形、半蔓生,初期直立型生长,后期匍匐生长,分枝力强,每个叶腋中都能长出侧枝。叶片互生,形状略似三角形,全缘,叶片肥厚,呈深绿色。种子为黑褐色,表面有棱,在棱的顶端长有细刺,千粒重 80～100 g。

园林观赏用途：番杏以其三角形叶形、浓绿的叶片作为观赏蔬菜,多栽培于大棚中,作为设施栽培,四季供应。番杏是一种具有发展潜力的夏季淡季蔬菜,具有很强的抗逆能力,生长旺盛,在我国各地均能实现周年栽培,具有清热解毒之功效,现已成为被市民公认的保健绿叶蔬菜在市场上广泛销售。

295. 蕹菜

学名：*Ipomoea aquatica*

别名：空心菜、通菜、藤菜等。

科属：旋花科,番薯属。

产地和分布：原产于中国、印度。我国自古栽培蕹菜,在《南方草木状》一书中就有相关记载,称蕹菜为奇蔬。现我国华中、华东地区较大面积栽培,华北、东北地区近年来也普遍种植,中部和南部地区常为无性栽培。

形态特征：蕹菜有性繁殖的植株主根深入土层 25 cm 左右,无性繁殖的茎上着生不定根,根系浅,具有较强的再生能力。旱生品种茎节短,中空,浓绿至浅绿;水生品种茎节较长,节上生有不定根。子叶对生,马蹄形,真叶互生,柄长,为长卵形,基部叶为心脏形或披针形,全圆,叶面光滑、浓绿或浅绿,具有叶柄。聚伞花序,花腋生,花冠漏斗状,完全花,白色或浅紫色。蒴果卵圆形,含 2～4 粒种子,种子近圆,皮厚、坚硬、黑褐色,千粒重 32 g 左右。

园林观赏用途：蕹菜其花、叶、茎、及植株均具有很高的观赏价值,是无土栽培观光园的常用蔬菜品种。也有露地栽培供观赏及采摘。

296. 五彩椒

学名：*Capsicum annuum*

别名: 朝天椒、五彩辣椒。

科属: 茄科,辣椒属。

产地和分布: 原产于美洲热带,在北美洲经长期驯化、人工选择,演化而成,后传入我国。现我国各地均有栽培。

形态特征: 五彩椒根系不发达,根量少,株高 30~60 cm。茎直立,常半木质化,分枝多,单叶互生。卵状披针形叶或矩圆形叶。花单生叶腋或簇生枝梢顶端,花白色,形小不显眼。花期 5—7 月。浆果,果实簇生于枝端,果期 8—10 月,自然杂交,易产生新的变异品种。同一株果实可有红、黄、紫、白等各种颜色,有光泽,盆栽观赏很逗人喜爱。也可以食用,风味同青椒一样。

园林观赏用途: 五彩椒温室大棚、露地栽、盆栽均可,也可数株合植于稍大的盆中,果实色泽艳丽、多样、小巧。盆栽陈设于客厅、卧室或厨房,装饰效果非常好。亦可花坛配植,具有较高的观赏价值。

297. 金瓜

学名: *Cucurbita pepo* var. *kintoga*

别名: 观赏南瓜、看瓜。

科属: 葫芦科,南瓜属。

产地和分布: 原产于南美洲热带,后广泛栽培。我国河北、江苏、广西、四川、海南有栽培。

形态特征: 金瓜为一年生草质藤本植物。茎枝细,具有卷须,叶柄长 3~5 cm,叶互生,叶片大,阔卵形具角棱或浅裂,叶面粗糙,上面深绿,具短毛,叶背浅绿色。花生于叶腋处,黄色,单性;雌雄同株,雄花单生或 3~8 朵着生于总状花序上;雌花单生,子房长圆形,外被黄褐色柔毛,花柱长 5~8 mm,柱头 3 枚。瓠果,长圆卵形,表皮光滑,具有突起的纵肋,两端急尖,成熟果实金黄、橙黄色。种子长圆,有网纹,两端钝圆形。

园林观赏用途: 金瓜色金黄、橙黄色,表皮光滑,作为观果蔬菜应用于观光农业园区,也可自家庭院种植。

298. 玩具南瓜

学名: *Cucurbita Pepo*

科属: 葫芦科,南瓜属。

产地和分布: 原产于美洲墨西哥一带。现在世界各地均可栽培。

形态特征: 玩具南瓜根系强大,茎蔓生,分为长蔓和短蔓两种。叶片大,叶色浓绿色,表面被茸毛,掌状或心形叶片。花形筒状,花色多为黄色。瓜形多样,有扁圆、飞碟、长圆、卵圆、多边形等,瓜色有绿、白、黄、橙红色,果实表面有的间有条纹或斑点,平滑或者有棱线。果肉多为黄色,种子形状多为扁平、椭圆,种子颜色多为乳白、淡黄、淡灰色等,千粒重 100～160 g。

园林观赏用途:玩具南瓜由于其果形新奇,多彩鲜艳,观赏价值很高,在很早以前就作为发展观光农业园的首选栽培品种。果实以蔬菜玩具的身份受到城乡居民的欢迎,消费者喜欢将不同形状和色泽的南瓜拼成瓜篮,配以干花,陈放于室内,令人耳目一新。主要应用于观光园区的绿色长廊、庭院蔽荫棚,果实采摘后可以作为室内陈设,供观赏用。

299. 茄子

学名:_Solanum melongena_

别名:落苏、昆仑瓜、紫膨。

科属:茄科,茄属。

产地和分布:起源于亚洲东南热带地区,最早在古印度驯化人工繁殖。我国各地均有栽培,为夏季主要蔬菜之一。

形态特征:茄子中有一类外形小巧、色彩多样的品种作为观赏蔬菜栽培。观赏茄子为直根系,根深 50 cm,横向伸展 120 cm,大多分布在 30 cm 耕作层内。其茎在幼苗期为草质,生长到成苗以后逐渐木质化,成为粗壮能够直立的茎秆。叶互生,叶片肥大。花为两性花,一般为单生,花色以紫色、白色为主。茄子主茎上的果实称"门茄",一级侧枝的果实称为"对茄",二级侧枝的果实称为"四门斗",三级侧枝的果实称为"八面风",以后侧枝的果实称为"满天星"。观赏茄子果色除了紫色,还有白色,果实大小比普通茄子小,观赏大多为袖珍品种。

园林观赏用途:观赏茄子作为观赏蔬菜的重要组成部分,主要应用于观光园区,其果形小巧,果色有白、紫、橘红、绿、黄色等多种,具有较高的观赏价值。

300. 丝瓜

学名:_Luffa cylindrica_

别名:蛮瓜、水瓜。

科属:葫芦科,丝瓜属。

产地和分布:起源于热带亚洲,分布在亚洲、大洋洲和美洲的热带和亚热带地区。我国各地广泛栽培。

形态特征:丝瓜根系较发达,再生能力强,较耐涝、稍耐旱。茎蔓生,浓绿,被绒毛,分枝力强。单叶,掌状或心形,浓绿色。雌雄异花同株,雄花总状花序,雌花单生,子房下位。瓠果,绿色,普通丝瓜果皮被毛,粗糙;有棱丝瓜果皮有皱纹,具 9～11 棱。种子近椭圆形,普通丝瓜种子千粒重 100～120 g,有棱丝瓜种子千粒重 120～180 g。

园林观赏用途:丝瓜为攀缘植物,对高温适应性强,常与玩具南瓜、蛇瓜等攀缘植物一起作为观光长廊,形成形状多样、色彩缤纷的瓜菜绿色走廊。

301. 蛇瓜

学名: *Trichosanthes anguiua*

别名: 蛇丝瓜、大豆角、蛇豆。

科属: 葫芦科,栝楼属。

产地和分布: 原产于印度、马来西亚等热带亚洲国家,广泛分布于印度及东南亚。印度栽培已有 2000 年历史,我国各地有零星栽培。

形态特征: 蛇瓜根系较发达。茎蔓生,绿色,五棱,有卷须。叶掌状,5~7 裂,边缘有锯齿。雌雄花异花同株,腋生。果实长棒形,末端弯曲,长 40~120 cm 不等,果皮灰白色,质松软,似蛇。表面平滑,具有蜡质。果肉白色,肉质松软,具有腥味儿。种子千粒重 200~250 g。

园林观赏用途: 在庭院蔽荫棚架上,观光农业长廊中,与玩具南瓜、鹤首瓜等配植,以达到观光及遮阳的效果。在北京观光农业园区有栽培。

302. 佛手瓜

学名: *Sechium edule*

别名: 梨瓜、拳头瓜、合掌瓜、福寿瓜等。

科属: 葫芦科,梨瓜属。

产地和分布: 原产于墨西哥和中美洲,18 世纪传入美国,后传到欧洲、非洲和东南亚等地区,19 世纪传入中国。我国南方早有栽培,台湾、广东作为观赏盆栽广泛栽培,近几年来,长江中下游地区也有栽培。

形态特征: 佛手瓜根为弦线状须根,侧根粗且长,第二年后可形成肥大块根。茎蔓生,长 10 m 以上,分枝性强,节上着生叶片和卷须。叶互生,叶片与卷须对生,叶片呈掌状五角形,叶全缘、绿色或深绿色。雌雄同株异花,异花传粉,虫媒花;果实梨形,有明显的纵沟 5 条,瓜顶有一条缝合线,果色为绿色至乳白色,果肉白色。种子扁平,纺锤形。

园林观赏用途: 佛手瓜果实成熟颜色有绿色、黄色、乳白色,果形似手,在广东等地作为盆栽观赏蔬菜在室内摆设,北京观光园区有引进,作为观赏、科普教育展览。

303. 瓠瓜

学名: *Lagenaria siceraria* var. *hispida*

别名: 葫芦。

科属: 葫芦科,瓠瓜属。

产地和分布: 起源于非洲赤道南部低地,哥伦比亚、印度、巴西、斯里兰卡、印度尼西亚、马来西亚、菲律宾等地有栽培。我国种植瓠瓜已有 4000 多年历史,南北各地均有栽培。

形态特征:观赏葫芦品种较多,在观光园区常作为观赏栽培应用的有:

长柄葫芦,根系发达,为肉质根,茎节着地容易产生不定根;蔓长 8～10 m,子蔓多,生长势极旺盛。叶较大,浅缺刻近似圆形。花白色,单生。果实有一条细长的柄,长约 40～50 cm,长柄葫芦下部似一个圆球体,横径 14～20 cm。皮色以青绿为主,间有白色斑,老熟果外皮坚硬。种子褐色,两面具二条白色的突起线和小沟。鹤首葫芦,下部似一个球体,表面有明显的棱线突起,表皮墨绿色,其余与长柄葫芦相似。小葫芦,根系不发达,蔓生草本,具柔软茸毛,茎横切面三角形或五角形,叶片小,浅缺刻近似圆形,花为白色。以子蔓和孙蔓结果为主,果实葫芦形,横径 4～5 cm,长度不超过 10 cm。嫩果有茸毛,成熟果光滑无毛,外皮坚硬。

园林观赏用途:瓠瓜作为葫芦科观赏蔬菜的重要一员,鹤首、长柄以及小葫芦以其可爱的外形,以及藤蔓的搭配,广泛应用于观光园区"绿色长廊",作为观果、观叶蔬菜的理想之选。

304.观赏番茄

学名:*Lycopersicon esculentum* var. *cerasiforme*

别名:西红柿、洋柿子。

科属:茄科,番茄属。

产地和分布:起源中心在南美洲的安第斯山一带,后在墨西哥和中美地区驯化为栽培品种。明朝时传入我国,并作为观赏植物应用,直到 20 世纪初才开始作为蔬菜栽培。目前美国、俄罗斯、意大利和中国为主要生产国家,大面积的温室、大棚以及其他保护地栽培广泛存在。

形态特征:观赏番茄根系发达,分别广而深,主根深入 150 cm 土层,开展幅度可达 250 cm 左右,大部分根群分布在 30～50 cm 深土层。茎为半直立或半蔓生,少数品种为直立性。叶为单叶羽状深裂或全裂,叶形为手掌形,绿色。完全花,总状花序或聚伞花序,花色黄色。果实为多汁浆果,樱桃番茄果小,果肉厚,味沙甜。成熟果实颜色有红、黄、粉红、绿、白色等。种子扁平,小,肾形,表面被有灰色茸毛,千粒重 2.7～3.3 g。

园林观赏用途:观赏番茄果实较小,果实形态多样,色彩缤纷。在北方观光农业中树式番茄,又叫"番茄树",是普通的草本番茄经过特殊技术栽培而成,其果和叶都具有很高的观赏价值。番茄树式观赏栽培是旅游观光、农业示范、科普教育的良好内容。

305.黄瓜

学名:*Cucumis sativus*

别名:胡瓜、王瓜。

科属:葫芦科,甜瓜属。

产地和分布:起源于喜马拉雅山南麓的印度北部至尼泊尔附近地区。我国早在2000年前的汉代就有栽培。水果黄瓜发展得比较迅速,过去一般我们是从荷兰引进品种,但是最近的两三年,我们国产品种也研发出来了,像北京的京研迷你一号二号,都是很好的水果黄瓜品种。是世界各国普遍栽培的重要作物之一。

形态特征:黄瓜根系浅,大部分根群分布在20～25 cm土层,根系好气性强,吸收水肥能力弱。茎蔓生。子叶长椭圆形、对生,真叶掌状全缘、互生,叶两面被有稀疏刺毛。花为同株异花,异花授粉。果为瓠果,由子房和花托共同发育而成的假果。果实通常为筒形或长棒形。水果黄瓜外观小巧秀美,由于其植株属于雌性系,每个节间都有瓜,这是它与普通黄瓜的不同之处。另外它生长势旺,坐果能力强,丰产潜力很大。种子扁平、长椭圆形,黄白色。千粒重20～40 g。

园林观赏用途:水果黄瓜,果实长12～15 cm,直径约3 cm,一般表皮上没有刺,观赏价值高,并且口感好。作为观光蔬菜,受到城乡居民的好评,可作为观光园设施栽培或自家庭院露地栽培都不失很好的观光效果。

第十三章 观赏果树

306. 苹果

学名：*Malus pumila Mill*

别名：柰、滔婆。

科属：蔷薇科，苹果属。

产地和分布：原产于欧洲东南部、小亚西亚及南高加索一带。我国北方地区广泛种植，以辽宁、山东、河北等省栽培最多，华南、西南、东南地区也有栽培。

形态特征：观赏苹果以芭蕾苹果最为常见。其枝短冠形小而紧凑，这些品种开花时的姿态如芭蕾舞裙，所以叫芭蕾苹果。叶色颜色在不同季节和不同叶龄时不同，幼叶鲜红，后呈绿色，老叶为红褐色，花为艳丽的胭脂红色；果实底色绿黄，有些品种有红晕，有些品种为绿黄逐渐变成深红色；可观花、瞻果，是盆栽观果果树的常用品种。花期4—5月，果期7—11月。

园林观赏用途：由于芭蕾苹果树冠形小，常作为观赏盆景，应用于园林庭院、盆景展览中。其花、果都具有极高的观赏价值。

307. 观赏杏

学名：*Prunus armeniaca*

别名：杏子。

科属：蔷薇科，李属。

产地和分布：原产于中国，野生种和栽培种植资源都很丰富。在中亚、东南亚及南欧等地区均有分布，我国东北、华北、西北、西南及长江中下游地区广泛栽培。

形态特征：杏为落叶乔木。树大，高达10 m。树冠开展，小枝红褐色；叶阔心形，深绿，先端短尖锐；花白色，自花授粉，短枝每节上结果1～2个，果圆形或长圆形，表面少毛或无毛。果肉黄色。花期 3—4 月,果期 6 月。

园林观赏用途:杏的品种较多,园林景观中经常用到的有垂枝杏,枝条下垂,栽植在湖边水畔,供观树形;斑叶杏,叶有斑纹,作为观花、观叶树种栽植在公园、路旁。

308.山荆子

学名:_Malus baccata_

别名:山丁子、山定子。

科属:蔷薇科,苹果属。

产地和分布:原产于中国东北、华北和西北地区,朝鲜、前苏联、蒙古国有分布。现西南地区也有零星分布。野生种生于山坡杂木或山谷灌木丛中。

形态特征:山荆子为落叶乔木。树高达 10～14 m。小枝细长,灰褐色,表面光滑;叶卵圆形,先端尖锐,有锯齿,叶柄细长。花白色,花梗细长,果实近球形,果红色或黄色,有光泽,萼片脱落。花期 4 月下旬,果期 9 月。

园林观赏用途:山荆子作为观赏果树,观花观果,经常用于庭院栽培,湖边溪畔、公园内孤植或配植都具有良好的观赏效果。花期满树雪白,果期彤彤红果,煞是赏心悦目。

309.白梨

学名:_Pyrus bretschneideri_

别名:秋白梨。

科属:蔷薇科,梨属。

产地和分布:原产于我国北部地区,河北、河南、山西、山东、陕西、甘肃、青海等地均有栽培。现栽培范围遍及华北、东北、西北及四川等地区。生于干旱寒冷地区的阳坡。

形态特征:白梨为落叶乔木。树高 5～8 m。树冠开展,小枝粗壮,幼时有柔毛。叶片卵形或椭圆形,先端尖,叶基部宽楔形,边缘有带刺芒尖锐齿,微向内合拢,初时两面有绒毛,老叶无毛,叶柄长,托叶膜质。花为白色,伞形总状花序,有花 7～10 朵,直径 4～7 cm,花梗长 1.5～3.0 cm;花瓣卵形,花柱 5 枚或 4 枚,离生,无毛。果实卵形或近球形,黄色或微白色,果表皮有细密斑点。花期 4 月,果期 8—9 月。

园林观赏用途:我国白梨的优良品种很多,形成北方梨(白梨)系统,春天花开时节,满树雪白,树姿也很优美,在园林中是兼观赏性及生产性于一体的观赏果树品种。

310.葡萄

学名:_Vitis vinifera_

别名:蒲桃、草龙珠、山葫芦、李桃。

科属:葡萄科,葡萄属。

产地和分布:原产于亚洲、欧洲和北非一带。我国长江流域以北广泛栽培,新疆、甘肃、河北、山东、山西等栽培较多。

形态特征:葡萄为落叶木质藤本植物。长达 30 m。茎红褐色,茎皮条状剥落。卷须间歇性着生。叶近圆形,叶缘掌状裂,基部心形,两面无毛或背面有短柔毛。花黄绿,小,圆锥花序,浆果,近球形,因品种不同果形和大小有所差别,被白粉。花期5—6月,果期8—9月。

园林观赏用途:葡萄品种繁多,果实除了生食外,还可用于酿酒、制葡萄干。作为观赏果树,在居家庭院、观光园区、绿色长廊均有配置,可供人欣赏、为人遮阳。

311. 核桃

学名:*Juglans regia*

别名:胡桃。

科属:胡桃科,胡桃属。

产地和分布:原产于伊朗及小亚细亚一带。现我国东北北部、华北、西北、华中以及西南、华南均有栽培,但北方栽培广泛。

形态特征:核桃为落叶乔木。高可达 30 m。树皮灰白色,树龄大的深纵裂,树冠广卵形。幼枝先端具细柔毛,二年生枝常常无毛。羽状复叶长,椭圆形,叶先端急尖或渐尖,基部楔形或心形,全缘或有钝齿,叶表深绿色,无毛,背面仅叶脉有细毛。雄花柔荑花序,长 5～10 cm,雌花 1～3 朵聚生穗状花序,红色。核果成熟时灰绿色,圆球形,外果皮薄,中果皮肉质,内果皮骨质,果实表面有不规则的槽纹。在各地栽培品种很多。花期 4—5 月,果期 9—10 月。

园林观赏用途:核桃树冠雄伟,枝叶繁茂,在园林造景中作为道路绿化,起防护作用。果实可生食或榨油,亦可入药。木材可以用于家具雕刻,价值很高。

312. 金橘

学名:*Fortunella margarita*

别名:洋奶橘、牛奶橘、金枣、金弹、金柑、马水橘。

科属:芸香科,金橘属。

产地和分布:原产于中国南部。我国浙江温州、宁波,广东、广西以及日本、印度、美国等地均有栽培。

形态特征:金橘为常绿灌木或小乔木。株高 3 m。叶互生,长圆披针形,先端钝,基部楔形,叶面暗绿色,有光泽,叶缘有不明显锯齿。叶腋处生花,白色,花瓣 5 枚,芳香袭人。果小,呈倒卵形,果皮金黄色,有光泽,密生油点汁多味美,可连皮食用。花期 7—9 月,果期 10—12 月。

园林观赏用途:金橘果实金黄、具清香,挂果时间较长,是极好的观果果树,经常作盆栽观赏及盆景。盆栽金橘四季长青,枝叶繁茂,树形优美。夏季开花,花色玉白,香气怡人。秋冬季果熟黄色或红色,点缀在郁郁葱葱的绿叶之间,煞是好看,观赏价值极高。同时其味道酸甜可口,连果皮一起食用,具有理气、化痰、止咳之功效,深受市场欢迎。

313. 杨梅

学名:*Myrica rubra*

别名:树梅。

科属:杨梅科,杨梅属。

产地和分布:原产于中国,主要分布在长江流域以南、海南岛以北。目前在我国云南、贵州、浙江、江苏、福建、广东、湖南、广西、江西、四川、安徽、台湾等地均有分布,其中浙江的栽培面积最大,品质最优,产量也最高。江苏、福建与广东也有大面积种植。东南亚各国,如印度、缅甸、越南、菲律宾等国也有分布,日本、韩国有少量栽培。

形态特征:杨梅为常绿灌木或小乔木。叶革质,倒卵状披针形或倒卵状椭圆形,叶全缘或先端有锯齿,表面深绿色,背面色略淡,背面密生金黄色腺体。花单性异株;雄花单生或丛生,花序穗状,黄或红色;雌花序腋生,密生覆瓦状苞片,每苞片有 1 枚雌花,雌花有小苞片 4 枚;子房卵形。核果球形,外果皮有突起,熟时深红、紫红或白色。花期 4 月,果期 6—7 月。

园林观赏用途:杨梅树性强健,易于栽培,经济寿命长,生产成本明显比其他水果低,因此,被人们誉为"绿色企业"和"摇钱树"。其果形小、色泽艳丽,多种植在庭院供作观赏。

314. 香果树

学名:*Emmenopterys henryi*

别名:大猫舌。

科属:茜草科,香草树属。

产地和分布:原产于中国,是中国特有单种属珍稀树种。现我国江苏、安徽、浙江、福建、湖南、湖北、四川、河南、陕西、甘肃、贵州、云南等地海拔 600 m 以上的山坡或林地有分布。

形态特征:香果树为落叶大乔木,是古老的孑遗植物。树高 30 m,树皮成片状剥落。叶互生,厚纸质,宽椭圆形至宽卵形,先端急尖或渐尖,基部楔形,全缘,表面无毛,叶背中脉、侧脉和脉腋内有浅黄色柔毛或近无毛,叶柄长,托叶大,三角状卵形。聚伞花序顶生,疏散的大型圆锥花序状;花较大,淡黄色,有短梗;花萼近陀螺形,裂片顶端截平,花后脱落,但有些花的萼裂片中有 1 片扩大成叶状,白色,宿存于果实上;花冠漏斗状,长约 2 cm,被柔毛;子房下位,2 室。蒴果近纺锤形,长 3～5 cm,具纵棱,成熟时红色,室间开裂为 2 果瓣;种子多数,小而有阔翅。花期 7—9 月,果期10—11 月。

园林观赏用途:香果树属于古代孑遗植物,树形高大,树姿优美,花色艳丽,是植物园、观光园很好的科普植物、观光植物。

315. 神秘果

学名:*Synsepalum dulcificum*

别名:梦幻果、奇迹果、西非山榄、蜜拉圣果。

科属:山榄子科,神秘属。

产地和分布:原产于非洲,在西非至刚果一带早有分布。20 世纪 60 年代引种到我国海南、广东、广西、福建等地种植。

形态特征:神秘果为常绿灌木。株高 60~150 cm。生长缓慢,叶互生,倒披针形或倒卵形,多丛生枝端或在主干上,具有明显叶脉,叶缘有波浪形。花小,白色,全年开花,花期 4~6 周,有淡淡椰奶香味。浆果,初为绿色,成熟后为红色,椭圆形。种子头尾略尖,由果肉包被,种子一半为深褐色光滑,另一半为由果肉留下的一层膜包被,也因此有阴阳子之称。

园林观赏用途:神秘果为有趣的观赏植物,其叶、花、果及植株都具有很高的观赏价值。宜在我国高温、高湿的亚热带、热带地区种植,在南方植物园、观光农业园区有栽培。

316. 蒲桃

学名:*Syzygium jambos*

别名:水蒲桃、香果、响鼓、风鼓。

科属:桃金娘科,蒲桃属。

产地和分布:原产于印度、马来群岛及中国海南岛一带,在亚洲亚热带至温带、大洋洲和非洲的部分地区也有分布。在我国,主要分布在台湾、海南、广东、广西、福建、云南和贵州等地区,除台湾、广东和广西有小面积连片栽培外,其他地区多处于半野生状态。

形态特征:蒲桃为常绿乔木。树高可达 10 m。主干短,分枝较多,树皮褐色且光滑。叶多而长,披针形,革质。聚伞花序顶生,小花为完全花,子房下位,柱头针状,与雄蕊等长,受精、结果率不高。浆果,内有种子 1~2 粒。成熟果实水分较少,有特殊的玫瑰香味,故有"香果"之称。盛花期 3—4 月,夏、秋季也有零星的花朵开放。果期5—7 月。种皮干化,呈中空状态,只有一肉质连丝与果肉相连接,可以在果腔内随意滚动,并能摇出声响,因此又称其为"响鼓"。当果实出现这种"响鼓"的现象,则说明已经成熟。

　　园林观赏用途:蒲桃树冠丰满浓郁,花、叶、果均可观赏,可作庭荫树和固堤、防风树用。蒲桃枝繁叶茂,花艳丽且盛花期花多,其绿荫效果好,开花时期绿叶白花,给人一种淡雅明快的感觉。在园林造景中用于湖边溪畔、绿地等的风景树和绿荫树,也可兼作庭院绿荫观赏植物,作为木材雕刻加工也是上等的家具用材。

317.番石榴

学名:*Psidium guajava*

别名:芭乐、拔子、鸡屎果。

科属:桃金娘科,番石榴属。

　　产地和分布:原产于美洲热带,后在热带及亚热带地区有分布。北美洲、大洋洲、新西兰、太平洋、印度尼西亚、印度、马来西亚、北非、越南等地均有栽植。约17世纪末传入我国。现我国台湾、广东、广西、福建、江西等省均有栽培。

　　形态特征:番石榴为常绿乔木或灌木。树高5～12 m。根系发达。叶交互对生,长卵圆形,叶全缘,叶脉明显;叶两面均有绒毛。花单生或2～3朵聚生叶腋,花两性,雄蕊多数,雌蕊1枚;花瓣白色,倒卵形,具芬香。浆果肉质,圆球形或洋梨形,表面光滑,黄绿色,果肉多汁,味甘甜,生食。种子多数,小而坚硬。广东花期4—5月及8—9月各一次,果期6—9月连续结果。

　　园林观赏用途:番石榴树冠延展,树皮红褐色,平滑,树枝初为黄绿色,后为红褐色,且结果期长,果实美观,整株都具有很强的观赏性。在华南地区常常作为公园绿化、庭院观赏植物栽植。

318.番荔枝

学名:*Annona squamosa*

别名:佛头果、释迦果、番梨。

科属:番荔枝科,番荔枝属。

　　产地和分布:原产于西印度群岛,现热带地区有栽植。我国海南、广东、广西、云南、福建、台湾等地区均有种植。

　　形态特征:番荔枝为常绿或半落叶小乔木或灌木。树高可达5 m。树皮薄、灰白色,树冠球形或扁球形。多分枝,枝条自然下垂,单叶互生,椭圆状披针形,全缘,先端短尖或圆钝,基部圆或阔楔形,叶深绿色,叶背粗糙。花单生,或2～4朵簇生叶腋处,黄绿色。聚合浆果肉质近球形,成熟时黄绿色,味甘美芳香。花期5—6月,果期8—10月。

　　园林观赏用途:番荔枝除可作热带果树种植外,适宜在园林绿地中栽植观赏,孤植或成片栽植效果均佳。

319. 波罗蜜

学名:_Artocarpus heterophyllus_

别名:木菠萝、树菠萝、大树菠萝、蜜冬瓜、牛肚子果。

科属:桑科,桂木属。

产地和分布:原产于印度,在热带潮湿地区广泛栽培。现盛产于中国、印度、中南半岛、南洋群岛、孟加拉国和巴西等地。隋唐时从印度传入我国,称为"频那挲",宋代改称波罗蜜,沿用至今。是世界著名的热带水果。现我国海南、广东、广西、云南东南部及福建、重庆南部均有栽植。

形态特征:波罗蜜为常绿乔木。树高可达 20 m。叶互生,长椭圆形或倒卵形,革质,有光泽,全缘或偶有浅裂。复合果卵状椭圆形,外皮绿色有棱角,常生于树干,果大如西瓜,重量可达 50 kg,内有数十个淡黄色果囊,果色金黄,中有果核,味香甜,可食用。树性强健,适合作行道树、园景树。

园林观赏用途:波罗蜜在热带地区的植物园、花园用于园林造景、孤植或成片栽植,也用于行道树。具有较高的观赏价值。

第十四章　观赏草

320. 紫羊茅

学名:*Festuca rubra*

别名:红狐茅。

科属:禾本科,羊茅亚科,羊茅属。

产地和分布:原产于欧洲,广泛分布于北半球温寒带地区。现我国东北、华北、华中、西南及西北各地均分布,最早用作牧草,后作为草坪草。紫羊茅多生长于山坡,在湿润的生境下形成繁密的草甸。在内蒙古呼盟、锡盟、大兴安岭均有分布。南方各省多分布于山地上部,如贵州梵净山上部等形成山地草甸。北京附近常见于林缘灌丛之间。

形态特征:紫羊茅为多年生草本,须根发达。茎秆丛生,基部倾斜或膝曲,秆细,株高 45~70 cm 不等。叶对叠或内卷,叶长 10~23 cm,宽 1~2 mm;叶鞘基部略长,上部短于节间。为狭窄的圆锥形花序;长 9~13 cm,宽 0.5~2.0 cm,茎每节有 1~2 分枝,分枝直立或贴生,小穗淡绿或者先端紫色,小穗长 7~11 mm,有 3~6 朵小花。花期 6—7 月。

园林观赏用途:紫羊茅是应用最广泛的冷季型草坪草之一,具有厚密的植丛,浓绿的叶部,广泛用于绿地、公园、墓地、广场、高尔夫球道、路边等一些场地的草坪草。植物上部生长有限,下层发育繁盛,常用作果园覆盖植物。根系发达,也是良好的水土保持植物。紫羊茅姿态优雅,全株均可作为观赏。

321. 加拿大早熟禾

学名:*canada Bluegrass Poa compressa*

别名:稍草、小青草、小鸡草、冷草。

科属:禾本科,羊茅亚科,早熟禾属。

产地和分布:原产于欧亚大陆的西部地区。现广泛分布于寒冷潮湿气候带中更冷一些的地区,如加拿大。

形态特征:加拿大早熟禾具根状茎,秆丛生,秆直立或基部倾斜,光滑,高 15～50 cm。茎扁平。叶片扁平或者内卷,叶为蓝绿色,叶宽 1～4 mm。圆锥花序狭窄,长 3.5～11.0 cm,宽 0.5～1.0 mm。小穗卵圆状披针形,排列较紧密,长 3～5 mm,含 2～4 朵小花。花果期为 5—6 月。

园林观赏用途:加拿大早熟禾不能形成密集的高质量草坪,因此常用于路边、固土护坡等对草坪质量要求不高、管理粗放的草坪。由于它的绿色期略长,也可作晚秋及早春的播植草。作为观赏草坪,常用于保土草坪的建植和暖地草坪草的冬季盖播。

322.细弱剪股颖

学名:*Agrostis tenuis*

别名:细弱剪股颖。

科属:禾本科,羊茅亚科,剪股颖属。

产地和分布:原产于欧洲,后引种到世界各地。现主要分布在世界各地寒冷潮湿的地区。新西兰、太平洋西北部和北美洲有广泛分布,我国北方湿润带和西南部分地区有用于观赏草坪。

形态特征:细弱剪股颖为多年生草本。具短根状茎,秆直立丛生,高 20～40 cm。叶片线形,厚,长 2～4 cm,宽 1.0～1.5 mm,平时内卷,边缘和脉上粗糙,先端渐尖;叶鞘一般长于节间,平滑;叶舌膜质,先端平。圆锥花序,开展,花暗紫色。花果期 6—8 月。

园林观赏用途:细弱剪股颖为多年生冷地型草坪草。耐寒性较强,喜冷凉湿润气候,不耐干冷气候。高温高湿条件下易染病,再生力强,耐修剪。在肥沃湿润的土壤中生长良好。可用于高尔夫球场草坪草建植,经常用于休憩草坪。

323.多年生黑麦草

学名:*Lolium perenne*

别名:宿根黑麦草。

科属:禾本科,羊茅亚科,黑麦草属。

产地和分布:原产于亚洲和北非的温带地区。现广泛分布于世界各地的温带地区,是黑麦草中广泛应用的草坪草种类。

形态特征:多年生黑麦草具有细弱根状茎,须根密集。自然高度 30～60 cm,叶宽 3～6 mm。穗状花序,颖短于小穗,外稃披针形,具 5 脉,无芒,基部基托明显,顶端无芒或上部小穗有短芒。花果期 5—7 月。

园林观赏用途:黑麦草为多年生冷地型草坪草,喜温凉湿润气候,耐低温能力强,喜光,不耐阴,要求土壤排水良好。可作为混合草坪的基本草种建植,也是暖地草坪冬季盖播的品种。

324. 狗牙根

学名:*Cynodon dactylon*

别名:百慕大草、绊根草、地板根、行义芝。

科属:禾本科,狗牙根属。

产地和分布:原产于非洲、南美洲和亚洲,广泛分布于温带地区,是分布最广的暖季型草坪草之一。我国华北、西北、西南及长江中下游等地应用广泛。黄河流域以南各地均有野生种。

形态特征:狗牙草为多年生草本物。根茎和匍匐茎,秆细而坚韧。匍匐茎平铺地面或埋入土中,节处向下生根,株高 10～30 cm。叶片平展、披针形,前端渐尖,边缘有细锯齿,叶色浓绿。穗状花序 3～6 枚,小穗排列于穗轴一侧,有时略带紫色。种子长卵圆形,成熟易脱落,可自播。花果期 4—10 月。

园林观赏用途:狗牙根为运动草坪、保土草坪和休憩草坪常用品种。为世界广泛分布品种,高度耐热,耐寒性中等,在南北回归线之间为常绿,超过北回归线为夏绿。耐旱、耐盐碱性强,但是不耐阴。改良品种在适宜的气候和栽培条件下,能形成致密、整齐的优质草坪,在温暖地区的公园、墓地、机场、高尔夫球场、路边等地方广泛应用,由于其耐践踏,所以也是建植运动场草坪的首选品种之一。

325. 结缕草

学名:*Zoysia japonica.*

别名:锥子草、延地青。

科属:禾本科,结缕草属。

产地和分布:原产于亚洲东南部,主要分布在中国、朝鲜和日本等温暖地带。我国北起辽东半岛、南至海南岛、西至陕西关中等广大地区均有野生,其中以胶东半岛、辽东半岛分布较多。

形态特征:结缕草为多年生草坪植物。须根较深,具有发达根茎和匍匐茎,株高 15～20 cm,小穗卵圆形,秆茎淡黄色。叶片革质,长 3～4 cm,宽 2～5 mm,扁平,具有一定韧性,表面有疏毛。总状花序。花期 4—8 月。

园林观赏用途:结缕草耐热且耐寒,在 −33℃ 下可安全越冬。喜光且耐阴。对土壤要求不严,适应范围广,不仅是优良的草坪植物,还是良好的固土护坡植物。常用于铺建草坪足球场、运动场地、儿童活动场地以及休憩草坪。

326. 地毯草

学名：*Axonopus compressus*

别名：大叶油草。

科属：禾本科，地毯草属。

产地和分布：原产于北美洲南部。现世界各热带、亚热带地区有引种栽培。我国台湾、广东、广西、云南等省区均有分布。

形态特征：地毯草为多年生草本。具长匍匐枝。由于其匍匐茎蔓延速度很快，每节上都生根和抽出新植株，植物平铺地面呈毯状，故称之为地毯草。秆扁平，高 8～60 cm。节常被灰白色柔毛。叶宽条形，质地柔薄，先端钝，叶长 5～20 cm，宽 6～12 mm，匍匐茎上的叶较短，叶鞘松弛，压扁，背部具脊，无毛，叶舌短，膜质，无毛。总状花序，小穗长圆状披针形。

园林观赏用途：地毯草喜光，耐半阴，在高温高湿且排水良好的沙壤土中生长良好。耐寒性较差，冬天出现霜冻时会有冻害产生。主要用于开放绿地的建植。

327. 巴哈雀稗

学名：*Paspalum natatu*

别名：美洲雀稗、百喜草、金冕草。

科属：禾本科，雀稗属。

产地和分布：原产于南美洲东部沿海地区，加勒比海群岛也有分布。近年来，我国广东、上海、江西等地有引种种植。

形态特征：巴哈雀稗为多年生草本。具有粗壮、木质、多节的根状茎。秆密丛生，高约 80 cm，有粗壮发达的匍匐根茎，草层高度为 20 cm 左右，生殖枝高度可达 80 cm。叶宽 3～8 mm，总状花序长约 15 cm，小穗卵形，花果期 6—10 月。喜热，不耐寒，生长势强，耐干旱，抗病虫害，稍耐阴，耐贫瘠，热带常绿，亚热带及以北地区为夏绿。

园林观赏用途：巴哈雀稗形成的草坪适宜粗放管理，栽植在土壤贫瘠的地区生长良好，可用于公共绿地、路旁、机场草坪等栽植。

328. 芒

学名：*Miscanthus sinensis*

别名：芭茅。

科属：禾本科，芒属。

产地和分布：原产于我国江苏、浙江、江西、湖南、福建、台湾、广东、海南、广西、四川、贵州、云南等省区；遍布于海拔 1800 m 以下的山地、丘陵和荒坡原野，常组成优势群落。也分布于朝鲜、日本。模式标本采自广东。

形态特征:芒秆高 2～4 m,无毛。叶片长 25～60 cm,宽 10～30 mm。圆锥花序,花序分枝强壮而直立,其主轴长为花序的一半左右。适应性强,多生于山坡或荒芜的田地,常被用于作水土保持植物。

园林观赏用途:全株观赏,特别是高大的秆、黄棕色的花序。花序也可作为干制插花材料。

329.长尖莎草

学名:*Cyperus cuspidatus*

别名:碎米香附。

科属:莎草科,长尖香附子属。

产地和分布:原产于我国江苏、浙江、福建、广东、云南、四川等地。

形态特征:长尖莎草为一年生草本。秆细瘦,高 10 cm。三棱形,叶短于秆,宽 1～2 mm,折合。叶状苞片 2～3 枚,长于花序;聚伞花序,小穗多数,折扇状或长圆形。果实为坚果,长圆或三棱形,深褐色,有疣状小突起。花果期 6—9 月。

园林观赏用途:长尖莎草喜沙土和沙壤土,繁殖蔓延速度很快,自生于田间、山坡、路旁,可用于沙滩区的果园,全株可作为观赏。莎草的根味辛、微苦,具有疏肝理气、调经止痛的功效。

330.芒尖苔草

学名:*Carex doniana*

别名:签草。

科属:莎草科,苔草属。

产地和分布:原产于我国江苏各地。现分布于我国陕西、安徽、浙江、江西、湖北、广西等地。朝鲜、日本、印度也有分布。

形态特征:芒尖苔草为多年生草本。匍匐细长的根状茎。秆高 30～70 cm,粗壮,扁三棱形,基部具有麦秆黄色叶鞘。叶生至秆的中部以上,有明显 3 脉,宽 5～10 mm。小穗 4～6 枚,雄穗顶生,线柱状,长 4～8 cm;雌穗侧生,狭柱形,长 3～7 cm,顶端具芒尖,白色。坚果,菱卵形,有三棱,淡绿,有明显脉。花果期 4—5 月。

园林观赏用途:芒尖苔草生于溪边、潮湿地、林下。全株作为观赏。另外也是很好的饲用植物。

331.青绿苔草

学名:*Carex breviculmis*

别名:青菅、过路青、四季青。

科属:莎草科,苔草属。

产地和分布:原产于我国江苏各地,东北、河北、陕西、湖北、浙江、云南、四川、台湾等地均有分布。朝鲜、日本、俄罗斯、印度、缅甸、澳大利亚、新西兰等国家也有分布。

形态特征:青绿苔草为多年生草本。须根系,根深 30 cm,根状茎短缩,丛生,木质化。秆高 40 cm,三棱形,棱上粗糙,基部有纤细状细裂的褐色叶鞘。叶片短于秆,宽 2~4 mm,边缘粗糙,质硬。小穗 2~4 枚,直立;雄穗顶生,棍棒状,雌穗侧生,椭圆形或圆形,顶端突出为长芒。坚果,披针形,有三棱。花果期 4—6 月。

园林观赏用途:青绿苔草喜生于山坡草地、路边,是一种四季长青的苔草。在夏、秋、冬三季尽管其株丛不断分蘖成新株,但原油的叶片也未枯萎,在每年春季新野不断生出,越冬的老叶才会逐渐枯萎,这个过程一般延续半个月。另外,具有耐修剪、耐践踏、栽植简便易活的特点,为建人工绿地草坪首选观赏草种,可作为建设城镇常绿草坪和花坛的植物。全株观赏。嫩草全株可作为饲用。

332.星花灯心草

学名:*Juncus diastrophanthus*

别名:秧草、水灯心、野席草、龙须草、灯草、水葱。

科属:灯心草科,灯心草属。

产地和分布:在我国南方沼泽、湿地、溪旁有生长。主要产自于我国江苏、四川、云南、湖南、湖北、四川、陕西等省区。

形态特征:星花灯心草为多年生草本。茎微扁平,上部两侧略有狭翅。株高20~30 cm。基生叶鞘顶端很少有叶片或没有,茎生叶片长 7~10 cm,宽 2~3 mm。花絮宽大,约占植物体一半,花 7~15 朵聚生成星芒状的花簇。花果期 4—6 月。

园林观赏用途:星花灯心草生于水湿地或沼泽,作为河边湖畔的观赏草皮利用。全株作为观赏。全株可入药,具有清心降火的功效。

333.拂子茅

学名:*Juncus leschenaultia*

别名:怀绒草、狼尾草、山拂草、水茅草。

科属:禾本科,拂子茅属。

产地和分布:生于水沟、池沼中。产于中国东北地区。现我国分布于长江以南及陕西等地。日本、印度、朝鲜、缅甸也有分布。

形态特征:拂子茅为多年生草本。有根状茎,丛生,秆直立,高 30~70 cm,有节。叶片细长,扁平或边缘内卷。叶长 10~30 cm,宽 4~8 cm;叶鞘平滑或者稍粗糙,有叶舌,膜质。圆锥花序紧密,圆筒形,直立,小穗长 5~7 mm,顶生复聚伞花序,花 3~8 朵聚生。花果期 6—9 月。

园林观赏用途:拂子茅生长于平原绿洲,在水分良好的农田、地埂、河边及山地广泛分布,全株作为观赏。在草坪草应用配置中常用于牧草栽植。

334. 小灯心草

学名: *Juncus bufonius*

别名: 龙须草、野席草等。

科属: 灯心草科,灯心草属。

产地和分布: 常生长于山沟、道旁、沼泽的浅水处。在我国长江以北及四川、云南等省区有分布。

形态特征: 小灯心草为一年生草本。株高 4～20 cm。须根多,细弱,浅褐色。茎丛生,直立或者斜生,叶基生或茎生。花序呈二歧聚伞状,或排成圆锥状,生于茎顶端。花果期 5—8 月。

园林观赏用途: 全株作为观赏。

335. 地杨梅

学名: *Luzula capitata*

科属: 灯心草科,地杨梅属。

产地和分布: 原产于中国云南。现亚欧大陆、北美均有分布。

形态特征: 地杨梅为多年生草本,地下有小块根。株高 9～28 cm。叶丛生,细长而尖,边缘有白色长毛;叶鞘闭合包于茎上。花轴自叶丛抽出,密生小花,排列成头状的穗状花序;花赤褐色带黑,花被 6 片,广披针形,先端尖。蒴果开裂,具种子 3 粒。花果期春、夏季。

相近种有:

羽毛地杨梅(*L. plumose*):多年生草本。地下有小块根。植株高 20～35 cm。叶线状披针形或宽披针形。基生叶密而短,叶长 5～20 cm,宽 2.5～10 cm;茎生叶疏而短,长 2.5～4.0 cm。聚伞花序,花柄长而细弱,辐射状。花果期 4—6 月。

园林观赏用途: 地杨梅全株可作为观赏。广泛应用于景区及公园的观赏草坪。

336. 蔺草

学名: *Schoenoplectus trigueter*

别名: 席草、石草、蓝草、七岛蔺、灯心草、三角葱等。

科属: 莎草科,莎草属。

产地和分布: 多生于沼泽或浅水塘中。

形态特征: 蔺草为水生草本。有粗厚横生匍匐茎。叶基生,直立或斜生,长 20～100 cm,宽 3～7 mm,基部近三棱形。伞形花序,顶生,下面有卵状披针形的苞片。花为淡红色或紫红色,花果期 5—9 月。

园林观赏用途: 全株作为观赏,尤其是花期,花在池塘中可与荷花比美。

参 考 文 献

[1] 刘金.兰花.北京:中国农业出版社,2003.

[2] 黄泽华.兰花新谱(第 3 版).广州:广东科技出版社,2002.

[3] 赵家荣,刘艳玲.水生植物图鉴.武汉:华中科技大学出版社,2009.

[4] 赵家荣.精选水生植物 187 种.沈阳:辽宁科学技术出版社,2007.

[5] 石爱平.花卉栽培(修订版).北京:气象出版社,2006.

[6] 北京林业大学园林系花卉教研组.花卉学.北京:中国林业出版社,1990.

[7] 包满珠.花卉学.北京:中国农业出版社,2003.

[8] 高润清.园林树木学.北京:气象出版社,2001.

[9] 孙吉雄.草坪学(第 3 版).北京:中国农业出版社,2008.

[10] 刘燕.园林花卉学.北京:中国林业出版社,2003.

[11] 陈有民.园林树木学.中国林业出版社,1990.